涡轮机械与推进系统出版项目
航天推进前沿丛书

# 固体火箭发动机燃烧不稳定 产生机理及评估方法

李军伟　王宁飞　著

Mechanism and Evaluation Method of
Combustion Instability in a Solid Rocket Motor

浙江大学出版社

# 涡轮机械与推进系统出版项目
# 序

涡轮机械与推进系统涉及航空发动机、航天推进系统、燃气轮机等高端装备。其中每一种装备技术的突破都令国人激动、振奋,但是由于技术上存在鸿沟,国人一直为之魂牵梦绕。对于所有从事该领域的工作者,如何跨越技术鸿沟,这是历史赋予的使命和挑战。

动力系统作为航空、航天、舰船和能源工业的"心脏",是一个国家科技、工业和国防实力的重要标志。我国也从最初的跟随仿制,向着独立设计制造发展。其中有些技术已与国外先进水平相当,但由于受到基础研究和条件等种种限制,我国在某些领域与世界先进水平仍有一定的差距。为此,国家决策实施"航空发动机及燃气轮机"重大专项。在此背景下,出版一套反映国际先进水平、体现国内最新研究成果的丛书,既切合国家发展战略,又有益于我国涡轮机械与推进系统基础研究和学术水平的提升。"涡轮机械与推进系统出版项目"主要涉及航空发动机、航天推进系统、燃气轮机以及相应的基础研究。图书种类分为专著、译著、教材和工具书等,内容包括领域内专家目前所应用的理论方法和技术成果,也包括一线设计人员的实践成果。

"涡轮机械与推进系统出版项目"分为四个方向:航空发动机技术、航天推进技术、燃气轮机技术和基础研究。出版项目分别由科学出版社和浙江大学出版社出版。

出版项目凝结了国内外该领域科研与教学人员的智慧和成果,具有较强的系统性、实用性、前沿性,既可作为实际工作的指导用书,也可作为相关专业人员的参考用书。希望出版项目能够促进该领域的人才培养和技术发展,特别是为航空发动机及燃气轮机的研究提供借鉴。

张彦仲

2019 年 3 月

# 涡轮机械与推进系统出版项目：航天推进前沿丛书

# 序

中国航天事业在载人航天、卫星通信、运载火箭、深空探测等多个领域取得了一系列举世瞩目的伟大成就，极大地增强了我国国防、经济、科技实力和民族自信心。习近平总书记在2016年4月24日首个"中国航天日"做出的重要指示"探索浩瀚宇宙，发展航天事业，建设航天强国，是我们不懈追求的航天梦"，鼓舞着中华儿女为发展我国航天事业不懈地奋斗。

航天推进系统是航天领域国之重器的"心脏"。我国未来航天推进技术的突破，必将支撑我国航天事业的发展，也必将为我国建设成为航天强国保驾护航。然而，我国航天推进技术中仍然有许多"拦路虎"，研究的原创性还不足，基础和应用基础研究还不够，整体技术水平与国际先进水平还有一定的差距。

在空间进入、空间利用和空间控制方面持续提出的一系列重大战略需求，牵引着航天推进技术的战略方向。同时，航天推进技术在总体、气动、燃烧、传热、结构、强度、材料、控制、数值模拟、试验、制造等研究领域的创新，不断推动着航天技术的发展。航天推进技术就这样在"需求牵引，技术推动"的循环迭代中不断演进。

在张彦仲院士的带领和推动下，浙江大学出版社启动了涡轮机械与推进系统出版项目。该项目共设四个方向，"航天推进前沿丛书"为其中之一。

"航天推进前沿丛书"聚焦技术前沿与前瞻性研究，涵盖国内外固体火箭推进、液体火箭推进、核火箭推进、等离子体推进等多种推进系统的前沿研究进展，以及与航天推进相关的总体、燃烧、控制等基础科学问题和共性技术问题最新研究成果。丛书包含全球尖端科研机构的一线研究人员撰写的中英文原创著作，以及部分国外前沿技术的译著，其中英文原创著作由浙江大学出版社和斯普林格·自然出版集团(Springer Nature)合作出版。丛书编委会专家主要来自国内几大重要研究机构，他们邀约了大部分选题，也欢迎相关领域研究人员投稿。

国家的需要，就是出版的需要。航天强国建设的迫切需要，就是出版航天推进前沿丛书的迫切需要。航天报国，正是该丛书的核心价值所在。航天强军，正是该丛书的重要社会价值所在。

长江后浪推前浪。人类对航天推进的前沿探索与创新永无止境。期待着"航天推进前沿丛书"成为学术交流的平台、人才培养的园地、创新智慧的源泉！

2020 年 9 月 23 日

# 序

空天技术是一个国家科技实力的重要标志,也是一个国家经济实力、国防实力和综合国力的重要体现。其中,固体发动机以其独有的优势,在大国重器的制造中扮演着重要角色。

固体火箭发动机具有结构简单、贮存期长及使用灵活等优点,被广泛地用作各类战略战术导弹武器、快速响应运载的动力装置。但伴随大型化、高能化的发展趋势,燃烧不稳定问题一直困扰并阻碍着固体火箭发动机的工程研制进程。国内外研究人员对此开展了广泛研究,耗费了大量人力、物力,以探寻燃烧不稳定的本质,并尝试总结有效的预示与抑制方案。尽管人们对该问题已经具备了基本的认识,并探索出一些半经验的抑振方法,但对燃烧不稳定现象的众多机理仍未有透彻的理解与解释,对燃烧不稳定问题的许多困难仍认识不清,设计人员较多依赖工程经验。

本书以固体火箭发动机燃烧不稳定的产生机理及评估方法为主线,详细介绍了燃烧不稳定的理论研究模型、数值仿真方法与实验测量手段,深入剖析了涡声耦合、热声耦合产生机理,探究了内部结构、外界激励的影响机制,并提供了工程实例与具体分析案例。该书具有几个鲜明的特点:一是系统性,全书内容结构完整,逻辑脉络清晰,涵盖了燃烧不稳定的产生机理、研究方法、影响因素以及分析案例;二是层次性,书中重点阐述了燃烧不稳定的主流研究理论和主要影响因素,做到了详略得当、重点突出;三是进步性,书中内容优选了大量固体火箭发动机燃烧不稳定最新研究成果,技术先进,内容创新性强。总而言之,该书具有较高的学术水平和工程应用价值,是我国当前为数不多深入介绍燃烧不稳定产生机理及评估方法的专著。

正所谓"空天发展,动力先行",空天事业还有很长的路要走,还需要大批掌握坚实理论基础和创新思维的新一代科研人员的不懈努力。希望本书能够为最终解决固体发动机燃烧不稳定问题提供有益的帮助。

2021 年 3 月

# 前　言

固体火箭发动机燃烧不稳定是指固体火箭发动机在固体推进剂燃烧、流动过程中产生的压力振荡现象。自火箭发动机问世以来,燃烧不稳定问题就一直存在。

很多大型固体火箭发动机在使用过程中都会发生压力振荡。虽然压力振荡不会破坏固体火箭发动机的完整性,但其会引起推力振荡,从而对导弹或运载火箭系统造成严重影响。准确评估压力振荡,对于正确描述导弹或运载火箭所承受的动态环境及确定结构尺寸至关重要。

近年来,随着高性能战术导弹的发展,高能推进剂受到广泛应用。在高机动、高过载的工作环境下,固体火箭发动机尺寸和重量的限制要求越来越严格,固体推进剂不仅需要在恶劣的使用环境及有限的发动机空间内燃烧释放大量的化学能量,同时还要满足固体推进剂装药稳定燃烧的要求,这对固体火箭发动机设计人员来说是一项巨大的挑战。设计人员只能通过改变发动机和装药的几何结构,或者改变推进剂配方来尽可能降低或消除燃烧不稳定。由于燃烧不稳定的发生强烈依赖于固体推进剂配方和装药结构,不同固体发动机所表现出的燃烧不稳定特性并没有必然的联系。因此,一直以来,这些改进措施或方法都是试探性的、分散的,有一定的盲目性和随意性,且通用性差,对一种发动机有效的措施,可能不适用于其他发动机。国外新型固体发动机的研制,一般都要进行理论评价、原理试验等过程,如脉冲激励试验、T 型燃烧器试验等。一台运行稳定的火箭发动机通常要经历几十次试验评估和考核才能定型。而在我国,如果固体火箭发动机出现了燃烧不稳定问题,一般"头痛医头,脚痛医脚",哪里有问题就在哪里解决,尚未形成一套完整的固体火箭发动机理论评估方法和试验评估体系。

针对以上问题,本书从大长径比固体火箭发动机燃烧不稳定的产生机理及评估方法展开论述,介绍固体火箭发动机燃烧不稳定的产生机理、理论模型和数值仿真方法,以及固体火箭发动机燃烧稳定性的试验方法等内容。本书共分 8 章。

第 1 章为绪论,介绍固体火箭发动机燃烧不稳定的研究背景、概念与内涵,国内外的工程实例,让读者对固体火箭发动机的燃烧不稳定有初步、宏观的认识。

第 2 章为固体火箭发动机燃烧不稳定的产生机理,从诱发因素与影响因素角度对固体火箭发动机燃烧不稳定问题进行进一步的分析与阐述。

第 3 章为固体火箭发动机燃烧不稳定的理论模型和数值仿真方法,从线性稳定性理论、非线性稳定性理论及推力振荡特性数值研究三方面对研究中涉及的主要理论及数值方法进行说明。

第 4 章为固体火箭发动机涡声耦合特性研究,从固体火箭发动机流动引起燃烧不稳定的角度,对涡声耦合特性的数值仿真方法、燃烧室障碍物对涡声耦合的影响开展详细介绍。

第 5 章为固体推进剂的压力耦合响应特性研究,从固体推进剂燃烧引起燃烧不稳定的角度,针对燃烧不稳定的主要增益——压力耦合响应及其常用的实验测量手段开展详细介绍。

第 6 章为固体火箭发动机结构对燃烧不稳定的影响,基于热声振荡的理论研究与试验分析,对实际发动机喷管、装药结构产生的阻尼效果开展详细介绍。

第 7 章为飞行过载对固体火箭发动机燃烧不稳定的影响,从过载下燃速、内弹道性能及内流场角度,对过载触发燃烧不稳定的机理进行详细分析。

第 8 章为典型固体火箭发动机燃烧不稳定案例研究,揭示典型固体发动机燃烧不稳定机理,提供相应的抑振措施,从而为工程设计提供理论参考。

本书主要针对固体火箭发动机专业高年级本科生和研究生,也适用于固体火箭发动机和固体推进剂专业的科研人员了解燃烧不稳定现象和机理。望本书能为先进固体火箭发动机的设计提供基础理论基础和工程指导,为先进战术战略导弹、运载火箭固体助推器等先进飞行器的研发提供支撑。

本书由李军伟、王宁飞分工撰写,已经毕业的张峤、苏万兴、颜密、孙兵兵博士,赵艳栋、朱幸达、王爽硕士为本书的完稿提供了帮助。在写作过程中,本课题组的王茹瑶、陈新建、宋岸忱、韩磊、席运志、马宝印、王向港、黄刚、田忠亮、徐博、汪琪、覃生福、李春杰、曾佳进等研究生配合完成了合稿、编辑和制图等工作,在此一并表示感谢!

由于作者水平有限,书中难免有不妥之处,敬请读者批评指正。

李军伟

2021 年 3 月

# 目　录

# 第 1 章　绪　论

　　固体火箭推进是化学推进方式的一种,它利用高能量的固体推进剂燃烧产生高温燃气,高温燃气从喷管高速喷出产生反作用力。固体火箭发动机具有结构简单、成本低、使用方便、操作安全、能长期保持在战备状态、质量比高、可高速旋转等优点,被广泛用作各种火箭弹、导弹和运载火箭的动力装置。据不完全统计,在大约 250 种战术导弹中,约有 70% 的导弹动力系统采用了固体推进。

　　固体火箭发动机由固体推进剂装药、燃烧室、点火器和喷管四部分组成(图 1-1)。固体推进剂装药是固体火箭发动机的能量来源,具有一定的几何形状。燃烧室是固体推进剂装药储存和燃烧的场所,一般呈圆柱形。点火器安装在燃烧室的头部,用来接收外部的点火指令,能在短时间内产生高温燃气点燃固体推进剂。喷管安装在燃烧室的尾部,一般采用收缩扩张结构的拉瓦尔喷管,用来加速固体推进剂燃烧产生的燃气。当火箭发动机工作时,固体推进剂装药在燃烧室中燃烧,产生高温高压的燃气,燃气在喷管中不断被加速,以超声速从喷管排出,从而对固体火箭发动机产生推力。

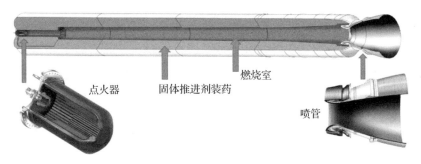

点火器　　固体推进剂装药　　燃烧室　　喷管

图 1-1　固体火箭发动机结构

# 1.1　固体火箭发动机燃烧不稳定概念

在设计固体火箭发动机时，设计人员一般根据推力大小和推力—时间曲线来选择推进剂种类、装药几何形状和喷管的喉部直径。在固体火箭发动机可接受的压力范围内需满足该设计目标。为了选择合适的发动机和装药参数，设计人员基于稳态燃烧和发动机中稳态流量的假设，计算发动机的内弹道曲线。但是在对这种按照理想状态设计出来的发动机进行实验时，得到的结果可能是设计人员始料未及的。最常见的是在振荡工作状态下，压力会围绕某个时间下的平均值波动，而这个时间的压力平均值可能并不是最初设计的平均压力。

在固体火箭发动机中，为了将储存的化学能释放出来，固体推进剂需要在燃烧室中燃烧。该燃烧过程是整个能量转换过程的关键，它将直接影响燃烧产生的燃气流量、燃烧室的压力和发动机输出的推力。正常情况下，固体推进剂装药按照预定的设计规律稳定燃烧，产生大量高温高压的燃气，燃烧室中的 $p$-$t$ 关系如图1-2虚线所示。但是固体推进剂在发动机燃烧室中燃烧和产生燃气流动时，往往会受到来自发动机内外部的扰动和激励。发动机内部的扰动包括点火器或绝热层碎片通过喷管喉部排出，或者周围环境向发动机内传递脉冲。在空间推进领域，外部扰动可能来自飞行器着陆时发动机羽流冲击地面形成的反射波；在导弹武器领域，外部扰动可能来自战斗部爆炸引起的冲击波。在这些因素的影响下，固体推进剂的燃烧过程就会发生变化，出现燃烧不稳定，典型现象就是燃烧室压力出现周期性振荡，如图1-2实线所示。

在该图示中，发动机一开始工作正常，但是从某个时间（通常是特定发动机的固有特性）开始，振荡以特性频率自发形成，并大幅增加。平均压力升高并保持较高状态，直到振荡衰减。较高的平均压力将提高固体推进剂的平均燃烧速率，造成推力增加、燃烧时间减少、导热增强等情况，合并其他不利因素，可能导致发动机爆炸、发射任务失败等严重后果，降低发动机的可靠性、限制发动机的应用范围等直接后果。为了解决固体火箭发动机的振荡问题，人们开展了大量的研究工作，付出了高昂的代价。针对不同的发动机结构、尺寸、推进剂种类，采用了不同的抑制振荡燃烧方法，但是效果均不理想。这种振荡行为来自发动机燃烧室的不稳定性，由燃烧过程、燃烧室内流场和燃烧室壁面之间非常复杂的相互作用引起。

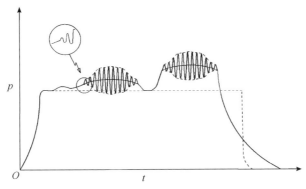

图 1-2 固体火箭发动机燃烧室 $p$-$t$ 曲线

燃烧不稳定是长期困扰液体火箭发动机、固体火箭发动机、冲压发动机、航空发动机及许多能源设备的棘手问题,其基本特征是燃烧室压力作周期性或近似周期性变化。燃烧室内的压力振荡大多是由燃烧室内流场与燃烧过程、室腔的反射等相互作用引起的。因此,燃烧不稳定的实质是燃烧室内的压力振荡。燃烧不稳定的压力振荡有的在燃烧室平均压力附近,有的产生平均压力漂移(DC pressure shift)。固体火箭发动机的燃烧不稳定与液体火箭发动机的燃烧不稳定具有相似之处,它们都来自发动机内部工作条件与推进剂燃烧之间的耦合作用。此外,固体火箭发动机的燃烧不稳定也有其独特的特点,比如固体火箭发动机中既没有推进剂的输送系统,也没有推进剂的雾化过程,燃烧反馈不只发生在燃烧室的头部,还发生在整个内孔装药部位,燃烧室的体积(通道截面积)随时间变化,燃烧室壳体由弹性较好的复合材料组成等。

在燃烧不稳定研究中,固体火箭发动机的燃烧室空腔一般被视为一个声自激振荡系统,发动机喷喉位置属于高马赫数区域,喷管下游的扰动不会影响燃烧室内的流场;燃烧室内的平均气流马赫数较小,燃烧室中的振型与刚性壁面封闭空腔中的经典振型没有很大的区别,因此,可将发动机燃烧室简化为一个封闭的空腔。在这样一个封闭的自持振荡系统中,任何微小扰动都有可能被进一步放大,继而形成声燃烧不稳定现象。早期有 50% 以上的固体火箭发动机存在不同程度的燃烧不稳定现象,轻则引起内弹道曲线异常,重则无法实现预期推力方案。发动机的压力振荡还会引起推力振荡,导致弹体的机械振动,致使某些仪器或部件不能正常工作。发动机过高的压力峰值还会导致发动机爆炸,酿成灾难性后果。

## 1.2　固体火箭发动机燃烧不稳定实例

为了加深大家对固体火箭发动机燃烧不稳定的了解,本节将以某些发生燃烧不稳定的固体火箭发动机为例,说明燃烧不稳定的现象,介绍发生燃烧不稳定时发动机压力—时间曲线的变化,分析燃烧不稳定所涉及的专业术语,比如振荡频率、平均压力、压力振荡、振荡推力等。

以美国海军空战中心(Naval Air Warfare Center)的固体火箭发动机为例,介绍固体火箭发动机燃烧不稳定的概念和关键参数。French 等[1-2]设计加工了多种地面测试用的固体火箭发动机,用于燃烧不稳定研究。研究者在设定好的时刻采用外部脉冲激励装置产生压力脉冲,迫使发动机发生燃烧不稳定。脉冲激励装置内部装有黑火药,安装在发动机头部,通过外部电流点燃黑火药产生高压燃气,高压燃气冲破膜片产生压力脉冲,该装置的结构如图 1-3(a)所示。该发动机长度约为 1.7m,采用前圆柱-后星孔的装药结构,如图 1-3(b)所示。装药长度约为 1.67m,装药外径约为 127mm。固体推进剂采用少烟高氯酸铵/聚合物黏合剂(AP/HTPB)复合推进剂[AP 含量 82%,硝胺(RDX)含量 4%,HTPB 含量 12.5%,炭黑含量 0.5%,ZrC 含量 1%],推进剂燃速为 6.1mm/s,压力指数为 0.36(6.9MPa),推进剂密度为 1.8g/cm³。压力6.9MPa时推进剂火焰温度为 2713℃,燃气声速为 1083m/s。工作过程中,发动机工作压力为 10.3 MPa,在 0.865s 时采用外部脉冲装置激发产生强烈的压力振荡。

图 1-4(a)是高频压力传感器记录的发动机压力数据($p = \bar{p} + p'$),从图中可以看出,0.865s 时发动机压力出现剧烈振荡,平均压力 $\bar{p}$ 升高,压力振荡 $p'$ 幅值为 959kPa($\Delta p'/\bar{p}$ 达到 10.2%)。将脉冲起始时刻的压力曲线放大,在图 1-4(b)中,可以看到发动机头部、中部和尾部都出现了压力振荡,其中,头部压力振荡出现的时刻早于中部和尾部。三个位置的压力振幅都逐渐增加,最后增大到平均压力的 10%。

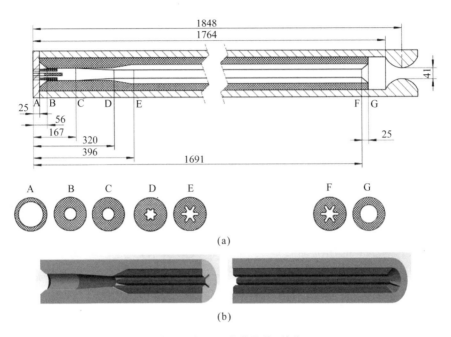

(a)

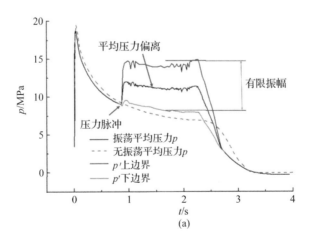

(b)

图 1-3 脉冲激励装置及装药结构(单位:mm)

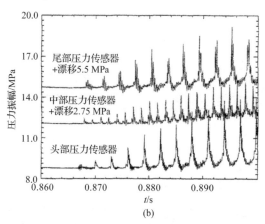

图 1-4　脉冲激发的发动机压力振荡曲线

　　将 1.0～1.2s 的压力曲线放大,如图 1-5(a)所示,可以看到周期性振荡的压力曲线,压力振荡幅值的上边界约为 2150psi(14.1MPa),下边界约为 1350psi(9.31MPa)。将该时间段内的压力曲线进行快速傅里叶变换(FFT),可以得到压力的频谱曲线图,如图 1-5(b)所示。发动机中出现了不同频率的压力振荡,压力振荡最剧烈的频率是发动机燃烧室的轴向基频,等于 345.8Hz,其他频率分别是该基频的整数倍,属于纵向振型的高阶模态。将 1.0s 时刻的压力曲线放大,可以看出发动机中压力振荡的波形不是正弦波,而是呈前沿陡峭波的形式。除此之外,在发动机的压力振幅—时间曲线图中出现了微弱的压力振荡,放大图见图 1-5(c)。经过 FFT 得到压力振荡的频率为 4595Hz,与发动机一阶切向振荡频率接近。

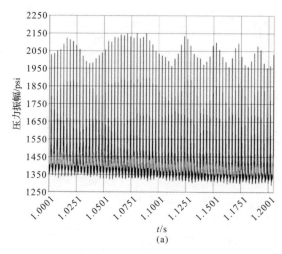

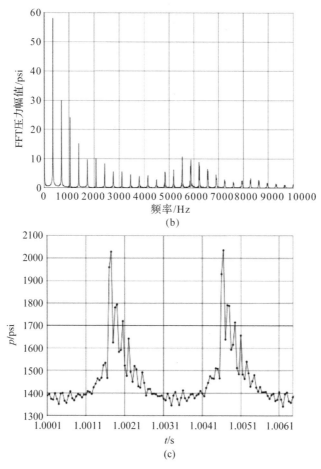

图 1-5 压力振荡曲线

以上是发动机进行地面试验时，通过外部脉冲激励激发得到的发动机压力振荡，属于严酷激励状态下的发动机燃烧不稳定。大部分固体火箭发动机都是在工作过程中自发产生燃烧不稳定。下面以欧洲航天局 Ariane 5 固体火箭助推器为例进行说明。

Ariane 5 采用 P230 固体火箭助推器[3]，长度为 27m，直径为 3m。该助推器分成三段分别装药，然后进行组装，如图 1-6（a）所示。第一部分 $S_1$（星孔装药）位于发动机头部，在燃烧的前 20s 提供最大推力。第二部分 $S_2$ 和第三部分 $S_3$ 为圆孔装药，两段之间采用阻尼环进行分割，这两个部分提供了 4～5MPa 的压力，直到燃烧结束。P230 采用 AP/Al/HTPB 复合推进剂，成分为 68% 的 AP、18% 的铝粉和 14% 的 HTPB。

图 1-6(b)是 P230 发动机地面静态点火的压力曲线,深色曲线表示推进剂装药燃烧期间发动机头部压力,浅色曲线显示了压力波动值 $p'$ 与时间的关系。对于压力振荡 $p'$,零峰相对振幅(表示波动压力的最大值与 0 值之差与平均压力之比)通常小于 0.5%。对于推力振荡,零峰相对振幅小于 5%。图 1-6(c)显示了 P230 发动机在燃烧室的轴向一阶声振模式($20\mathrm{Hz}<f<22\mathrm{Hz}$)和轴向二阶声振模式($40\mathrm{Hz}<f<42\mathrm{Hz}$)下,燃烧室压力振幅与时间的关系。压力振荡主要发生在发动机工作时间的后半部分,即 $60\sim100\mathrm{s}$,并且仅在某些情况下发生。

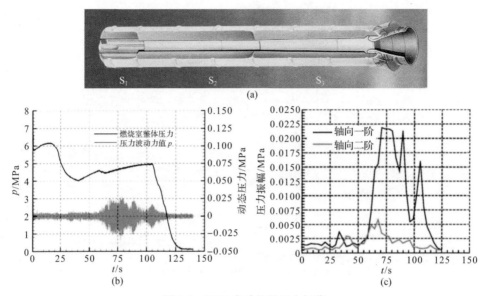

图 1-6　P230 发动机的压力振荡

# 1.3　固体火箭发动机燃烧不稳定分类

发动机尺寸不同,压力振荡的频率也不同。即使在同一个发动机中,也会出现多个不同频率的压力振荡。根据燃烧不稳定的发展历程,固体火箭发动机燃烧不稳定现象可分为线性燃烧不稳定和非线性燃烧不稳定。最初对燃烧不稳定现象的研究只是基于一维线性理论,经过 70 多年的发展与完善,现已拓展至多维、非线性的范畴。研究人员对出现燃烧不稳定发动机的压力—时间数据进行 FFT 分析,发现压力振荡频率范围很宽泛,进一步分析燃烧室空腔的固有声振频率发现,绝大部分压力振荡频率与燃烧室固有声振频率接近或相等,但也有少部分压力振荡频率远小于固有声振频率。根据压力振荡频率与燃烧室空腔固有频率的相对关系,可将燃烧不稳定分为声燃烧不稳定与非声燃烧不稳定。虽然固体火箭发动机中出现的燃烧不稳定情况非常复杂,但是究其实质,可归纳为如图 1-7 所示的几种类型。

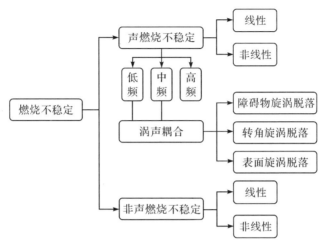

图 1-7　固体火箭发动机燃烧不稳定分类

（1）声燃烧不稳定

固体火箭发动机的燃烧室是一个封闭的空间,只有喷管与外界环境相通,可以视作一个亥姆霍兹型的空腔。如果没有固体推进剂的燃烧,燃烧室中的压力扰动会通过喷管向外界传播,扰动幅值会不断减小直到消失。但当固体推进剂在燃烧室中燃烧时,会不断地向燃烧室中增加热量和燃气,这属于加热加质的过程。根据瑞利准则,如果该过程的压力振荡频率与燃烧室的固有声振频率一致,那么燃烧室中的微弱压力扰动就不会衰减,反而会由于加热加质过程而不断地被放大。

声燃烧不稳定是推进剂燃烧过程与发动机空腔中的声学过程相互作用的结果,其特点是压力振荡频率与燃烧室空腔内的固有声振频率基本一致。对于燃烧室空腔,存在三种形式的声模态振荡,即轴向振型、切向振型和径向振型[4],如图 1-8 所示。因此,声燃烧不稳定可依次分为轴向声燃烧不稳定、切向声燃烧不稳定及径向声燃烧不稳定。

根据压力振荡频率,还可以划分为低频（小于 100Hz）、中频（100～1000Hz）和高频（1000Hz 以上）燃烧不稳定。低频燃烧不稳定属于非声燃烧不稳定,固体火箭发动机燃烧室内部的压力相同,属于整体振型的压力振荡。低频燃烧不稳定多出现在大型固体火箭发动机中,因为惰性微粒对低频和中频燃烧不稳定抑制作用较小。中频燃烧不稳定在发动机中以轴向振型出现。高频燃烧不稳定常常是切向或者径向振型,因为推进剂中的惰性微粒对高频燃烧不稳定有很强的抑制作用。在诸多出现燃烧不稳定的固体火箭发动机中,压力振荡多集中在中频范围内。

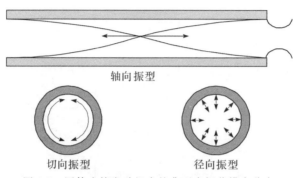

图 1-8　固体火箭发动机中的典型声振荡模态分布

(2)非声燃烧不稳定

非声燃烧不稳定仅在低压固体火箭发动机中出现,其特点是压力振荡频率比燃烧室内的最小声振频率低 1~2 个量级,以低频(通常为 5~150Hz)压力振荡为主,可以认为整个燃烧室内压力均匀一致,各处都表现为同相,属于整体振荡。

典型的非声燃烧不稳定包括喘息燃烧(chuffing,又称为喘振燃烧或反常燃烧)和 $L^*$ 燃烧不稳定。$L^*$ 燃烧不稳定主要出现在燃烧室自由容积与喷管喉部面积之比($L^* = V_c/A_t$)较小固体火箭发动机中,一般发生在低燃烧室压力条件下。当 $L^*$ 值较小时,燃烧早期可观察到振荡,当 $L^*$ 值增加到足够大时,则振荡停止[图 1-9(a)]。在实际应用中,低 $L^*$ 燃烧不稳定主要发生在上面级发动机和空间电动机中,燃烧初期燃烧室的自由容积最小(高装填系数)、喷管喉部面积大(对于轻型发动机结构,工作压力较低),进程中燃烧室压力下降较快、推进剂燃速响应较慢,导致推进剂燃烧来不及产生足够多的燃气来弥补压力的快速下降,出现压力振荡。$L^*$ 燃烧不稳定发生时,$p$-$t$ 曲线仍然连续,最低压力可能远高于外界压力。

如果未达到稳定的 $L^*$ 值,振荡幅度有时会增至很大,导致火箭发动机暂时熄火、重新点火,以及重复性的熄火、再点火[图 1-9(b)]。这种间歇行为称为喘息燃烧,类似于蒸汽机火车有规律地噗噗喷气。由于这种不稳定性一般发生在固体火箭发动机燃烧开始时($L^*$ 值低),或出现点火问题(例如低压)时,所以喘息燃烧通常被诊断为点火问题。发生喘息燃烧时,发动机有时会喷出大量浓烟,火焰亮度减弱,使用双基推进剂的发动机燃烧室还会喷出棕色浓烟。在这种情况下,发动机燃烧室压力低于临界压力[5]。

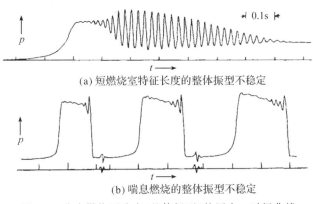

(a) 短燃烧室特征长度的整体振型不稳定

(b) 喘息燃烧的整体振型不稳定

图 1-9　非声燃烧不稳定(整体振型)的压力—时间曲线

(3)线性燃烧不稳定

线性燃烧不稳定是指压力振幅呈线性变化,振荡信号可以被线性地分解为独立的正弦波,可以用线性微分方程进行描述和分析(图 1-10)。在线性理论中,发动机的工作稳定性是燃烧室内所有增益和阻尼共同作用的结果,即用声能增长常数 α 来表征发动机的稳定性。若 α>0,则小扰动有增长趋势,表现为燃烧不稳定;若 α<0,则发动机具有稳定性。线性预估理论只能根据增益系数的正负来判断发动机是否有发生燃烧不稳定的趋势,但不能准确预估发生燃烧不稳定时的压力振幅。尽管如此,对于新研制的发动机,线性理论在预估或抑制燃烧不稳定问题上仍具有相当高的实用价值。

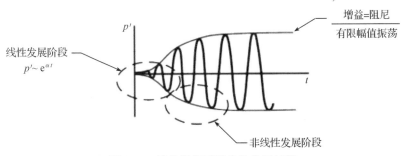

图 1-10　线性燃烧不稳定的发展过程

(4)非线性燃烧不稳定

非线性燃烧不稳定是指燃烧室内的压力振幅已增长为极限振幅。这是多种声振型叠加的结果,通常是由脉冲激励引发的。该现象只能通过非线性微分方程进行描述。固体火箭发动机燃烧不稳定中的许多现象是非线性的,例如振荡压力的生成、生长、保持、消失以及脉冲激励。非线性燃烧不稳定的三种典型现象表现为脉冲激励(pulsed triggering)、极限振幅(limit cycle)以及平均压力漂移[6-9]。一般而言,非线性燃烧不稳定的三种现象会同时出现,发动机在工作过程中受到激励(如喷管堵塞、控制系统的干扰等)后,燃烧室压力将迅速升高,达到一定程度后,燃烧室压力在漂移后的平均压力附近呈极限振幅形式波动(图1-11)。

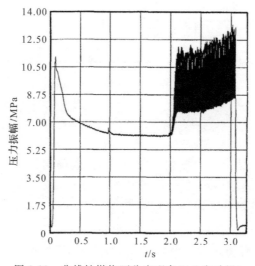

图 1-11　非线性燃烧不稳定现象(4♯发动机)

以 Blomshield 等[9]提供的数据库为例来说明非线性燃烧不稳定。他们对二十种战术火箭系统常用的火箭发动机装药形状进行了详细试验。每次试验进行三次脉冲激励,脉冲激励的幅度是提前设定好的。

图 1-11 是 4♯发动机(前部星孔装药,平均压力为 6.9MPa)的试验曲线[10],该曲线显示了固体火箭发动机几种非常典型的非线性特征。第一个脉冲(最终衰减)出现在 0.97s,压力振幅为 0.3MPa,该脉冲在图 1-11 中清晰可见。第二个较小的脉冲(压力振幅为 0.17MPa)在 1.96s 时发生,并导致脉冲激励增长到了大振幅极限周期($\varepsilon = p'/p \approx 0.59$),伴随着较大的平均压力漂移,持续约 1s。非线性振荡随发动机的压力下降开始衰减。此外,Blomshield 等[9]还对后部星孔装药、全部星孔装药和圆柱内孔装药的发动机进行了试验,重复出现了图 1-11 所示的现象。

对于具有相似推进剂和几何形状的试验,也都出现了初始(低振幅)极限振幅和激励(高振幅)极限振幅。

这些脉冲激励试验表明发动机中存在明显的非线性振荡,但是试验结果并不是完全杂乱无章。实际上,这些试验结果是一种具有自发激励特征的振荡现象,也是非线性振荡中经常遇到的一种模式。低振幅和高振幅极限循环振荡的主频率都与一阶纵向声振荡频率非常接近。这种现象通常作为声波叠加理论的模型基础。尽管幅度较低,第一个脉冲(图 1-11 中 $t=1s$ 之前的脉冲)产生的衰减振荡的波形,与后来的振荡具有相同的非线性属性(陡峭的波前锋等)。

(5)涡声耦合燃烧不稳定

产生固体火箭发动机不稳定的原因有很多,根据 Kuentzmann[11] 提出的分类方法,可以分为两大类:燃烧不稳定性和流动不稳定性。从历史上看,燃烧不稳定性是最早被发现的。推进剂的燃烧速率受燃烧室压力的影响,这种燃烧趋向于在给定的频率范围内放大压力波动。因此,最传统的不稳定性是由燃烧和发动机燃烧室中声场之间的共振引起的,频率范围为一千赫兹到几万赫兹。

尽管振荡燃烧和声学不稳定性被认为是引起固体火箭发动机推力振荡的主要原因,但发动机内部的流动不稳定性也会带来其他扰动,从而影响推进剂燃烧和发动机推力[11]。流动不稳定性是由不稳定的流动引起的,具有旋涡结构。Flandro 等[12]首次提出了在固体火箭发动机中旋涡脱落激发声模态振荡的概念。他们将发动机振动与流体剪切区域的流动不稳定性之间的耦合响应联系起来。在具有大长径比(发动机长度与直径之比)的固体火箭发动机中,流动不稳定性可能在固体推进剂装药和阻尼环的边缘产生。此时,固体火箭发动机的燃烧室可以被理想化为带有多孔板的长圆柱体,在其中会产生 Taylor-Culick(泰勒-库利克)运动。由此产生的流动转弯具有内在的不稳定性,会产生三种不同的旋涡脱落(图1-12)。

转角旋涡脱落(AVS)在推进剂装药边缘的剪切层产生。在图 1-12 箭头标记处,推进剂装药表面产生的燃气射流是不均匀的,因此会引起剪切层不稳定。

障碍物旋涡脱落(OVS)与突出的障碍物有关,比如头部的绝热层。

表面旋涡脱落(SVS)由发动机内部流动的固有不稳定性引起,而非由几何不规则引起。

20 世纪 90 年代,Dotson 等[13]研究了 Titan Ⅳ RSRM 的推力振荡特性,建立了旋涡形成、脱落、碰撞、声反馈的四步模型(图 1-13),为固体火箭发动机涡声耦合研究奠定了基础。

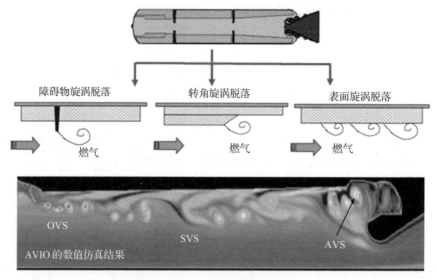

图 1-12　三种旋涡脱落形式

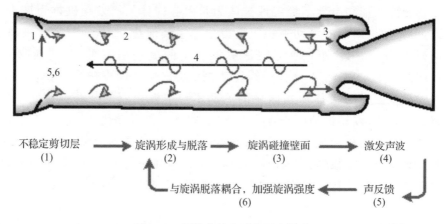

图 1-13　固体火箭发动机涡声耦合

# 1.4　固体火箭发动机燃烧不稳定典型案例

## 1.4.1　国外发动机案例

20 世纪 50 年代后,在固体火箭发动机的早期研制过程中,美国多个型号的固体火箭发动机出现了燃烧不稳定现象,有探空火箭、航天飞机助推器以及多种战略战术导弹(包括弹道导弹、反潜导弹、舰空导弹、反坦克导弹、空空导弹、弹道导弹、空地导弹等导弹类型)发动机,这充分说明了燃烧不稳定问题的普遍性。早期的燃烧不稳定以高频压力振荡为主。随着铝粉的使用,铝粉燃烧产生的凝相产物具有抑制高频压力振荡的作用,这使得大多数固体火箭发动机不再出现燃烧不稳定,人们对燃烧不稳定的关注程度也逐渐下降。

美国海军空战中心曾对 20 世纪出现过燃烧不稳定的固体火箭发动机进行了汇总,如表 1-1 所示。这些发动机案例的装药类型如图 1-14 所示。可以发现,这些出现燃烧不稳定的固体火箭发动机多采用复合推进剂(达 82%)。大量发动机在地面测试时稳定性良好,但在飞行条件下却出现了燃烧不稳定现象。

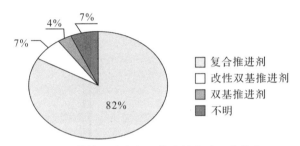

图 1-14　燃烧不稳定的固体火箭发动机装药类型

表 1-1　早期美国出现燃烧不稳定的固体火箭发动机案例

| 序号 | 发动机详情 | | | | 燃烧不稳定类别 | | | | 修理方法 | | | 备注 |
|---|---|---|---|---|---|---|---|---|---|---|---|---|
| | 名称 | 年份 | 用途 | 组元 | 轴向 | 切向 | 压力漂移 | 脉冲 | 组分 | 金属 | 结构 | |
| 1 | Sergeant | 1951 | 探测 | 多硫化物/AP | √ | | | | | | | 未修复 |
| 2 | RVA-10 | 1951 | 战区 | 多硫化物/AP | √ | | | | | | | 不明 |
| 3 | Sergeant | 1957 | 战区 | 多硫化物/AP | √ | | | | | | | 未修复 |
| 4 | Subroc | 1961 | 地反潜 | AP/聚氨酯 | √ | | √ | | | | √ | 减小铝粉粒度 |
| 5 | Iroquois | 1960 | 不明 | 含铝 | √ | | √ | | | | √ | 增加铝粉含量,减小粒度 |
| 6 | Tartar | 1961 | 舰对空 | 不明 | √ | √ | √ | √ | √ | | | 喷管移到下游 |
| 7 | Tow | 1964 | 地对地 | 双基 | | √ | √ | | | | √ | 加隔板 |
| 8 | Genie | 1965 | 空对空 | AP/Al/聚氨酯 | √ | | | | | | √ | 减小铝粉粒度 |
| 9 | Minuteman | 1968 | 弹道 | 双基/AP/Al/ | √ | | | | | | √ | 总体修正 |
| 10 | Manpads | 1969 | 地面 | AP/Al//HTPB | √ | | √ | | √ | | | 减小负重 |
| 11 | ATR | 1975 | 空对空 | AP/HTPB | | √ | √ | | √ | | | 增大 AP 粒度,加催化剂 |

续表

| 序号 | 发动机详情 | | | | 燃烧不稳定类别 | | | | 修理方法 | | | 备注 |
| --- | --- | --- | --- | --- | --- | --- | --- | --- | --- | --- | --- | --- |
| | 名称 | 年份 | 用途 | 组元 | 轴向 | 切向 | 压力漂移 | 脉冲 | 组分 | 金属 | 结构 | |
| 12 | AALM | 1975 | 试验 | AP/Al//HTPB | | | | ✓ | ✓ | | | 含有 ZrC 的发动机更好 |
| 13 | MK-12 | 1975 | 舰对空 | AP/HTPB | ✓ | ✓ | | | | | | 总体修正 |
| 14 | Slufae | 1975 | 地对地 | AP/HTPB | ✓ | ✓ | | | | | ✓ | 加亥姆霍兹共振器 |
| 15 | Sidewinder | 1977 | 空对空 | AP/HTPB | ✓ | | ✓ | ✓ | ✓ | | ✓ | 药型设计,RDX 部分替换 AP |
| 16 | Maverick | 1977 | 空对地 | AP/HTPB | | ✓ | ✓ | | | | ✓ | 增大 AP 粒度,加隔板、ZrC |
| 17 | LCMM | 1978 | 试验 | AP/HTPB | ✓ | | ✓ | | | | ✓ | 增加可烧蚀喷嘴,改结构 |
| 18 | MSM | 1978 | 试验 | 双基/CMDB | | ✓ | ✓ | | | ✓ | | 增大喷口面积 |
| 19 | Harm | 1978 | 空对地 | AP/HTPB | ✓ | | | | | | ✓ | 未调整 |
| 20 | EX-70 | 1979 | 舰对空 | AP/HTPB | ✓ | | | | ✓ | | ✓ | 减小 AP 粒度,增大喷管尺寸 |
| 21 | EX-104 | 1985 | 舰对空 | AP/Al/HTPB | ✓ | | | | | | | 未调整 |
| 22 | Asroc | 1985 | 地对地 | AP/HTPB | ✓ | | | | | | | 未调整 |
| 23 | Sentry | 1985 | 战区 | AP/Al/HTPB | ✓ | | ✓ | | | | ✓ | 项目终结,减小铝粉粒度 |
| 24 | LCPM | 1988 | 不明 | AP/HTPB | | ✓ | | | ✓ | | | 减小 AP 粒度,增大负重 |
| 25 | Shuttle | 1990 | 助推器 | AP/Al/PBAN | ✓ | | | | | | | 未调整 |
| 26 | DBM | 1994 | 地面 | AP/Al/HTPB | ✓ | | ✓ | | | | ✓ | 重新进行装药设计 |
| 27 | Pathfinder | 1996 | 太空 | AP/Al/HTPB | ✓ | | | | | ✓ | ✓ | 铝粉由 2% 增大到 16% |
| 28 | NWR | 1997 | 试验 | AP/HTPB | ✓ | ✓ | ✓ | ✓ | ✓ | | ✓ | 加入稳定剂,改结构、压力 |

　　导弹武器和航天运载技术的发展对固体火箭发动机提出了高装填率、大推力比、大初始推力、低特征信号等要求。20 世纪 70 年代开始,为了提高发动机比冲,超细铝粉和高能炸药被广泛采用。虽然固体推进剂能量获得了大幅提升,但这为燃烧稳定性带来了安全隐患,同时空地测试结果不一致问题大量出现。此外,国外的大型运载器的助推器相继使用带有潜入式喷管的大型分段式固体火箭发动机作为动力装置,例如 Space Shuttle RSRM、Titan Ⅳ Upgrade 以及 Ariane 5

P230。这些发动机装药结构复杂且存在许多突变截面,段与段之间还装配绝热环,极易产生流动分离进而发展为旋涡脱落,与发动机内声场耦合引发较大的推力振荡,这向燃烧不稳定的研究提出了新的课题:涡声耦合现象。研究表明,"燃烧不稳定"这个概念的命名本身就是有局限性的,许多工况下,压力振荡来自不稳定的流场。因此,从 20 世纪末起,人们再次掀起了研究固体火箭发动机燃烧不稳定问题的高潮,其中,以欧洲的 ASSM 和 POD-X 计划以及美国的 MURI 计划为代表。固体火箭发动机燃烧不稳定研究的时间历程如图 1-15 所示。

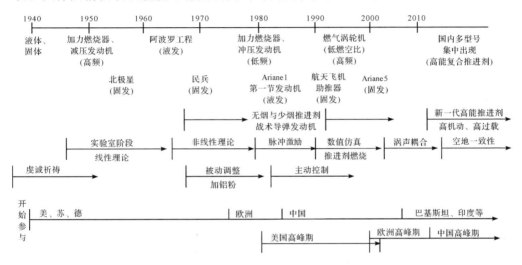

图 1-15　固体火箭发动机燃烧不稳定发展历程

下面介绍几种国内外典型导弹的固体火箭发动机及其出现的燃烧不稳定特征。战术和战略导弹在飞行过程中受到外部载荷的作用,外部载荷传递到固体火箭发动机,从而引起燃烧不稳定。表 1-2 是几种美国导弹用固体火箭发动机的参数,这几种发动机都曾用于弹道导弹拦截试验,相对恶劣的外部载荷导致这几种固体火箭发动机出现了燃烧不稳定[14]。

表 1-2　几种美国导弹用固体火箭发动机

| 参数名称 | M57A1 | SR-19 | Castor-4B | SR-73 |
|---|---|---|---|---|
| 用途 | 民兵Ⅱ导弹<br>第三级发动机 | 民兵Ⅱ导弹<br>第二级发动机 | 单级亚轨道火箭 | 民兵Ⅰ导弹<br>第三级发动机 |
| 长度/m | 2.1 | 15.5 | 9.2 | 2.3 |
| 直径/m | 0.97 | 1.32 | 1.2 | 1.32 |
| 总质量/t | 1.9 | 15 | 11.4 | 3.6 |

续表

| 参数名称 | M57A1 | SR-19 | Castor-4B | SR-73 |
|---|---|---|---|---|
| 推进剂质量/t | 1.6 | — | 10 | 3.2 |
| 燃烧时间/s | 59 | — | 64 | 61 |
| 推力/kN | 76 | 267 | 430.6 | 152 |
| 振荡持续时间/s | 16 | 5 | — | — |
| 燃烧不稳定的压力振荡频率/Hz | 530~450 | 700~500 | 60~80 | 170~210<br>310~380<br>780~860<br>1620~1700 |

    M57A1 发动机是民兵Ⅱ导弹(图 1-16)的第三级发动机,长为 2.1m,直径为 0.97m,后来也被用于各种亚轨道火箭,例如靶弹(图 1-17)。该发动机燃烧室内部的凹腔会产生明显的正弦压力振荡,振荡持续 16s,振荡频率由 530Hz 变化至 450Hz。图 1-18 给出了 M57A1 发动机在燃烧过程中,从飞行加速度计数据中获取的 FFT 瀑布图。每幅图中的幅度均为未按比例缩放的加速度数据。

图 1-16　民兵Ⅱ导弹

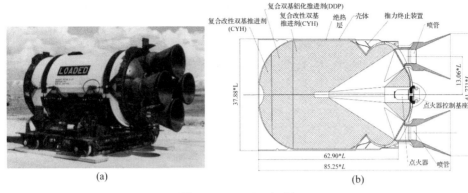

图 1-17  M57A1 发动机

图(b)中 * L 为特征尺寸

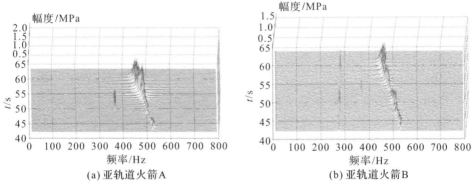

(a) 亚轨道火箭A　　　　　　　　　　(b) 亚轨道火箭B

图 1-18  M57A1 发动机轴向飞行加速度的 FFT 瀑布图(传感器位于连接器仓壁上)

SR-19 发动机长为 15.5m,直径为 1.32m,最初是作为民兵 Ⅱ 导弹的第二级发动机,后来也被用于各种亚轨道火箭,例如靶弹。HERA 导弹采用 SR-19 发动机作为第一级发动机,用 M57A1 发动机作为第二级发动机。SR-19 发动机在其燃烧室的空腔中会形成明显的正弦压力振荡。振荡频率会在 5s 内从 700Hz 向下变化到 550 Hz,该发动机的 FFT 瀑布图如图 1-19(a)所示。数据来自发动机静态点火试验,试验时将发动机水平固定在试车台上。相应的 GRMS(root-mean-square acceleration,加速度的均方根)曲线图如图 1-19(b)所示。由于加速度计安装在正向电机球罩上,因此振幅会很高。SR-19 发动机在 1400~1100Hz 范围内存在 2 倍谐波(图中未显示),该谐波会随距离迅速衰减。除此之外,约 50% 的 SR-19 发动机在飞行过程中还出现了绝热层从喷管喷出的现象。SR-19 发动机的燃烧室具有复杂的几何形状,发动机前封头的内侧,初始燃面是弧形的凹腔,随着燃烧过程的进行,弧形长度会以41.7mm/s的速度增加。很明显,压力振荡频率和波长会随时间而改变,且平均波长为1.73m,平均频率为625Hz。

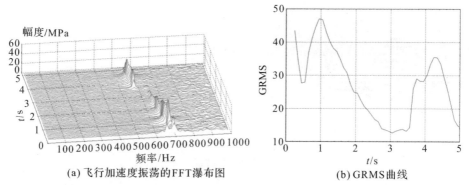

(a) 飞行加速度振荡的FFT瀑布图　　　　(b) GRMS曲线

图 1-19　地面试验时 SR-19 发动机的轴向飞行加速度(传感器位于发动机的前封头上)

SR-73发动机是民兵 I 导弹的第三级发动机,长为2.3m,直径为1.32m,该发动机腔体内会产生正弦压力振荡,有四段压力振荡频率,分别为170~210Hz,310~380Hz,780~860Hz,1620~1700Hz。

Castor-4B是固体火箭发动机,长为9.2m,直径为1.2m,燃烧室压力为3.25MPa。该发动机采用HTPB推进剂,推进剂内有20%的铝粉。推进剂装药形状是径向开槽中心开孔。发动机腔体内压力会产生正弦振荡,在振荡时间内,以7Hz/min的扫描速率由60Hz变为80Hz。

另外,Orion逃逸发动机长为5.2m,直径为1m,具有四个喷管,喷管之间的角度是155°,如图1-20所示。喷管的排气方向与燃烧室中燃气的流动方向相反。在飞行过程中,该发动机出现压力振荡,频率是1370Hz,但是在振荡末期出现了685Hz的频率。基于封闭圆柱腔体的声学模态预估方法,可预测该发动机一阶径向和切向声学模态近似是690Hz(发动机燃烧末期的半径为0.45m)。该共振存在于动压力数据中,并且被认为是逆向流动发动机在低压燃烧末期由气体动力学导致的真实的压力振荡现象。

除了以上用于战术导弹的固体火箭发动机外,近些年用于运载火箭助推器的大型固体火箭发动机也出现了燃烧不稳定的情况(表1-3)。

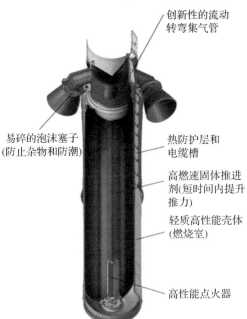

创新性的流动转弯集气管

易碎的泡沫塞子(防止杂物和防潮)

热防护层和电缆槽

高燃速固体推进剂(短时间内提升推力)

轻质高性能壳体(燃烧室)

高性能点火器

图 1-20　Orion 逃逸发动机

**表 1-3　出现燃烧不稳定的大型固体火箭发动机**

| 发动机代号 | 长度/直径 | 分段数 | 是否有阻尼环 | 分段之间是否有凹腔 | 最大压力/MPa | 声振阶数 | 压力振荡频率/Hz | 压力振幅/kPa | 压力扰动占比/% | 推力振幅占比/% | 用途 | 国家/地区 |
|---|---|---|---|---|---|---|---|---|---|---|---|---|
| P230[18] | 25/3.05 | 3 | 是 | 是 | 6.8 | 1 | | 20~25 | 0.5 | 2~4 | Ariane 5 固体助推器 | 欧洲 |
| | | | | | | 2 | 18~23 | 10 | 0.2 | | | |
| | | | | | | 3 | | 5 | 0.1 | | | |
| RSRM[19] | 35/3.8 | 4 | 是 | 是 | 7 | 1 | 12~15 | 13.2 | | 1.54 | 航天飞机助推器 | 美国 |
| | | | | | | 2 | 25~30 | 10.8 | 0.48 | | | |
| SRMU[13] | 32/3.2 | 3 | 否 | 是 | 8.4 | 1 | 15~20 | 15~16.2 | 0.25~0.27 | 1.5~2 | Titan IV 运载火箭固体发动机 | 美国 |
| PS1 | 16.5/2.8 | 5 | 是 | 否 | — | 1 | 27 | | 0.3 | — | — | |
| | | | | | | 2 | 33 | | | | | |
| S-200[15] | 21.92/3.2 | 3 | 是 | 否 | 5.33 | 1 | 21~26 | — | 1.3 | — | LVM3 运载火箭固体助推器 | 印度 |

　　RSRM 发动机是美国航天飞机的固体助推器（图 1-21），由四段装药组成，总长为 35m，直径为 3.8m，长径比为 9.2，燃烧室最大压力为 7MPa，在工作 80～120s 的时间内会出现压力振荡，一阶振荡频率为 12～15Hz，产生的压力振幅达 13.2kPa，推力振幅占平均推力比为 1.5%，二阶振荡频率为 25～30Hz，产生的压力振幅达 10.8kPa，推力振幅占平均推力比为 4%。

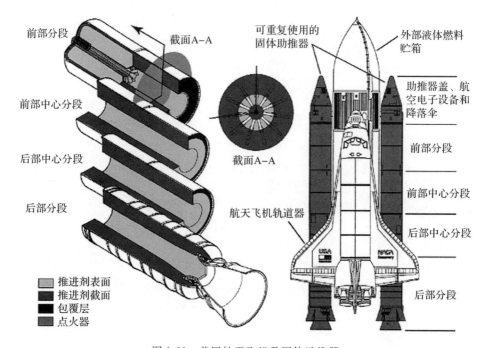

图 1-21　美国航天飞机及固体助推器

　　SRMU 发动机是美国 Titan Ⅳ 运载火箭的助推器（图 1-22），由三段固体推进剂装药组成，长为 32m，直径为 3.2m，长径比为 10，燃烧室最大压力为 8.4MPa。在工作 50s 后产生大幅压力振荡，振荡频率为 15～20Hz，压力振幅达 15～16.2kPa，压力扰动占平均压力比为 0.25%～0.27%，推力振幅占平均推力比为 1.5%～2%。

　　S-200 发动机是印度 LVM3 运载火箭的固体助推器，由三段固体推进剂装药组成，长为 21.92m，直径为 3.2m，长径比为 6.85，采用 HTPB 推进剂，燃烧室最大压力为 5.33MPa，在 26s 时会出现压力振荡（图 1-23），频率为 21～26Hz，压力扰动占平均压力比为 1.3%[15]。

图 1-22　Titan Ⅳ 运载火箭和 LVM3 运载火箭

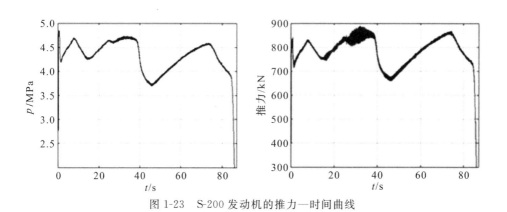

图 1-23　S-200 发动机的推力—时间曲线

1973 年的研究首次表明,振荡燃烧引起的发动机内部压力振荡是由旋涡脱落与发动机燃烧室的声模态耦合引起的[12]。由于发动机中存在无限多个声模态,因此理论上发动机中会出现很多个不同频率的压力振荡。但是,许多固体火箭发动机的静态点火试验数据表明,压力振荡最多只与前两阶声模态相耦合[13-17]。当对

固体火箭发动机燃烧室建模时,可将其简化为两端封闭的空腔,其纵向声模态的频率可以近似为

$$f_a = \frac{nc}{2L} \tag{1-1}$$

式中,声速 $c$ 假定是 $106.7\mathrm{m/s}$,$n=1$。根据该式,可以计算上述不同发动机的一阶纵向振荡频率。

图 1-24 显示了静态点火试验中明显的声模态基频范围[16]。该范围中的最小值和最大值分别对应于压力振荡的开始时间和结束时间。因为推进剂的燃烧改变了燃烧室的几何形状,故声模态频率随时间增加。基频范围内的最大值与上式的结果一致,这是因为尽管喷管喉部有开口,但燃烧室仍接近均匀的声腔。

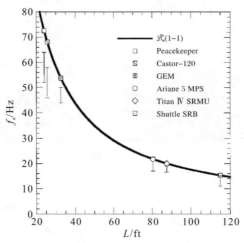

图 1-24　发动机声学基础频率与长度的对应关系
粗线对应于两端封闭燃烧室的频率,散点表示在静止点火实验中观察到的频率范围

### 1.4.2　国内工程案例

最近十几年,我国在研的多种固体火箭发动机中也相继发生了燃烧不稳定现象,依靠传统的工程经验无法解决,故型号项目研制进度停滞不前,研制经费大幅度增加。在某些大长径比地空导弹的研制过程中,也出现了压力、推力振荡现象,并进一步引发了导弹整体结构的振荡。某反坦克导弹发动机采用了长尾喷管,这导致地面热试车屡次出现大幅度的低频推力振荡,振荡频率与声振频率差别很大。虽然研制单位采用了许多抑制声能增益的传统方法改进发动机,但收效甚微,型号研制进度拖延近一年。某海防导弹的助推级发动机也出现了较大幅度的

燃烧不稳定现象,专家诊断原因为涡声耦合机制,但由于装药结构、推进剂配方、发动机尺寸已确定,故难以改善其内弹道特性。因此,迫切需要系统深入地开展相关研究工作。

近20年,国内外产生燃烧不稳定的发动机的共同特点是长径比大(大于10)。与普通发动机相比,大长径比发动机最显著的特点是极易在内流场中产生旋涡脱落,涡声耦合、涡喷管耦合、涡壁面耦合、分布燃烧等诸多增益因素在此工况下作用显著,且推进剂的燃烧响应受湍流影响较大,传统的理论知识与工程经验无法起到充分的指导作用。继续探索燃烧不稳定的产生机理并发展抑制技术的需求十分迫切,它有着重要的理论意义与工程实用价值。下面就几种国内出现燃烧不稳定的固体火箭发动机进行介绍。

S1* 发动机[20](图1-25),长径比为6.6,采用四组元丁羟复合推进剂,后翼柱型药柱,燃烧室压力波动基频为406Hz,与声腔纵向基频396Hz接近[图1-27(a)]。在工作0.6s后,压力出现明显振荡,上下振幅达1.8MPa,发生了纵向声燃烧不稳定现象[图1-26(a)]。通过在药柱前方加翼柱型结构,能降低纵向声腔频率,抑制燃烧不稳定,实际中通过增大喷管喉部上圆角,压力振幅可减小至0.0007MPa,燃烧不稳定现象得到了很好的抑制。

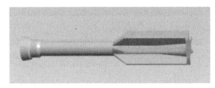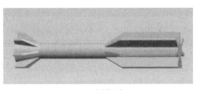

(a)改进前                      (b)改进后

图1-25 S1* 发动机装药空腔

S2* 发动机,长径比为7,采用四组元丁羟复合推进剂,翼柱型药柱,椭球长尾喷管,燃烧室压力波动基频为265Hz,与声腔纵向基频261Hz接近。在工作6.5s后压力出现振荡,上下振幅达0.5MPa,发生纵向声燃烧不稳定现象[图1-26(b)]。通过减小喷管收敛半角,设置扩张段特定型面,压力振荡降到了平均压力的0.09%,在导弹可接受范围内,燃烧不稳定现象得到了较好抑制。

S3* 发动机为单室双推力发动机,采用高能低特征信号推进剂,翼柱型药柱,前段为低燃速管状药,后段为高燃速星孔药,二级推力压力波动频率为319Hz,与声腔纵向基频299Hz接近,压力上下振幅达0.8MPa,发生纵向声燃烧不稳定现象[图1-26(c)]。通过将椭球结构喷管改为锥形结构喷管,减小收敛角,压力振荡降至0.0006MPa,燃烧不稳定现象得到了很好的抑制。

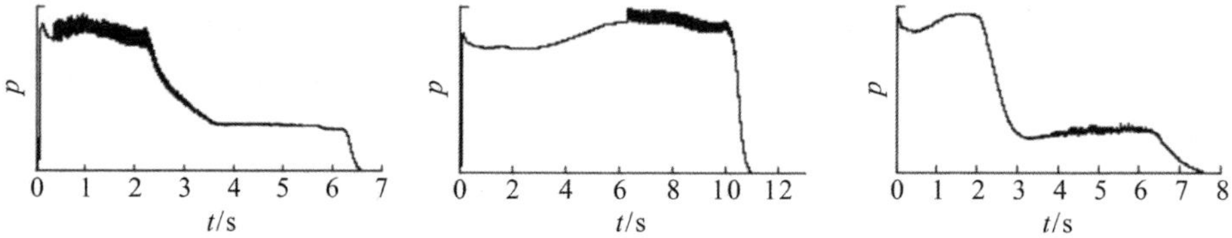

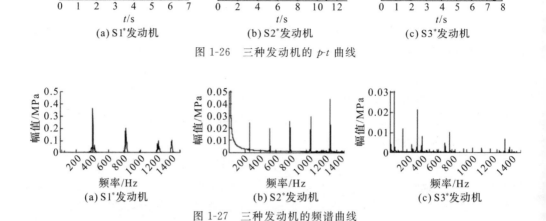

(a) S1*发动机 (b) S2*发动机 (c) S3*发动机

图 1-26 三种发动机的 $p$-$t$ 曲线

(a) S1*发动机 (b) S2*发动机 (c) S3*发动机

图 1-27 三种发动机的频谱曲线

从表 1-4 可以发现，大长径比、翼柱型复杂药柱发动机出现的燃烧不稳定现象多为轴向中频声燃烧不稳定。

**表 1-4 三种发动机燃烧不稳定工作参数**

| 参数名称 | S1* | S2* | S3* |
|---|---|---|---|
| 长径比 | 6.6 | 7 | 12.6 |
| 药型 | 后翼柱型药柱 | 翼柱型药柱 | 翼柱型药柱 |
| 推进剂种类 | 四组元丁羟复合推进剂 | 四组元丁羟复合推进剂 | 高能低特征信号推进剂 |
| 特征 | | 椭球长尾喷管，内衬收敛段收敛角 | 单室双推，前段低燃速管状药柱，后段高燃速星孔药柱 |
| 燃烧不稳定类型 | 轴向声燃烧不稳定 | 轴向声燃烧不稳定 | 轴向声燃烧不稳定 |
| 燃烧不稳定首次出现时间 | 0.6s | 6.2s | 二级推动时 |
| 上下压力振幅/MPa | 1.8 | 0.5 | 0.8 |
| 压力波动基频/Hz | 406 | 265 | 319 |
| 基频压力波动幅值/MPa | 0.0879 | 0.024 | 0.238 |
| 燃烧室声腔纵向基频(经验公式)/Hz | 396 | 261 | 299 |
| 压力波动最大频率/Hz | 1393 | 1311 | 2855 |

续表

| 参数名称 | S1* | S2* | S3* |
|---|---|---|---|
| 最大频率压力波动幅值/MPa | 0.005 | 0.044 | 0.061 |
| 改进思路 1 | 修改药柱结构改变声腔固有频率 | | |
| 具体措施和效果 | 后翼柱药型七槽变八槽，声腔基频由 396Hz 变为 394Hz，药柱前方设翼柱型结构，声腔基频减小至 367Hz，明显改进 | | |
| 改进思路 2 | 调整喷管收敛段内型面，增加喷管阻尼，减小声能反射强度 | | |
| 具体措施 | 增大喉部上圆角 | 收敛半角由 50° 调整为 45°，喷管扩张段设计特定形面 | 椭球结构喷管改锥形结构喷管，壳体外形锥角为 45°，收敛角由 75° 改 56° |
| 效果 | 空中试验、地面试验未出现燃烧不稳定，一二级最大压力振幅变为 0.0007MPa | 燃烧不稳定得到较好抑制，振荡幅值在导弹可接受范围内 | 高中低温试验未出现不稳定燃烧，压力最大振幅 0.0006MPa |

　　某防空导弹固体火箭发动机 T1[21] 在飞行过载条件下工作 7s 后，出现压力跃升与振荡燃烧不稳定现象，振荡频率为 216Hz，与声腔轴向基频 213Hz 接近，属于非线性轴向中频声燃烧不稳定（图 1-28）。旋涡脱落频率约为 100Hz，远小于振荡频率，故涡声耦合不是该发动机燃烧不稳定的原因。张翔宇等[21] 提出了两种触发机制，同时在火箭橇过载模拟试验中发动机也出现了相似振荡，这说明飞行过载是该发动机燃烧不稳定的主要因素，且当推进剂燃烧增益大于阻尼因素时，压力持续振荡。

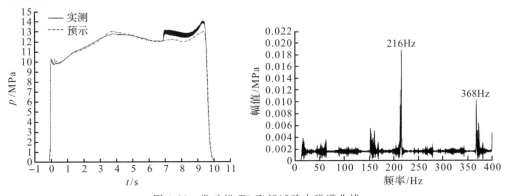

图 1-28　发动机 T1 飞行试验内弹道曲线

某双脉冲固体火箭发动机[22]在工作 1.25s 后,压力出现明显振荡(图 1-29),产生燃烧不稳定现象,燃烧室一阶声频模型频率为 320Hz,与旋涡脱落频率 329.79Hz 接近,属于涡声耦合引起的压力振荡(图 1-30)[23]。扰流环通径越小,旋涡脱落频率越大,在工作末期两者同时下降能使燃烧不稳定频率也下降,故可通过加入扰流环来提高初期旋涡脱落频率,使其远离声振频率,有效削减自激振荡,从而抑制燃烧不稳定。

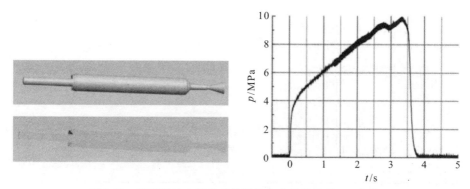

图 1-29 某双脉冲火箭发动机燃烧室空腔结构及 $p$-$t$ 曲线

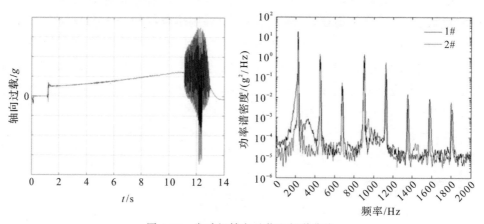

图 1-30 发动机轴向过载和频谱曲线

某固体火箭发动机[24]工作初期燃烧室空腔结构如图 1-31 所示,该发动机在头部和末端均采用了翼柱型装药,翼槽数为 9,长径比约为 6(初始时刻管型装药段可达 20)。

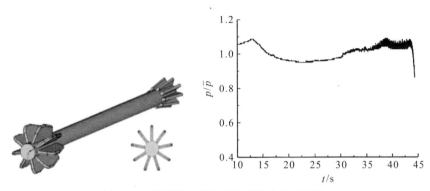

图 1-31　某固体火箭发动机燃烧室空腔结构

下面选取某固体火箭发动机在 3 个典型工作时刻的压力振荡数据,并对压力振荡数据进行 FFT 分析,结果如图 1-32 所示($p'$ 为波动压力)。由压力振荡谱图可以看出,在发动机工作至 20s 时,燃烧室压力振荡比较微弱,其中振荡主频为 140Hz,压力振幅占平均压力的 0.024%,这对发动机工作特性基本没有影响,可忽略不计;当发动机工作至 30s 时,燃烧室内逐步出现了压力振荡,振荡频率为 159Hz,振荡幅值明显增大,占平均压力的 0.084% 左右;当发动机工作至 40s 时,燃烧室内压力振荡比较严重,此时燃烧室内压力振荡的主频为 177Hz,压力振幅占平均压力的 0.24%。压力振荡会进一步引起推进剂燃速振荡,从而造成平均压力偏移预估压力。可初步判断,该发动机出现了轴向声燃烧不稳定。

某型高装填系数、大长径比单室双推力发动机[25]的推力比为 4∶1,采用两种不同燃速的推进剂配方,结合燃面变化实现,装填系数为 0.82,长径比为 9,装药类型为圆柱孔,如图 1-33 所示。由该发动机试验曲线可知(图 1-34),在 0.06～0.13s 时 $p$-$t$ 曲线出现了明显扰动,压力抬高约 11%,出现了基频为 239.62Hz 的燃烧不稳定,与发动机固有频率 240Hz 一致,并出现了 4 倍频。

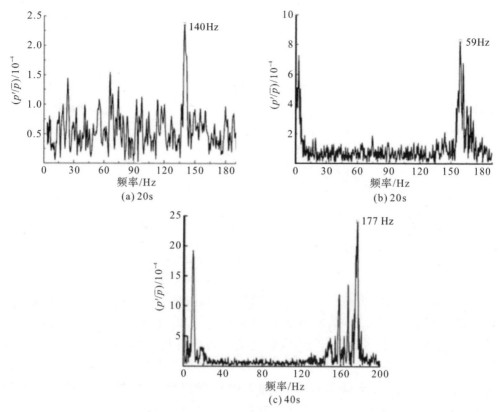

图 1-32 某固体火箭发动机在不同工作时刻的压力振荡频谱

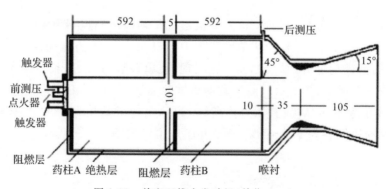

图 1-33 单室双推力发动机(单位:mm)

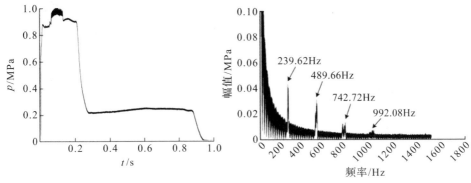

图 1-34 发动机归一化压力—时间曲线与频谱分析曲线

## 1.5 目前研究中存在的主要问题

对固体火箭发动机燃烧不稳定的研究是一项系统工程,虽然国外已对燃烧不稳定的各个主要方面都进行了大量深入、创新的研究,取得了许多有益的结论,但仍有许多问题没有得到解决,距离有效的工程运用还有一定的距离。近十几年,我国在研的固体火箭发动机也出现了燃烧不稳定,影响了装备研制的进度,因此,我国要开展系统研究,在借鉴国外的研究成果的基础上,在发动机设计初始阶段便深入考虑发动机结构、推进剂配方等因素对燃烧稳定性的影响,并加强数值仿真和模拟实验对燃烧稳定性预示的力度。针对固体火箭发动机燃烧不稳定的产生机理和预估方法,应当努力在以下几个方面开展深入研究。

(1)声腔声振型和热声振荡研究

为了满足推力输出的要求,固体火箭发动机的药型有多种选择,而且在工作过程中,装药燃面退移会造成声腔连续变化,这就导致不同火箭发动机燃烧室的声腔结构不同,即使对于同一个发动机,工作过程中燃烧室声腔的空间体积和结构尺寸也在发生变化,最终造成声腔的固有声振型(频率和模态)随时间变化。

此外,随着推进剂装药的燃烧,燃面大小随时间变化,导致固体推进剂放热位置和放热速率也随时间变化,最终引起燃烧室声腔的热声振荡特性改变。如果推进剂放热速率的频率和相位与燃烧室固有频率和相位一致,就会引起剧烈的压力振荡。因此,药型的变化对声振型的影响是不可忽视的,也是工程技术人员十分关心的问题。

（2）涡声耦合机理

传统研究认为，只有旋涡脱落频率接近某阶声振频率，才会激发涡声耦合现象，但是大量的工程试验与数值模拟证明了该结论存在缺陷。寻求旋涡脱落频率与声振频率不相等却能引发自激振荡的途径、建立广义涡声耦合理论，都是目前学术界关注的前沿问题。传统研究回避了流场温度的作用，将流速与马赫数作为同一个参数处理，对旋涡脱落频率以及压力振幅的研究存在欠缺。因此，有必要对涡声耦合机理进行深入分析。

（3）推力振幅的计算方法

大量试验、数值研究结果表明，涡声耦合引发的压力振幅较小，一般对发动机内弹道特性影响不大，在地面试验中极易被忽略。然而，在火箭、导弹的飞行试验中，经常会有加速度计检测到比压力振幅大一个数量级的推力振幅，这部分额外载荷对控制系统乃至弹体结构的影响是显著的，严重时会直接导致飞行任务失败。因此，有必要对发动机推力振荡特性进行系统研究。

（4）压力振荡的抑振措施

随着大尺寸、大长径比发动机的广泛使用，传统微粒阻尼理论捉襟见肘，寻求切实可行的抑振方法成为研究人员共同关心的问题。由于国内没有分段式发动机，因此也不能采用三维挡板等破坏涡声耦合闭环系统的方案。近年来的一些工程案例指出，通过改变发动机装药结构以及喷管结构可以起到抑振作用，但对其理论依据不甚明了。因此有必要对抑振机理开展深入研究，提供工程参考。

（5）外部影响因素作用下固体推进剂的燃烧性能

火箭发动机设计人员对固体推进剂燃烧性能的关注点一般集中在稳态条件下推进剂燃速、压力指数、温度敏感系数等参数，很少会关注外部动态参数对推进剂燃烧性能的影响。然而火箭发动机在实际飞行过程中，会受到过载、冲击、振动等外部载荷。此外，如果发动机发生燃烧不稳定，燃烧室内部会产生压力振荡。在这些动态载荷的作用下，固体推进剂的燃烧性能就会发生改变，如压力耦合响应函数、动态燃速等。因此，有必要开展动态参数作用下固体推进剂燃烧性能的研究，为实际发动机适应不同飞行条件提供技术保障。

（6）发动机燃烧不稳定理论预估与实验评估相结合

目前，对固体火箭发动机燃烧稳定性的理论预估，经常采用一维线性理论，最具代表性的软件是美国的 SSP 软件，该软件能够针对不同装药药型、推进剂燃速进行内弹道计算和稳定性预估。但由于发动机内部流动的复杂性，该软件对稳定性预估的准确率并不高，只有 $75.7\%$。这是因为部分燃烧不稳定问题是由脉冲激励导致的，而燃烧不稳定的非线性理论还不完善。因此，在线性理论的基础上，亟须开展非线性理论的研究。

为了弥补线性理论预估的不足,国内外针对缩比和实际发动机开展了大量稳定性试验,最常用的是通过脉冲激励试验来评估发动机的稳定性,参见本书第 1.2 节。利用脉冲器产生的瞬时压力峰模拟外部载荷对发动机的激励,从发动机内弹道曲线判断火箭发动机的燃烧稳定性,这是工程中经常采用的一种试验评估方法。但是,目前对脉冲强度的选择还存在一定的随意性,无法对不同种类、不同尺寸的发动机提出一种合适的指导准则。

(7)固体火箭发动机燃烧不稳定的天地一致性

目前,固体火箭发动机的燃烧不稳定出现了新问题,即在地面试验中工作稳定的发动机,在飞行试验中出现燃烧不稳定,导致燃烧室压力振荡,导弹弹体剧烈振动。这是由于导弹在飞行过程中,经受加速度、声、振动和冲击等力学环境的作用以及大气压力和温度的急剧变化。这些外部环境因素作用在火箭发动机上,会影响发动机的燃烧稳定性,因此就出现了固体火箭发动机天地一致性的问题。

## 参考文献

[1] French J. Analytic Evaluation of a Tangential Mode Instability in a Solid Rocket Motor[C]// 36th AIAA/ASME/SAE/ASEE Joint Propulsion Conference and Exhibit,July 24-28,2000.

[2] French J,Flandro G. Linked Solid Rocket Motor Combustion Stability and Internal Ballistics Analysis[C]// 41st AIAA/ASME/SAE/ASEE Joint Propulsion Conference and Exhibit,July 10-13,2005.

[3] Fabignon Y,Dupays J,Avalon G,et al. Instabilities and Pressure Oscillations in Solid Rocket Motors[J]. Aerospace Science and Technology,2003,7(3):191-200.

[4] Blomshield F S. Relationship between Pressure and Thrust Oscillations[J]. International Journal of Energetic Materials and Chemical Propulsion,2011,10(6):469-485.

[5] Price E W. Experimental Observations of Combustion Instability[J]. Progress in Astronautics and Aeronautics,1984(90):733-790.

[6] Blomshield F,Beiter C,Mathes H,et al. Nonlinear Stability Testing and Pulsing of Full Scale Tactical Motors[C]// 27th Joint Propulsion Conference,June 24-26,1991.

[7] Flandro G A,Fischbach S R,Majdalani J. Nonlinear Rocket Motor Stability Prediction:Limit Amplitude,Triggering,and Mean Pressure Shift[J]. Physics of Fluids,2007,19(9):27-779.

[8] Flandro G,Perry E,French J. Nonlinear Rocket Motor Stability Computations:Understanding the Brownlee-Marble Observations[C]// 44th AIAA Aerospace Sciences Meeting and Exhibit,January 9-12,2006.

[9] Blomshield F,Stalnaker R. Pulsed Motor Firings-Pulse Amplitude,Formulation,and Enhanced Instrumentation[C]// 34th AIAA/ASME/SAE/ASEE Joint Propulsion Conference and Exhibit,

July 13-15，1998.

[10] Malhotra S，Flandro G. On Nonlinear Combustion Instability[C]// 33rd Joint Propulsion Conference and Exhibit，July 6-9，1997.

[11] Kuentzmann P. AGARD Lecture Series 180：Combustion Instabilities[J]. Research and Technology Organisation，1991，(7)：1-31.

[12] Flandro G A，Jacobs H R. Vortex Generated Sound in Cavities[C]// Aeroacoustics Conference，October 15-17，1973.

[13] Dotson K W，Koshigoe S，Pace K K. Vortex Shedding in a Large Solid Rocket Motor without Inhibitors at the Segment Interfaces[J]. Journal of Propulsion and Power，1997，13(2)：197-206.

[14] Irvine T. Solid Rocket Motor Pressure Oscillation Frequencies Revision[J]. 2011.

[15] Tengli P N，Ramesh C S，Viswanathan K，et al. Frequency Analysis of Instability Observed in a Large Segmented Solid Rocket Motor[J]. Global Academic Society，2012，3(1)：65-71.

[16] Tian R Y，Zhang L K. Literature Review of Single Aluminum Combustion Model and Theoretical Research[J]. Journal of Ordnance Equipment Engineering，2016，37(7)：137-143.

[17] Brown R S，Dunlap R，Young S W，et al. Vortex Shedding as a Source of Acoustic Energy in Segmented Solid Rockets[J]. Journal of Spacecraft and Rockets，1981，18(4)：312.

[18] Fabignon Y，Dupays J，Avalon G，et al. Instabilities and Pressure Oscillations in Solid Rocket Motors[J]. Aerospace Science and Technology，2003，7(3)：181-202.

[19] Mason D，Morstadt R，Cannon S，et al. Pressure Oscillations and Structural Vibrations in Space Shuttle RSRM and ETM-3 Motors[C]// 40th AIAA/ASME/SAE/ASEE Joint Propulsion Conference and Exhibit，July 11-14，2004.

[20] 胡大宁，何国强，刘佩进，等. 翼柱型药柱固体火箭发动机燃烧不稳定研究[J]. 固体火箭技术，2010，33(5)：502-506.

[21] 张翔宇，高波，甘晓松，等. 飞行过载对固体火箭发动机燃烧不稳定的影响[J]. 宇航学报，2019，40(8)：972-976.

[22] 赵瑜，李莎莎，刘喆，等. 某双脉冲发动机压力振荡产生机理及抑制方法分析[J]. 上海航天，2018，35(4)：128-133.

[23] Le H，Wang Y C，Cheng J，et al. Piecewise Bilinear Characteristics of Acoustic Mode in Dual Pulse Solid Rocket Motor Combustion Chamber[C]. Proceedings of the 23rd International Congress on Acoustics，Aachen，2019：4660-4667.

[24] 苏万兴，李世鹏，张峤，等. 某固体火箭发动机工作末期燃烧不稳定[J]. 航空动力学报，2013，28(10)：2376-2383.

[25] 李娟，王占利，王栋，等. 某型固体火箭发动机燃烧不稳定仿真分析与试验[J]. 固体火箭技术，2018，41(2)：151-155.

# 第2章　固体火箭发动机燃烧不稳定的产生机理

本章将从燃烧不稳定的诱发因素与影响因素角度出发,进一步分析与阐述其产生机理。由于目前固体火箭发动机的燃烧不稳定大多为声燃烧不稳定,因此下文主要围绕声燃烧不稳定开展。

燃烧不稳定现象以燃烧室内的周期性压力振荡表征,大多由燃烧室内流场与燃烧过程、室腔的反射等相互作用引起[1]。固体火箭发动机燃烧不稳定的产生机理可从外因与内因两个角度进行解释。

从外因而言,导弹、运载火箭在飞行状态下具有较大的机动过载和加速过载,工作过程伴随强烈振动,造成发动机壳体振荡、结构变形等问题。在恶劣的工作环境下,发动机结构会出现组件脱落、喷管摆动等损坏,推进剂装药在振动环境下也极易破碎,过多的碎药不仅会造成喷管堵塞,还会形成燃气脉冲激励。这些外界因素很容易形成燃烧不稳定的扰动源与激励源,这类小扰动在多场耦合作用下会进一步发展为大扰动,最终显著影响固体火箭发动机的燃烧稳定性。

从内因而言,固体火箭发动机的燃烧室本身就可以被视为一个声腔(声振系统),当燃烧室内条件符合瑞利准则时,非稳态热释放率与声能会发生耦合,声波将引起固体推进剂燃速的波动,造成放热及质量流量的振荡。如图 2-1 所示[2],在旋涡脱落、增益与阻尼机制的共同作用下,燃烧室的压力振荡会不断放大直至维持在某个较大的幅值上,形成燃烧不稳定现象[3-4]。

从上述介绍中可以发现,固体火箭发动机燃烧不稳定的产生机理大致可分为以下几个方面:①外部条件的扰动与影响;②固体推进剂的燃烧增益;③固体火箭发动机内的流场作用;④固体火箭发动机的几何结构;⑤固体火箭发动机的工作条件。本章将分别从上述几个方面出发,对固体火箭发动机燃烧不稳定的产生机理与影响因素进行详细介绍,后续的章节将分别从理论推导、实验测量和数值模拟等方面进行深入而细致的介绍。

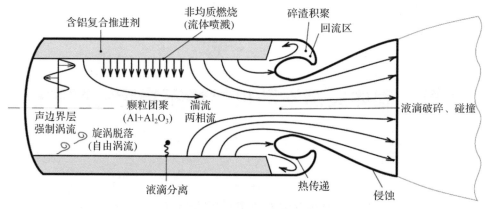

图 2-1　固体火箭发动机燃烧稳定性内部影响因素

# 2.1　外部工作环境的影响

近几年来,为了适应战术导弹的发展,满足战术导弹反应更快、机动性更强的要求,部分固体火箭发动机采用大长径比、高能复合推进剂、翼柱型装药及潜入式喷管[5]。这类发动机在地面试验时工作状态十分稳定,但在飞行试验中,或者有外部扰动触发的情况下,在工作末期出现了十分强烈的燃烧不稳定现象。推进剂燃烧结束之后,燃烧室的压力振荡才会慢慢衰减。固体火箭发动机在地面试验中具有很好的工作稳定性,在飞行试验中却出现了较为严重的燃烧不稳定的现象,即天地试验不一致性问题。该问题一直困扰着研究人员,到目前为止,仍没有研究出合理可行的机理。这种天地试验不一致性,主要取决于固体火箭发动机在工作过程中是否受到外部环境的影响。横向及轴向过载、壳体振荡等都是影响燃烧稳定性的重要潜在机制。因此,探索地面试验与飞行试验的差异,找到相应的抑振措施,对解释燃烧不稳定的产生机理有重大意义。

## 2.1.1　过载条件

随着地空和空空导弹的发展,人们对导弹的机动性提出了更高的要求,这也带来了更大的横向与轴向过载问题(图 2-2)。在大过载工况下,固体推进剂在火箭发动机中的燃烧状况变得更加恶劣,轻则造成包覆层烧穿,重则导致装药燃烧不稳定,引起固体火箭发动机爆炸、型号工程不断延期等后果,严重影响装备现代化的研制进程。此外,由于过载条件下固体火箭发动机的燃烧涉及流动、传热、多相流等众多复杂的物理和化学过程,且各类因素耦合作用,难以分离,故要解决这一问题非常困难。

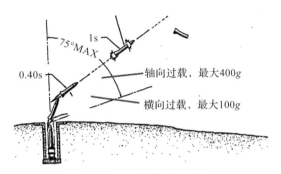

图 2-2 地空导弹飞行过载

研究发现,火箭发动机在短时间大加速度或长时间小加速度的脉冲作用下,其燃烧室内会产生压力波,且能诱导并发展形成极限环[6]。不同形状的燃烧室可形成不同振型的声波,矩形燃烧室在横向往复的加速度脉冲下可形成横向压力波极限环;圆柱形燃烧室在横向往复或旋转的加速度脉冲下可分别形成驻波和行波极限环(图 2-3)。而当加速度脉冲频率接近燃烧室的声频率时,100g 左右的短加速度脉冲便可产生声燃烧不稳定。

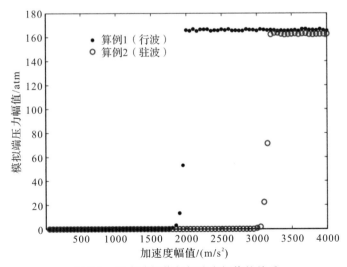

图 2-3 压力波幅值与加速度幅值的关系

从宏观上看,飞行过载条件会影响推进剂的燃面变化过程。如图 2-4(a)所示,当推进剂在燃烧过程中被施加外部过载时,会出现"偏烧"现象,造成内孔周围的推进剂燃速不一致,使得燃面变化规律出现偏差。这种偏差会造成内弹道曲线的变化,且该变化还会随着外界过载的变化而改变,如图 2-4(b)所示。随着装药在燃烧过程中构型的改变,发动机内空腔构型情况一维理论预估结果也会出现一定差异,这种差异对于燃烧不稳定线性理论预估结果的影响仍有待研究。

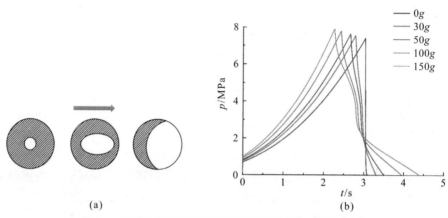

(a)　　　　　　　　　　　　　(b)

图 2-4　过载加速度下内孔装药的燃面变化与内弹道曲线

而在不考虑颗粒载荷,仅考虑加速度载荷,且在固体推进剂的加速度敏感性正常的情况下,燃烧室内的压力振幅仍然会被明显放大,如图 2-5 所示[7]。可以得出,飞行过载条件能够极大地影响发动机内弹道的稳定性、放大压力小扰动,因此加速度载荷对燃烧稳定性存在较大挑战。

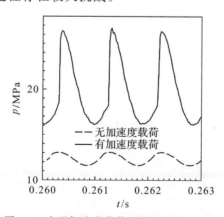

图 2-5　有无加速度载荷下的压力波动对比

从微观上看,飞行过载条件产生的加速度会显著影响含铝复合推进剂的瞬态燃烧特性以及铝颗粒的燃烧行为(图 2-6)[8]。当含铝复合推进剂在加速度场中燃烧时,滞留在燃面上的铝滴会在燃面上形成凹坑,凹坑范围内的金属颗粒相互作用,在凹坑底部结成球团,且球团以正比于其直径的燃速而消耗,但由于新凝聚铝滴的补充量总大于燃烧的消耗量,铝滴和凹坑的尺寸不断增大。球团在下方燃气流的作用下浮升在凹坑上方,并在加速度场作用下变形为一扁平椭球体。随着新凝聚铝滴的不断补充,相邻铝滴和凹坑各自连接,形成大小不一、形状各异的熔渣。随着燃烧时间的持续,熔渣在新的凝聚铝滴的不断补充下发展成薄片,覆盖整个燃面。上述瞬态燃烧特性和粒子行为的变化使得高过载下固体火箭发动机燃烧稳定性预示变得更为困难。

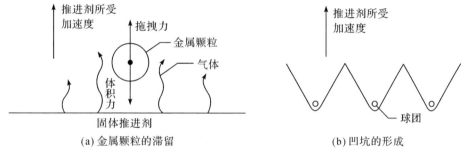

图 2-6　加速度条件下铝颗粒的燃烧过程示意

含铝高能复合推进剂在燃烧时,铝粉从推进剂表面脱离后在远离燃面的燃气中呈分布燃烧状态,铝颗粒的直径将会随其空间分布燃烧而变化,这将对固体火箭发动机的燃烧稳定性产生影响。而在飞行过载的情况下,铝粉的分布情况会相应受影响,从而使发动机中的热声耦合性能发生改变。基于此,还需要对飞行载荷条件下发动机内的热声耦合情况进行分析。

在高过载加速度条件下,发动机内部的三维两相流动及推进剂燃烧特性也将发生变化。其一,发动机内的固相燃烧产物($Al_2O_3$ 等)在离心力或轴向过载的作用下,发生团聚、堆积,使得两相流阻尼效应减弱;其二,推进剂表面熔融层黏合剂在过载作用下流动特征发生改变,从而影响火焰结构,进一步改变燃面热释放区域及气相对固相的热释放,即影响推进剂相变传热、蒸发分解和气相混合燃烧,进而影响固体推进剂燃烧稳定性。

国内利用脉冲激励试验方法及火箭橇过载模拟试验方法对故障发动机开展了试验研究,成功复现了飞行过载引起的发动机燃烧不稳定现象,这表明导弹飞行过载是引起该发动机燃烧不稳定的最主要原因,而导弹飞行横向过载是主要触发源[9],如图 2-7 所示。据此提出两种触发模式:飞行过载下凝相燃烧产物聚集并间歇性流过喷管引起压力扰动;飞行过载下凝相粒子团聚集引起的粒子阻尼降低。第一种触发方式认为,凝相燃烧产物在固体火箭发动机飞行过载条件下,粒子团会进一步聚集,当其流过喷管喉部时可造成瞬时排气面积减小,引起燃烧室压力扰动。第二种触发方式认为,在飞行过载条件下,凝相粒子会向流场一侧偏聚,导致凝相粒子浓度分布不均匀,同时过载作用方向的凝相粒子碰撞概率大大增加,粒子受黏性作用可产生碰撞聚合过程,造成粒子粒径增加,导致粒子阻尼有效频率发生改变、粒子阻尼降低,从而改变发动机固有的稳定工作模式,诱发燃烧不稳定现象。

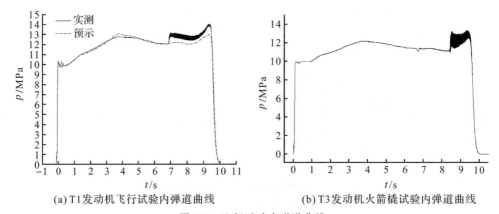

(a) T1发动机飞行试验内弹道曲线　　　　　(b) T3发动机火箭橇试验内弹道曲线

图 2-7　飞行试验内弹道曲线

## 2.1.2　振动条件

在众多战术导弹飞行试验中,出现燃烧不稳定现象的同时常伴随有弹体振动问题。弹体振动通常会为固体推进剂提供径向与轴向的振动载荷,影响推进剂燃烧特性与燃烧过程。当结构振动与压力波动耦合时,发动机可靠性将会降低,严重时还将导致飞行任务失败。

结构振动对固体火箭发动机的燃烧稳定性有潜在影响[10]。数值研究表明,在初始的脉冲扰动下,发动机结构的径向振动和轴向振动的耦合会引起轴向压力波的发展,同时造成直流压力的上升。在较低燃速下,径向振动对直流偏移及轴向压力波的影响明显,而在较高的室压下,轴向振动的影响更为明显。Langhenry[11]的研究指出,在径向加速度下,加速度载荷直接作用于固体推进剂表面,使推进剂的热反馈增强,燃速加快。在整体振动条件下,固体推进剂内表面由于轻微的压缩性,会产生相似的振动水平,循环的加速度效应会增强固体推进剂的非稳态的燃烧过程,改变其燃烧敏感性。针对这一发现,有研究学者认为,在高室压或低燃速情况下,增大发动机质量有助于增强发动机的燃烧稳定性。此外,还可通过增加壁厚或增加壳体/推进剂的振动结构阻尼比来防止燃烧不稳定现象的出现。

在管型装药固体火箭发动机中,燃烧室结构振动和内弹道稳定性会相互影响[12]。发动机燃烧室结构径向振动产生的径向加速度,能加快推进剂的燃速,导致燃烧室内压力升高。周期性压力振荡会引起周期性结构径向振动,从而引发内流场和结构径向振动的耦合作用,导致燃烧室压力振幅加强。当发动机的结构振动频率与压力波动频率接近时,燃烧室压力会出现较大幅度的振荡。

关于弹体振动与燃烧不稳定之间的关联,目前仍处于现象研究阶段,目前无法辨识它们之间的耦合关系。弹体振动对推进剂的压力耦合响应函数以及发动机的阻尼特性的影响,也是亟待研究的问题之一。

## 2.2　固体推进剂的影响

固体推进剂是燃烧不稳定的能量来源。在固体推进剂未燃烧的情况下,就算通过外部激励或者内部压力扰动激发出燃烧室内的压力振荡,这一振荡也会很快发生衰减,对固体火箭发动机的稳定性只产生较小的影响。但当固体推进剂正常燃烧时,外部激励或压力扰动就会影响推进剂的燃烧特性,形成十分强烈的燃烧不稳定现象,直到推进剂燃烧结束,燃烧室的压力振荡才会慢慢衰减。

这类燃烧不稳定现象通常在固体火箭发动机的工作末期出现。研究表明,该类燃烧不稳定的原因不是流动不稳定性,而是高能复合推进剂在特定情况下的燃烧响应。针对这一问题,研究人员通常在设计工作压力以及可能的压力振动频率下对待选的推进剂进行压力耦合响应函数实验测试,然后选择压力耦合响应函数最小的推进剂作为改良推进剂。由于缺乏理论指导,这一过程耗时耗力,增加了研发成本,严重拖长了发动机的研发周期。

### 2.2.1　固体推进剂的燃烧响应

推进剂燃烧是固体火箭发动机所有能量的来源。在特定条件下,如果推进剂燃烧所释放能量的 $0.14\%$ 转化为声能,声压振幅就可以达到燃烧室平均压力的 $10\%$[13]。推进剂燃速随压力波动而波动,若燃速波动与压力波动相位相同或具相同分量,则推进剂燃面的质量变大可使压力波动的强度变大。这就是固体推进剂对压力波动的燃烧响应过程。

固体推进剂的燃烧响应通常用压力耦合响应函数来表征。推进剂的波动燃速与平均燃速之比除以波动压力与平均压力之比被定义为推进剂的压力耦合响应函数 $Re$[14-16]，如式(2-1)所示。推进剂的压力耦合响应函数是固体火箭发动机燃烧不稳定的主要增益因素之一。

$$Re = \frac{r'/\bar{r}}{p'/\bar{p}} \tag{2-1}$$

$Re$ 是一个无量纲数，它是关于推进剂燃速、燃烧室压力以及压力波动频率的函数，是推进剂的固有物理属性。压力波动的频率等于 0 对应于推进剂的稳态燃烧，此时，压力耦合响应函数就等于指数燃速公式中的压力指数。而压力耦合响应函数越大，固体推进剂对压力波动的燃烧响应过程就越强烈，该类推进剂的燃烧稳定性就越差。因此，人们通过推进剂的压力耦合响应函数进行理论与实验的确定，从而实现优化配方、改善稳定性的目的。

### 2.2.2　固体推进剂配方对燃烧响应的影响

2001 年，美国海军空战中心的 Blomshield 教授[17]针对 20 世纪出现燃烧不稳定现象的固体导弹推进剂组成的研究表明，改变颗粒相的粒度和配比(图 2-8)，对改善推进剂的燃烧稳定性有很大作用，但人们仍然未能完全理解其机理。

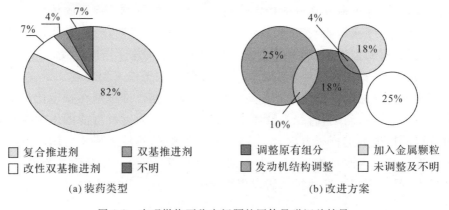

图 2-8　出现燃烧不稳定问题的固体导弹汇总结果

从能量角度来看，高能推进剂的衡量指标主要有比冲和密度两个特性，比冲与密度的乘积越大，推进剂能量特性越好，但燃烧不稳定性问题也较大。各种高能氧化剂、含能添加剂组分不仅能极大地提高能量，还具有燃速较大、爆热较高、压力敏感等特点,它们可以产生较强的燃烧响应,会对燃烧稳定性产生较大影响[18]。

（1）复合推进剂

相比于均质类的双基推进剂,复合推进剂是一种典型的异质结构,其中,氧化剂颗粒和金属颗粒通过黏合剂黏结在一起,形成多相机械混合物,组分之间有明显的界面,如图 2-9 所示[19]。这种异质结构决定了其燃烧过程的复杂性,包括凝聚相加热、熔化相变、表面热分解以及气相产物的扩散混合与燃烧反应等[20]。

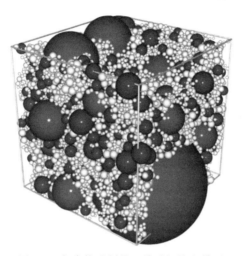

图 2-9　复合推进剂的三维随机堆积模型

以 AP/Al/HTPB 复合推进剂为例,黏合剂和氧化剂的分解产物会相互混合,在推进剂燃烧表面上方形成扩散火焰[21]。同时,AP 的分解产物会单独形成预混火焰,其燃烧产物也会与黏合剂分解产物进一步形成扩散火焰。若推进剂添加了铝粉,铝颗粒还会在气相区进行分布燃烧,进一步影响火焰结构。因此,复合推进剂的异质结构决定了其燃烧火焰的复杂性,燃烧火焰是非稳态的,火焰结构随时间发生变化,且容易受到推进剂成分和工作条件的影响。

当燃烧室内的声波与推进剂的非定常燃烧过程相互耦合时,燃烧响应会增强,压力波动的振幅持续增加,导致燃烧室内出现压力振荡。此外,燃烧室出现燃烧不稳定后,推进剂的相变蒸发速率、气相扩散燃烧会受到压力振荡的影响,最终影响推进剂的燃烧速度,这就是声场与推进剂非稳态燃烧的耦合过程。

学者 Beiter 等[22]试图通过实验,利用推进剂燃烧的前缘火焰（leading-edge flame）来解释推进剂压力耦合响应函数出现峰值的机理。当压力出现振荡时,前缘火焰会出现周期性分离和重新附着的燃烧现象。在对应的瞬时压力转变下,推进剂的动态燃烧响应可以达到最大值。

基于 T 型燃烧器,Blomshield 等[23-26]对多种复合推进剂的压力耦合响应函数进行了大量的实验测量。实验结果表明,由扩散火焰控制的复合推进剂的燃烧过程更容易对燃烧室的压力波动产生响应。当推进剂燃速一定时,氧化剂颗粒粒径大于 $200\mu m$ 或小于 $1\mu m$ 的推进剂都会产生较强的压力耦合响应。Beckstead[27]的研究结果表明,氧化剂种类对燃烧稳定性有很大的影响。例如,二硝酰胺(AND)、六硝基六氮杂异伍兹烷(CL-20)与环四亚甲基四硝胺(HMX)的燃烧稳定性就高于 AP。另外,对温度越敏感的推进剂越容易对压力波动产生响应燃烧,这也为这类复合推进剂的燃烧稳定性问题带来了挑战。

AND 被俄罗斯学者认为是目前最好的氧化剂。由于吸湿性强,在典型丁羟推进剂配方中使用 AND 替代等量的 AP 会使压力指数增大。在固含量 80% 且不含任何燃烧调节剂的 AND/Al/HTPB 配方中,压力指数高达 0.9。另一种新型氧化剂硝仿肼(HNF)由于热稳定性差、摩擦敏感度与撞击敏感度较高,故在实际应用中非常困难。HNF 粒径的增大,会显著增大含 HNF 丁羟推进剂的压力指数,降低其燃烧稳定性。

硝胺组分(RDX/HMX)通常用于部分取代 AP,这样不仅实现了复合推进剂的高能化,还提高了复合推进剂的清洁性。硝胺含量能显著影响推进剂的压力指数和燃烧特性[28]。鲁国林[29]对硝胺/AP/HTPB 推进剂高压燃烧特性进行了实验测量,发现随着硝胺含量的增大,复合推进剂的高压压力指数也呈增大趋势。贾小锋等[30]通过实验研究发现,在高压下,向 AP/Al/HTPB 推进剂中加入粗 HMX 可增大压力指数。

硝胺的压力指数较高(接近 1)这一缺点导致四组元推进剂在微弱的压力扰动下,燃速可产生剧烈波动,燃速的敏感性会增大与声能耦合的可能性,从而为火箭发动机的燃烧稳定性带来不利影响。袁佩珍等[31]曾利用 T 型燃烧器对含 HMX 的复合推进剂进行了压力耦合响应函数的实验测量。实验结果表明,随着 HMX 含量的增加,HMX/AP/HTPB 推进剂的压力耦合响应函数会随之增大,推进剂会更倾向于燃烧不稳定状态。当 HMX 的含量小于 20% 时,对燃烧不稳定的影响就不再明显。我们认为,随着 HMX 含量的增加,绝热火焰温度会降低,这造成了声振能量的增加,从而更容易产生燃烧不稳定问题。Greatrix[32]的研究指出,爆热增加会显著增大推进剂的频率响应函数(图 2-10)。RDX 和 HMX 的爆热是 AP 爆热的 5 倍,这两种硝胺组分燃烧时会释放出大量的燃烧热,同时,频率响应函数增加 1.56 倍。Blomshield 等[33]通过 T 型燃烧器,分别对 HMX 和 RDX 进行了压力耦合响应函数的测量,发现在高压下,RDX 和 HMX 均表现出高频下的响应,且 HMX 在低压和低频时较 RDX 表现出更高的压力耦合响应。

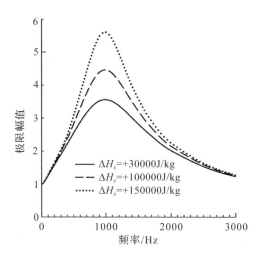

图 2-10　不同爆热对推进剂压力耦合响应的影响

CL-20 是一种高能量、高密度、高爆速的新型笼状多硝胺类化合物，由 Nielsen 于 1987 年合成。同样作为部分取代 AP 的高能化合物，其综合性质与能量水平较 RDX 和 HMX 更好[34]。但 CL-20 具有压力指数较高的性质，对推进剂的燃烧稳定性也存在较大影响。Hegab 等[35]、Patil 等[36]研究了 CL-20 的热分解和燃烧行为，结果表明，CL-20 的热分解气体产物中 $NO_2$ 的比例高，而 $N_2O$ 含量相对较少，这使得 CL-20 燃速较高。此外，CL-20 的自加热自催化作用随压力升高而加剧，这使得在中高压下，CL-20 的燃速增幅大，具有较高的压力指数，更容易出现燃烧不稳定现象。

(2)硝酸酯增塑聚醚(NEPE)推进剂

NEPE 推进剂含有大量硝胺组分，压力指数偏高，这极大地增强了燃烧的不稳定性，限制了其应用范围。Gerard[37]认为，由于高能组分的撞击敏感度较高，在剧烈冲击的情况下，推进剂可能会产生"钻孔效应"，从而使燃烧过程过渡到爆轰，严重影响燃烧的稳定性。对于改性双基推进剂、NEPE 推进剂来说，硝胺组分和含能黏合剂的压力指数最高时大于 0.8，因此只有通过添加稳定性添加剂才能维持发动机的正常工作状态。李晓东等[38]对几种含燃烧催化剂的交联改性双基推进剂(XLDB)和 NEPE 推进剂进行了燃速测试，发现硝胺组分的存在会干扰部分燃烧催化剂的压力指数调节能力，它只会增大燃速，对降低压力指数的效果不大。胡翔等[39]研究了铝粉粒度和含量对 NEPE 推进剂燃烧产物颗粒阻尼的影响，发现铝粉的粒度和含量能够影响凝相燃烧产物的粒度分布，从而决定颗粒阻尼的大小。

对于高能推进剂而言,燃烧稳定性受高压力工况、高能组分以及燃烧催化剂种类的影响极为显著。在高能推进剂的配方组分中,各类炸药(HMX、RDX、PETN 等)、高能氧化剂(AND、HNF)、燃烧催化剂(铝粉、纳米铝粉、AlH3)的加入,提高了推进剂的能量水平,但也影响了燃速、压力指数等燃烧性能以及发动机的燃烧稳定性。随着推进剂能量的不断提高,在高压力、高过载工况下,燃烧过程变得更加复杂,对燃烧稳定性的影响也越大。

## 2.3　固体火箭发动机结构的影响

相比于燃气轮机,固体火箭发动机燃烧不稳定工作过程有其特殊性。燃面退移过程可导致热源位置随时间和空间发生变化,同时还会导致装药结构动态变化,并引起发动机空腔结构不断改变。如图 2-11 所示,燃烧室的内腔空间随时间变化,固有频率也具有明显的动态变化。这些动态特性也导致固体火箭发动机内的热声耦合作用具有很明显的时空变化特性,大大增强了燃烧不稳定的研究难度。一些高装填、大长径比、翼柱型装药的固体火箭发动机[40]在工作末期会出现比较严重的压力振荡,这就体现出其燃烧稳定性随工作时间变化的特点。

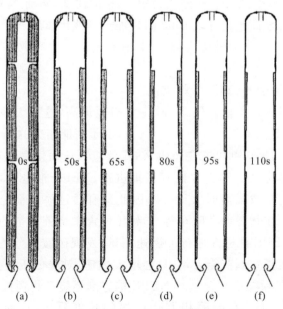

图 2-11　燃烧室的内腔空间随时间的变化

　　目前,由于研究者对固体火箭发动机燃烧不稳定产生激励的机理还不够明确,故面对燃烧不稳定问题,通常还是采用更改固体推进剂配方、改变固体推进剂装药的几何构型、增加抑振结构等尝试性方法进行抑制。然而大量的实验数据表明,燃烧不稳定与燃烧室结构、装药结构和燃面位置有很大关系,因此从固体火箭发动机的结构出发进行研究,可以为燃烧不稳定的控制提供方向。固体火箭发动机燃烧室大多是大长径比燃烧室,燃烧室与装药结构不易改变,故较为可靠且不影响发动机性能的控制方法是添加外部结构,如阻尼环,它能够有效增加系统阻尼,抑制燃烧不稳定。

### 2.3.1　热声振荡

　　热声振荡燃烧是推进系统中经常遇到的现象,它是由脉动放热过程和压力波动相互耦合而导致系统压力振荡的过程。该现象一旦发生在动力推进系统中,即使是 1% 的放热率变化,也可能引起较大的压力波动,对系统安全运行有极大危害[41-42]。

　　在声燃烧不稳定的初始发展阶段,燃烧振荡驱动机理可以由热声自激振荡解释。热声振荡由系统内部燃烧放热和声压波动互相激励产生。在燃烧过程中,放热的速率产生的微小扰动会进一步造成声压扰动。声波在燃烧室内传播的过程中,遇到燃烧室壁面等固体边界时会产生反射波,反射波进而影响燃烧表面的放热过程。燃烧放热与压力波动这一相互反馈的过程,在满足瑞利准则的情况下会放大微小的扰动,从而使系统趋于不稳定的状态。

　　在此,瑞利准则可以表述为:当压力与放热率或加质率的相位相同时,振荡被加强;相位相反时,振荡被抑制。因此,当固体推进剂的燃烧放热量与声压波动的相位趋势一致时,燃烧室内会产生热声自激振荡,固体火箭发动机从燃烧稳定状态转变为燃烧不稳定状态。

　　(1)燃烧室声学特性

　　固体火箭发动机喷喉位置属于高马赫数区域,喷管下游的扰动对燃烧室内的流场不会产生影响,因此,可将发动机燃烧室简化为一个封闭的声腔。固体火箭发动机燃烧室空腔内充满了燃气,一旦受到初始扰动的作用,就会出现各种振型的自由声振荡,但只要平均气流马赫数不大,它们同刚性壁面封闭声腔中的经典振型就没有很大区别。在声波的传播过程中,介质质点的振动会导致局部压力、密度在稳态值附近振荡,可表示为 $p=\bar{p}+p'$,$\rho=\bar{\rho}+\rho'$,其中,$p'/\bar{p}\ll1$,$\rho'/\bar{\rho}\ll1$。

　　根据经典声学理论[43-44],声波方程可表示为

$$\frac{1}{a^2}\frac{\partial^2 p'}{\partial t^2} - \nabla^2 p' = 0 \tag{2-2}$$

式中，$a$ 为声速。为简化计算，这里将三维波动方程简化为一维形式。

假设式(2-2)具有下列形式的解：

$$p' = p(x)e^{j\omega t} \tag{2-3}$$

式中，$\omega = 2\pi f$ 为声源简谐振动的圆频率。

将式(2-3)代入式(2-2)，即可得到一维平面行波的常微分方程：

$$\frac{\mathrm{d}^2 p(x)}{\mathrm{d}x^2} + k^2 p(x) = 0 \tag{2-4}$$

式中，$k = \dfrac{\omega}{a}$，称为复波数。

由于燃烧室可被视为两端封闭的声腔，因此，声波以驻波形式存在。驻波的声场特性与时间无关，其波形并不向前推进。对于封闭空腔内的驻波，常微分方程(2-4)的解可取以下复数形式：

$$p(x) = Ae^{-jk\pi} + Be^{jkx} \tag{2-5}$$

式中，$A$ 和 $B$ 为任意常数，由边界条件所决定。

在固体火箭发动机燃烧室内，其驻波的一般解可表示为

$$p' = Ae^{-j\omega x} + Be^{j\omega x}$$
$$u' = \frac{1}{\rho a}(Ae^{-j\omega x} - Be^{j\omega x}) \tag{2-6}$$

燃烧室两端，即 $x=0$ 和 $x=L$ 处，是驻波波腹的位置，式(2-6)应满足如下边界条件：

$$u' = 0, \ |p'| = p'_{max} \tag{2-7}$$

由式(2-6)和(2-7)可求得固体火箭发动机燃烧室的轴向固有声振频率：

$$f = \frac{na}{2L} = \frac{n \cdot \sqrt{\gamma RT}}{2L} \tag{2-8}$$

式中，$n$ 为声模态数，$n = 1, 2, 3, 4, \cdots$；$\gamma$ 为燃气比热比；$L$ 为燃烧室头端至喉部的距离。

工程上，可将固体火箭发动机简化为圆柱管，因此，工程人员常采用式(2-8)对发动机轴向固有声振频率进行预估。

图 2-12 为典型管型装药发动机内前二阶轴向振型声压波和声速波分布图。声腔两端及相距半波长的地方是声压的波腹(声压最大值位置)，两个波腹的中间位置为波节(声压最小值位置)，波腹与波节相距四分之一波长。声速波结构与声压波不同，声速的波节恰好是声压的波腹，而声速的波腹对应于声压的波节，两者

相位相差 π/2。

固体火箭发动机内还存在径向振型与切向振型的声波,其中,径向振型是声波沿着径向传播,在圆柱壁面上反射形成的驻波;切向振型可能是沿着圆周运动的行波,也可能是由两个行波干涉形成的驻波。由于径向振型与切向振型的频率很高,属于高频声燃烧不稳定,高频声波容易被燃烧产物中的微粒所耗散,因此,这两种振型的燃烧不稳定现象出现较少。工程应用中出现的压力振荡现象多为轴向中频声燃烧不稳定,多属于轴向振型。三种振型如图 2-13 所示[1]。

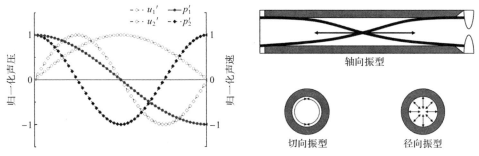

图 2-12　典型前二阶轴向振型分布　　　　图 2-13　固体火箭发动机燃烧不稳定三种振型

（2）燃烧室声振型有限元计算方法

燃烧室声场特性分析是固体火箭发动机声燃烧不稳定研究的基础。一方面,它可以确定燃烧室固有声振频率及声模态分布;另一方面,它为发动机阻尼特性预估提供了数据支持。理论计算声场的固有频率和振型只限于简单的声腔形状,当燃烧室声腔边界形状较复杂时,用解析法求解声学波动方程比较困难。固体火箭发动机装药结构复杂多变,导致燃烧室内腔结构复杂,声振频率理论预估结果难以满足工程人员所需精度要求,因此,需用数值计算方法确定相应的振型和频率。

有限元分析法（FEA）为求解声场的振型及频率提供了强有力的数值工具,该方法由 Turner 等[45]于 20 世纪 50 年代为解决航空结构问题而提出。随着计算机技术的发展,有限元分析法得到不断完善,并迅速发展成为一种现代数值计算方法。有限元分析法起初应用于连续体力学领域,目前已发展为融合结构力学、传热学、流体力学、电磁学以及声学等于一体的综合型有限元分析方法,广泛应用于航空航天、机械工程、土木工程、交通工程等领域。该方法为固体火箭发动机声腔特性研究提供了便利有效的分析手段,众多研究人员采用该方法开展了一系列的振型计算工作[46-50],并得到了满意的结果。

有限元模型通用的矩阵方程为[51]

$$\boldsymbol{M}\{\ddot{x}\}+\boldsymbol{C}\{\dot{x}\}+\boldsymbol{K}\{x\}=\{0\} \tag{2-9}$$

式中,$M$ 为结构质量矩阵,$C$ 为结构阻尼矩阵,$K$ 为结构刚度矩阵。

为获得燃烧室空腔的振型以及相应的频率,需根据声压与声速关系,将声压波动方程(2-2)转换为如下单元矩阵形式:

$$(\boldsymbol{K}_f - \omega^2 \boldsymbol{M}_f)\{p\} = 0 \qquad (2\text{-}10)$$

式中,$\boldsymbol{K}_f$ 为声刚度矩阵,$\boldsymbol{M}_f$ 为声质量矩阵。

使用有限元分析法可求得声特征向量 $p$ 以及圆频率 $\omega$,由 $f = \omega/2\pi$ 即可求出声振频率。

目前应用较多的有限元分析软件有 MSC/Nastran、MSC/Dytran、ADINA、ABAQUS 以及 ANSYS 等。本书采用了 ANSYS 19.0,利用其中的 ACOUSTIC30 声流体单元对燃烧室空腔开展了声模态分析。

ANSYS 软件主要包括三个部分:前处理模块、分析计算模块和后处理模块。前处理模块提供了实体建模及网格划分工具,用户可方便地构造简单有限元模型,但对于复杂的装药空腔结构,ANSYS 自带的建模功能就显出很多不足。Solidworks 和 UG 拥有强大的参数化建模能力,可以建立非常复杂的实体模型。将通过 Solidworks 或 UG 建立的模型导入 ANSYS 就可以很好地解决 ANSYS 建模能力不足的问题。ANSYS 与三维实体建模软件之间的接口,能有效提高模型质量,简化分析工作,对分析人员有着非常重要的意义,软件的原理及使用可参考文献[52—53]。

首先对一纯圆柱形空腔进行数值计算,并将计算结果与解析结果比较,验证有限元数值计算方法的准确性。选用的圆柱形燃烧室空腔长 $L=1\mathrm{m}$,半径 $R=0.15\mathrm{m}$。模型表面定义为零位移约束,声介质密度为 $4.0\mathrm{kg/m^3}$,平均声速为 $1004\mathrm{m/s}$,利用有限元分析法确定圆柱形空腔的振型和固有声振频率。将有限元计算结果与公式(2-8)所得的理论值进行对比,结果见表 2-1。表中 L 表示轴向声模态,T 表示切向声模态。由表 2-1 可知,低频段数值计算结果与理论值非常接近,固有声振频率数值计算结果与理论值误差不大于 $0.9\%$,该精度满足工程设计要求,因此,该方法能满足发动机研制中声腔声学特性分析的需要。

表 2-1　理论解与数值解对比

| 模态 | 理论解/Hz | 数值解/Hz | 误差/% |
| --- | --- | --- | --- |
| 一阶 L | 502 | 502 | 0 |
| 二阶 L | 1004 | 1006 | 0.2 |
| 三阶 L | 1506 | 1514 | 0.5 |
| 四阶 L | 2008 | 2026 | 0.9 |
| 一阶 T | 1961 | 1963 | 0.1 |
| 二阶 T | 3253 | 3260 | 0.2 |

随后提取了圆柱形空腔内的前四阶轴向声压分布,如图 2-14 所示。

(a) 一阶轴向振型　　　　　　　　　　　　(b) 二阶轴向振型

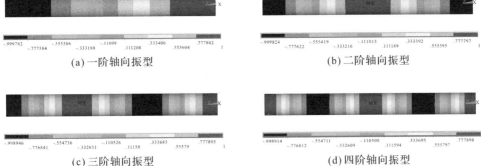

(c) 三阶轴向振型　　　　　　　　　　　　(d) 四阶轴向振型

图 2-14　圆柱形空腔前四阶轴向声压分布云图

图 2-14(a)为一阶轴向声压分布云图,可以看出,圆柱形空腔两端为异号的声压波腹,无量纲声压达到最大值;中心位置为声压波节,无量纲声压为零。对照图 2-14 中一阶振型的声压分布云图可知,圆柱形空腔两端为声压波腹,中心为声压波节。图 2-14(b)为二阶轴向声压分布云图,数值结果与理论分布同样一致。高阶轴向振型以及切向振型的数值计算结果与理论结果均完全符合,这充分验证了有限元数值计算方法的精度高。

对于形式复杂的翼柱型装药发动机空腔结构,理论公式难以准确计算其固有声振频率,故常借助有限元分析法开展计算分析。下面以一台典型翼柱型装药发动机为例,对其工作初期的声压分布特性及声振频率进行计算分析。该发动机工作初期的燃烧室空腔结构及其有限元模型如图 2-15 所示。发动机采用翼柱型装药结构,头部为对称翼,翼槽数为 8,末端为非对称翼,翼槽数为 10。工作初始时刻发动机圆柱段内长径比约为 10。

(a) 初始时刻空腔结构　　　　　　　　　　(b) 有限元模型

图 2-15　翼柱型装药发动机初始时刻空腔结构及有限元模型

图 2-16 为该翼柱型装药发动机初始空腔的前四阶轴向振型及第一阶切向振型声压分布云图。燃烧室空腔内声压分布不均匀,这是由头部和尾部空腔平均半径与中间管型段空腔半径相差较大导致的。对于一阶轴向振型,燃烧室头部和尾部均为声压波腹,声压绝对值基本达到最大值。对于高阶轴向振型,燃烧室头部和尾部虽然同为声压波腹,但是声压绝对值均未达到最大值。在燃烧室中间部分,声压分布比较均匀,可以明显看出声压波节与波腹的分布。图 2-16(e)为一阶切向振型的声压分布,切向振型一般出现在高频阶段,而且容易在翼面位置出现。切向振型可能是圆周运动形成的行波,也可能是由两个行波干涉形成的驻波。这里提取了前四阶轴向固有声振频率,分别为 122Hz、277Hz、451Hz、630Hz。采用公式(2-8)对发动机前四阶轴向声振频率进行预估,分别为 157Hz、314Hz、471Hz、628Hz,并对比数值计算结果与理论预估值可知,前三阶振频相差都较大。因此,必须采用数值计算方法才能准确地获得燃烧室内的固有声振频率。

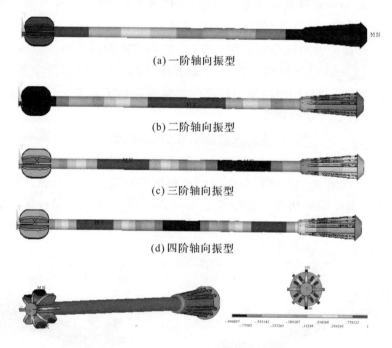

(a) 一阶轴向振型

(b) 二阶轴向振型

(c) 三阶轴向振型

(d) 四阶轴向振型

(e) 一阶切向振型

图 2-16　翼柱型装药发动机工作初始时刻空腔内声压分布

上文对纯圆柱形空腔进行了振型及振频分析,通过对比数值解与解析解,验证了有限元分析法的合理性,为固体火箭发动机空腔声模态分析奠定了基础,为复杂燃烧室空腔声模态提取以及振频分析提供了有力的数值工具。

### 2.3.2　喷管结构

固体火箭发动机的燃烧室内不仅存在多种引起声能的增益因素,同时还存在各种阻尼因素,它们能够造成声能损失,使得压力振荡逐渐衰减。固体火箭发动机中比较重要的阻尼因素有喷管阻尼、微粒阻尼、壁面阻尼、结构阻尼、头部空腔阻尼等,其中,喷管阻尼对轴向声燃烧不稳定有很强的阻尼作用。在固体火箭发动机内,喷管带来的声能损失常占总声能损失的一半以上[54]。因此,深入开展喷管结构特性研究,对固体火箭发动机燃烧不稳定预估及抑制有着重要意义。

喷管的几何形状会对发动机的稳定性产生很大的影响。固体火箭发动机燃烧室的空腔与封闭的刚性壁圆柱形空腔不同。火箭发动机燃烧室的喷管端不是封闭与刚性的,喷管将以辐射和对流的形式排出声能量,从而产生阻尼作用。喷管进口截面恰好处于燃烧室声压波腹的位置,平均气流速度比较高,因此声能辐射和对流损失都比较大。对于纵向声波,大部分声能通过喷管排出,小部分声能会被喷管反射,又重新回到燃烧室,这将对声场的驻波结构和声振频率产生较大影响。对于横向振型而言,喷管的阻尼作用非常小,它仅相当于刚性边界条件。因此,喷管阻尼主要针对纵向振型。喷管结构的影响主要有收敛半角、收敛段型面、是否为潜入式喷管、潜入空腔的体积大小等因素,通过调整或改变上述结构因素,可对发动机燃烧不稳定进行相应抑制。

(1)收敛半角

喷管的收敛半角是较为重要的影响因素之一。一方面,喷管收敛半角减小,在一定程度上相当于发动机燃烧室的体积变小,在发动机燃烧室特征长度不变的情况下,燃烧室平均通气面积变小,喉通比变大,从而使得发动机阻尼系数值增大;另一方面,发动机燃烧室内的总声能等于发动机的声能密度与发动机燃烧室总体积的积分值,喷管收敛半角减小,会使发动机的总声能减少。故在设计发动机喷管时,在一定程度上减小喷管收敛半角有利于发动机的稳定性。相对于整个发动机结构来说,喷管收敛段的结构较容易改变,据估计,通过喷管损失的声能最高可达系统总损失声能的 50%。

在文献[55]中,代号为 Motor-2 与 Motor-3 的固体火箭发动机在工作末期发生了较为严重的燃烧不稳定现象。对于 Motor-2,将收敛半角从原始设计的 75° 调整为 56°;对于 Motor-3,将收敛半角从原始设计的 59° 调整为 45°。减小收敛半角的方式,显著抑制了燃烧不稳定现象。

Motor-2 与 Motor-3 在调整收敛半角前后的 $p\text{-}t$ 曲线及相应的喷管结构如图 2-17 与图 2-18 所示。

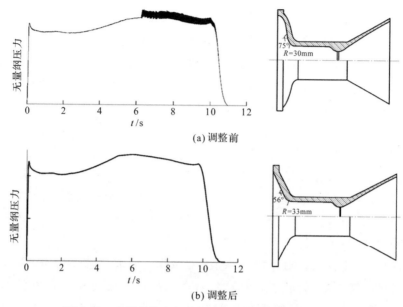

(a) 调整前

(b) 调整后

图 2-17　喷管收敛半角对发动机稳定性的影响 Motor-2

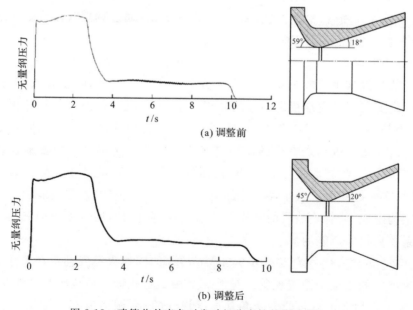

(a) 调整前

(b) 调整后

图 2-18　喷管收敛半角对发动机稳定性的影响 Motor-3

（2）收敛段型面

在固体火箭发动机喷管的型面设计过程中，除了要考虑喷管收敛半角外，收敛段型面的设计也是一个必不可少的环节。通常而言，凸型型面喷管对发动机的稳定性要优于锥型型面喷管[56]。

文献[1]分别针对四种不同的收敛段型面（原始型面、凹型型面、锥型型面和凸型型面）进行了对比分析，不同喷管收敛段型面如图 2-19 所示。通过稳态波衰减法数值计算得到四种不同收敛段型面下的衰减系数，由图 2-20 可以看出，原始型面阻尼最小，其他三种型面阻尼比原始型面阻尼大 0.4～1s。这是由于原始型面为潜入式喷管，潜入式喷管一方面增大了发动机的空腔体积，使其能够存储更多的声能，另一方面，潜入式喷管在空腔内的涡流现象会为燃烧室带来附加的声能增益。对比其他三种型面可知，凸型型面阻尼优于锥型型面阻尼，继而优于凹型型面阻尼。这主要是因为凹形型面相对于锥形型面而言，增大了发动机燃烧室的总体积，使得发动机内的总声能增加，而通过发动机喷管辐射和对流损失的喷管总声能损失率不变，从而导致阻尼变小。换句话说，凹型型面对声能的反射强度大，不利于声能的耗散，而凸形型面刚好相反。

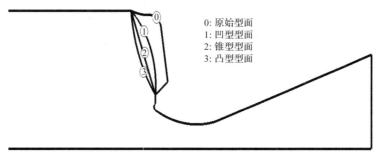

0：原始型面
1：凹型型面
2：锥型型面
3：凸型型面

图 2-19　不同喷管收敛段型面

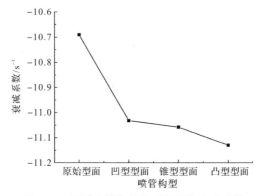

图 2-20　不同喷管收敛段型面下的衰减系数

（3）潜入式喷管

潜入式喷管通常用于尺寸限制较为严格或大型分段式固体火箭发动机中[57-58]。潜入式喷管形成的潜入式空腔极易产生流动分离，进而产生旋涡脱落，与发动机内声场耦合，引发较大的压力振荡[59]。

近年来，Anthoine 等[60-62]针对潜入式喷管的发动机进行了试验及数值模拟研究工作，通过燃烧室内的压力振荡特性来反映潜入式喷管对燃烧不稳定的影响。结果表明，燃烧室内的压力振荡与潜入式空腔体积呈线性关系，潜入式空腔体积越大，压力振幅越大，越容易产生燃烧不稳定现象，这从侧面反映了潜入式空腔对喷管阻尼有较大的影响。如图 2-21 所示，在 LP9 亚尺度发动机试验中[63-64]，潜入式喷管的压力幅值增大了一个数量级。试验结果也表明，潜入式喷管的加入大大增强了涡声的产生，但对熵声的产生没有影响。

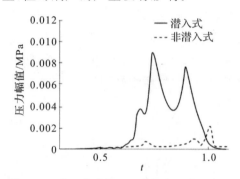

图 2-21    潜入式喷管对压力振荡幅值的影响

声波的产生同流体中的速度势以及旋涡之间的相互作用有密切的关系，声波能量的形成和转换是通过这些非线性相互作用完成的[65-66]。Anthoine 等[67]将此理论应用到具有潜入式喷管的固体火箭发动机中，成功地解释了发动机压力振幅随头端潜入式空腔体积增大而线性增加的现象。

无论从增益角度还是阻尼角度而言，潜入式空腔均不利于发动机的工作稳定性。从增益的角度讲，潜入式空腔容易与燃烧室内的旋涡脱落进行耦合，加强涡声耦合强度，继而诱发更为严重的压力振荡现象；从阻尼的角度讲，气流在潜入式空腔中容易形成旋涡团，如图 2-22 所示，其中，$V$ 代表完整潜入式空腔体积。潜入式空腔内的燃气沿着同主流相反的方向进入声场，以对流的方式为燃烧室提供声能增益，削弱了喷管的阻尼特性，不利于发动机的整体稳定性。潜入式空腔体积越大，空腔对燃烧室贡献的声能增益越大，文献[68]中采用冷流试验证明了上述观点。上述两方面的因素综合说明，潜入式空腔削弱了发动机的工作稳定性，而且随着潜入式空腔体积的增大,发动机的整体稳定性逐渐变差。此外,潜入式喷管容易引起颗粒沉积现象,为发动带来额外的负载,影响发动机的整体性能。因此,在固体火箭发动机设计中,应慎重地选用潜入式喷管。

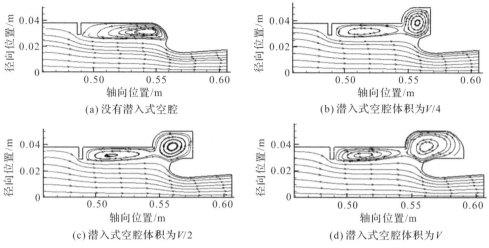

(a) 没有潜入式空腔　　　　　　　　　(b) 潜入式空腔体积为$V/4$

(c) 潜入式空腔体积为$V/2$　　　　　　(d) 潜入式空腔体积为$V$

图 2-22　不同潜入式空腔体积下的气流

### 2.3.3　装药结构

大型的固体火箭发动机中,装药结构的改变可造成燃烧室内声学特性与流动不稳发生耦合,从而影响燃烧稳定性。在 LP9 发动机试验中[64],不同的装药结构形成了不同的空腔,产生的燃烧不稳定模态也有显著差别,如图 2-23 所示。

法国国家空间研究中心(CNES)与法国国家宇航研究院(ONERA)在对大型固体助推器 P230 的大量点火试验中发现,改变装药结构对改善大长径比发动机中的压力振荡效果显著。Blomshield 建议,设计人员最好不要将燃烧室尾部作为主燃面区域,尾部的复杂燃面容易引发强烈的压力振荡。近几年来,我国在研的一些发动机通过将翼柱结构首尾对换的方式解决了压力振荡问题[4]。

在工程经验中,将头部装药改成复杂结构有益于抑制压力振荡。改变头部装药可以带来两个主要变化:①增加质量流率;②增大空腔容积。假设固体火箭发动机燃烧不稳定中的声波是驻波,瑞利准则可进一步描述为:声压的波腹上进行热量或质量交换可能发生有效的声能增益作用,在声压波腹处注入热量或质量,或在声压波节处抽出热量或质量,振荡将被强化;反之振荡将会被抑制。因此,在发动机头部引入空腔与加入燃面的过程,本质上就是在声压波腹处抽取质量与注入质量的综合过程,这能有效抑制压力振荡。

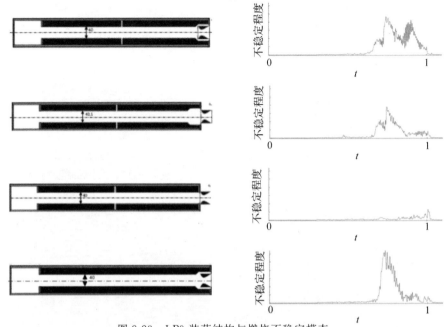

图 2-23　LP9 装药结构与燃烧不稳定模态

### 2.3.4　抑振结构

推进剂配方、发动机结构和设计参数的变动往往受多方面因素的限制,特别是在发动机研制后期,还要受到原有方案或者"既成事实"的限制。在此种情况下,还可以考虑采用不同的抑振手段来抑制燃烧不稳定现象。对压力振荡的抑制手段分为主动抑振与被动抑振,前者通过引入各种机械、声波干扰或流体喷注,达到对旋涡运动、声波频率进行调制的目的,虽然效果较好,但会给火箭、导弹带来额外的消极载荷。后者主要通过安装旋涡发生器或扰流器,或者改进已有的条件来抑制振荡。然而,被动抑振装置会增加发动机惰性质量,而且需要特殊的热防护措施等,这会增大发动机系统的复杂程度。目前固体火箭发动机中常用的三类抑振装置包括共振棒、吸声器和隔板。

Ribéreau 和 Pevergne[69]认为,发动机中的涡声耦合振荡可通过闭环系统来描述,破坏该系统中的任意环节即可达到抑振目的。他们设计了图 2-24(b)中的三维绝热环来破坏旋涡的连续结构,试验结果令人满意。

此想法得到了 Anthoine 等[70]的认同,他们设计了图 2-25 所示的抑振控制膜来阻止旋涡进入潜入式喷管空腔,控制膜可分为无孔型和有孔型。试验结果表明,无孔型可完全消除压力振荡,但无法满足发动机的推力指标;有孔型是抑振效果与发动机推力指标之间的一种折中方案,其振荡抑制效果也比较理想。但是由于该控制装置是后加入发动机组件之中的,因此带来了额外的消极载荷。

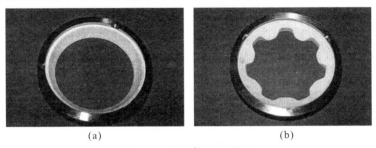

(a)　　　　　　　　　　　　(b)

图 2-24　新型抑振绝热环

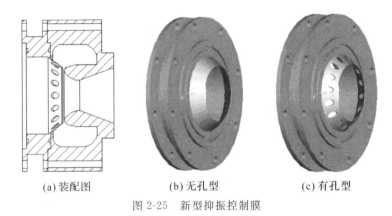

(a)装配图　　　　　(b)无孔型　　　　　(c)有孔型

图 2-25　新型抑振控制膜

Anthoine 等[71]对 Ariane 5 MPS P230 助推器进行了冷流试验,发现燃烧室纵向隔板产生的旋涡脱落能激发空腔声场的模态,导致声流耦合。在推进剂中增加隔板时,可以得出一阶纵向振荡与抑制装置之间的联系,隔板是抑制纵向压力振荡的有效装置,但在某些条件下会产生较高的模态振荡[72]。

针对声燃烧不稳定,不同抑振装置总结如下[73]。

①空腔阻尼器:在发动机头部、尾部和点火装置中设置一些打有小孔的空腔,可对纵向振型起到阻尼作用。

②吸声器:在燃烧室内腔头部设置盲孔,可增大声振系统的阻尼。

③隔板:在装药通道尾部上嵌入叶片式隔板,或在装药内孔的中部装入多片纵向隔板,可对横向燃烧不稳定起到抑制作用。

④共振棒:在装药内孔中安装长度等于装药长度或等于装药长度一半的共振棒,可起到较好的阻尼效果。

## 2.4 固体火箭发动机工作参数的影响

### 2.4.1 压 强

随着作战要求的提升,各类导弹、火箭弹等装备不断向高速度、远射程的趋势发展。为了显著增加导弹的飞行速度和射程,固体火箭发动机的工作压力需不断增大,以获得更高的比冲和更大的推力,从而大幅度提高导弹的性能。对于战术导弹的固体火箭发动机,由于其体积较小,承压能力强,燃烧室压力可达十几兆帕至几十兆帕;对于枪炮,其膛压可达几百兆帕[74]。在如此高的工作压力条件下,固体推进剂的燃烧性能将随着压力的不断提升而发生改变,推进剂燃烧状况也将变得更加复杂,从而显著影响推进剂的燃速、燃烧稳定性、发动机的内弹道曲线与推力特性等。

Beckstead 等[75]在建立复合推进剂燃烧模型的过程中认为,压力的增大会减小火焰与燃烧表面间的距离,增大火焰对燃面的热反馈,从而加速推进剂表面的热分解与蒸发速率,最终使燃烧速率升高。对于硝胺推进剂而言,压力的增大也会对燃速产生影响,具体有两个方面:①压力升高,涉及的凝聚相化学反应加快,燃烧表面温度明显增加,致使推进剂的燃速增加;②硝胺推进剂火焰存在暗区,压力升高,暗区和表面熔层变薄,导致气相反馈热增加,从而提高了燃烧表面的热量,这也导致推进剂燃速增加。这两个因素的综合作用,使推进剂在高压下的燃速增长更快。

Povinelli[76]通过较宽压力范围下复合固体推进剂的燃烧试验,获得了含粗、细粒度氧化剂的复合推进燃烧产物中的氧化铝粒度分布。试验显示,在一定压力范围内,随着压力的增大,团聚体的数量逐渐减少,平均颗粒速度逐渐降低,团聚所需的铝颗粒尺寸增大,氧化铝的体积平均直径减小。该试验结果表明,较高的压力会降低燃烧室内推进剂燃烧产生的颗粒阻尼,使发动机更易产生燃烧不稳定。

高压条件下,固体推进剂的压力指数会出现明显的变化。张春泰[77]对少烟丁羟推进剂进行了高压动态燃烧特性的试验研究,发现在高压条件下燃速存在突变现象,且随着压力指数的升高,发动机愈不稳定,内弹道曲线变化也较为显著,如图 2-26 所示。付小龙等[78]对高能无烟改性双基推进剂在中高压(10~43MPa)下的燃烧性能进行了研究,发现在较高压力下,四种含不同催化剂推进剂的压力指数显著高于低压下的压力指数,燃速催化剂对推进剂的燃烧性能的影响效果减弱,常用的燃速催化剂体系已不能有效调节高能无烟推进剂的燃烧性能。刘中兵等[79]对 HTPB 推进剂在 2～20MPa 平均压力范围内的燃烧特性进行试验研究。结果表明,三组元推进剂可在 20MPa 压力以下稳定工作,压力一旦超过 20MPa,燃速压力指数将趋近于 1,发动机将无法正常工作;而四组元推进剂的最大临界压力可达 34MPa。

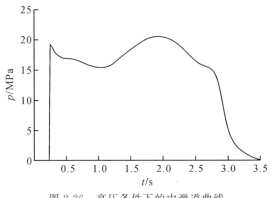

图 2-26　高压条件下的内弹道曲线

在高压条件下,推进剂燃速的变化可作为发动机燃烧稳定性的重要影响因素与判断条件,对高能复合推进剂燃烧稳定性的判断有着重要意义。受高压条件的影响,压力指数等燃烧特性的改变会对燃烧过程中的稳定性产生较大影响。

### 2.4.2　温　度

对于燃烧室内的压力振荡而言,温度的影响相较于工作压力、外界环境的影响较小,但对固有声振频率有较大影响。燃烧室内的轴向声振频率主要取决于燃气温度及发动机轴向尺寸,当发动机尺寸固定时,通过改变介质温度可以改变燃烧室内的固有声振频率。

尽管介质温度对旋涡脱落频率影响不大,但是可以显著改变燃烧室内的固有声振频率。通过改变固有声振频率,使之与旋涡脱落频率分离,随着旋涡脱落频率与固有声振频率的分离,涡声耦合反馈被逐步打破,旋涡脱落振幅与声压振幅显著下降。当燃烧室固有声振频率与旋涡脱落频率相等或接近时,燃烧室内形成涡声耦合反馈,将会诱发严重的压力振荡现象;当燃烧室固有声振频率高于或者低于旋涡脱落频率时,涡声耦合反馈被打破,旋涡脱落引起的压力振幅显著下降。

此外,温度还会影响含铝推进剂同,造成分布燃烧现象。Beckstead 等[80]和

Brooks 等[81] 对此进行了大量的研究工作。基于试验和理论分析的 Rijke 型燃烧器中铝粉分布燃烧的研究表明,分布燃烧对燃烧不稳定性的放大作用很大程度上是由燃气沿轴向的温度分布变化造成的,温度变化会引起声速节点相对 Rijke 火焰发生偏离,导致火焰响应增加。

对温度越敏感的推进剂越容易对压力波动产生燃烧响应。Beiter 等[82] 试图通过实验,利用推进剂燃烧的前缘火焰来解释推进剂压力耦合响应函数出现峰值的机理。当压力出现振荡时,前缘火焰会出现周期性分离和重新附着的现象。在对应的瞬时压力转变下,推进剂的动态燃烧响应可以达到最大值。基于 T 型燃烧器,Spurling 等[83] 对环境温度对压力耦合响应函数的影响进行了实验研究。研究结果表明,极端的环境温度会增大推进剂的压力耦合响应函数,如图 2-27 所示。

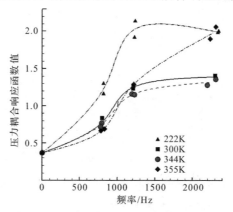

图 2-27　不同温度下的压力耦合响应函数

### 2.4.3　脉冲激励

在固体火箭发动机中,系统常会经历不同形式的燃烧不稳定现象,如高频或者低频振荡,纵向模态或者横向模态振荡,线性不稳定或者非线性不稳定振荡。

线性不稳定振荡又称自发振荡,指系统在不受外界激励的情况下,自主出现低频正弦振荡且频率内容简单。很多发动机都存在低幅值的线性不稳定振荡现象,这类现象对发动机的影响不大。但是当其与导弹结构发生耦合共振时,常会引起其他更加棘手的问题。例如,美国空军在发射 Minuteman Wing Ⅰ时,燃烧不稳定产生的压力振荡的频率与控制系统的液压管路的频率非常接近,因而发生了共振,致使控制系统内部的阻尼系统失效,最终导致发射任务失败。

当线性不稳定振荡变得更加剧烈时,会造成平均压力偏移。这种燃烧不稳定的特点有高幅的振荡,陡峭的峰面,类似爆震波的波形,并在某些情况下伴有非常明显的平均压力增量。

非线性不稳定振荡是由脉冲激励的燃烧不稳定现象[84],如图 2-28 所示。发动机中的脉冲激励失稳是指当系统受到弱激励时,系统是稳定的,然而外部激励超过一定的值之后,系统会失稳,高幅压力振荡会出现,直至推进剂燃烧殆尽。原本线性稳定的系统在受到外界的某些随机有限幅值的激励后,系统并未按照线性稳定性理论预测的那样收敛到稳定状态,而是被激励产生高幅压力振荡。俄罗斯的 RD-0110 就是非线性脉冲激励燃烧不稳定造成发射失败的一个典型例子。

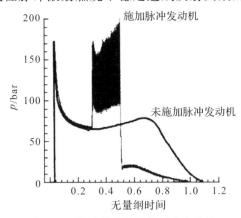

图 2-28　脉冲激励的燃烧不稳定曲线

在飞行过程中,外界的随机有限幅值激励可能来自燃烧产物通过喷管的过程。例如在大型固体火箭中,由于燃烧不完全的物质(熔融铝、氧化铝或者绝缘碎片等)从喷管处的凹槽流出时会造成喷喉面积短暂减小,从而产生燃烧室压力的小振荡;或者药柱中的小气孔与裂纹可能使燃面面积超出设计值,从而使燃烧室压力急剧升高;或者点火器的喷出等。在发动机实际工作中,喷喉面积的短暂减小是不可避免的,所以研究脉冲激励对发动机系统稳定性的影响具有重要的理论和实际应用价值。

利用脉冲激励发动机的方式可以得到一个确定发动机稳定性程度的定量值,但是脉冲激励引起的非线性失稳振荡的产生机理尚不明确。在实验研究中,脉冲激励常被主动引入到运行的发动机中,用来研究系统的非线性响应。脉冲激励的产生方式主要有引射器(ejector)和烟火脉冲(pyrotechnic pulses)。研究表明,这两种方式是等效的。在液体火箭发动机中,采用不同幅值的脉冲激励系统可以评估一个发动机的相对稳定边界。而对于固体火箭发动机来说,使用脉冲激励的时刻不同,发动机也会有不一样的反应。在现有的某些固体火箭发动机中,相较于早期的脉冲激励,燃烧室的脉冲激励失稳更易发生在火箭发动机运行的后期。所以获得能引起发动机脉冲激励失稳的外界激励临界时刻和临界幅值的规律,对于认识该现象的产生机理及指导后期研究工作,具有重要意义。

## 参考文献

[1] 苏万兴. 大长径比固体火箭发动机燃烧不稳定预示及抑制方法研究[D]. 北京:北京理工大学,2015.

[2] Emelyanov V N,Teterina I V,Volkov K N, et al. Pressure Oscillations and Instability of Working Processes in the Combustion Chambers of Solid Rocket Motors[J]. Acta Astronautica,2017(135):161-171.

[3] 刘佩进,金秉宁,李强.战术导弹固体火箭发动机燃烧不稳定研究概述[J].固体火箭技术,2012,35(4):446-449.

[4] 王宁飞,张峤,李军伟,等.固体火箭发动机燃烧不稳定研究进展[J].航空动力学报,2011,26(6):1405-1414.

[5] 苏万兴,李世鹏,张峤,等. 某固体火箭发动机工作末期燃烧不稳定[J]. 航空动力学报,2013,28(10): 2376-2383.

[6] Popov P P,Sideris A,Sirignano W A. Triggering and Restabilization of Combustion Instability with Rocket Motor Acceleration[J]. AIAA Journal,2016,54(4):1386-1393.

[7] Greatrix D,David R. Inert Particles for Axial-Combustion-Instability Suppression in a Solid Rocket Motor[J]. Journal of Propulsion and Power,2008,24(6):1347-1354.

[8] Langhenry M T. Acceleration Effects in Solid Propellant Rocket Motors [R]. AIAA,1998:1577.

[9] 张翔宇,高波,甘晓松,等. 飞行过载对固体火箭发动机燃烧不稳定的影响[J]. 宇航学报,2019,40(8):972-976.

[10] Greatrix D. Combined Structural Oscillation Effects on Solid Rocket Internal Ballistics[C]. Joint Propulsion Conference and Exhibit. 1999.

[11] Langhenry M T. Acceleration Effects in Solid Propellant Rocket Motors[R]. AIAA,1986:1568-1577,June.

[12] 孟伟. 管型装药固体火箭发动机燃烧室振动与内弹道研究[D].西安:西北工业大学,2007.

[13] 刘佩进,何国强. 固体火箭发动机燃烧不稳定及控制技术[M]. 西安:西北工业大学出版社,2015.

[14] King M K. Composite Propellant Combustion Modeling:Pressure-Coupled Response Functions [C]// 16th AIAA/SAE/ASME Joint Propulsion Conference,1980.

[15] Culick F E C. Remarks on Extinguishment and the Response Function for a burning Solid Propellant[J]. AIAA Journal,1969,7(7): 1403-1404.

[16] Blomshield F S. Pressure-Coupled Response for Solid Propellants[J]. International Journal of

Energetic Materials and Chemical Propulsion，2011，10(2)：85-105.

[17] Blomshield F S. Historical Perspective of Combustion Instability in Motors：Case Studies [C]// 37th AIAA/ASME/SAE/ASEE Joint Propulsion Conference and Exhibit. Salt Lake City，2001.

[18] 张衡，张晓宏，赵凤起. 固体火箭发动机声振燃烧不稳定抑制剂的研究进展[J]. 飞航导弹，2008(7)：50-53.

[19] Jackson T L. Modeling of Heterogeneous Propellant Combustion：A Survey[J]. Aiaa Journal，2012，50(50)：993-1006.

[20] Chaturvedi S，Dave P N. Solid Propellants：AP/HTPB Composite Propellants[J]. Arabian Journal of Chemistry，2015.

[21] Kubota N. Propellants and Explosives：Thermochemical Aspects of Combustion[M]. 3rd ed. John Wiley and Sons，2015.

[22] Beiter C A，Price E W. Leading-Edge Flame Detachment：Effect on Pressure-Coupled Combustion Response[J]. Journal of Propulsion and Power，1998 (14)：160-165.

[23] Blomshield F S. Lessons Learned in Solid Rocket Combustion Instability[C]// 43rd AIAA/ASME/SAE/ASEE Joint Propulsion Conference and Exhibit，Cincinnati，2007.

[24] Blomshield F S. Pressure-Coupled Response for Solid Propellants[J]. International Journal of Energetic Materials and Chemical Propulsion，2011(10)：85-105.

[25] Finlinson J，Stalnaker R，Blomshield F S. Ultra Pure Ammonium Perchlorate T-Burner Pressure Coupled Response at 500，1000 and 1800 psi[C]// 34th AIAA Joint Propulsion Conference，July，1998.

[26] Blomshield F S，Stalnaker R A，Beckstead M W. Combustion Instability Additive Investigation [C]// 35th AIAA/ASME/SAE/ASEE Joint Propulsion Conference and Exhibit，Los Angeles，1999.

[27] Beckstead M W. Combustion Mechanisms of Composite Solid Propellants[C]. 19th JANNAF Combustion Meeting，1982.

[28] 涂永珍，王朝珍. 含硝胺(RDX)丁羟推进剂燃烧性能研究[J]. 固体火箭技术，1995(2)：24-30.

[29] 鲁国林. 硝胺/高氯酸铵/丁羟推进剂高压燃烧特[J]. 推进技术，2003(06)：571-572,576.

[30] 贾小锋，李葆萱，王世英. HMX/RDX 粒度对硝胺推进剂高低压燃烧特性的影响[J]. 固体火箭技术，2010,33(3)：319-322.

[31] 袁佩珍，许登峰，冯文澜. HMX 推进剂的燃烧不稳定性[J]. 推进技术，1986,7(3)：31-36.

[32] Greatrix D R. Suppression of Axial Combustion Instability in Solid Rocket Motors[J]. Computational Ballistics Ⅲ，2007(45)：111-157.

[33] Finlinson J，Stalnaker R，Blomshield F. HMX and RDX T-Burner Pressure Coupled Response from 200 to 1000 psi[C]// 36th AIAA Aerospace Sciences Meeting and Exhibit，1998：556.

[34] 周晓杨，石俊涛，庞爱民，等. 含 CL-20 固体推进剂研究现状[J]. 固体火箭技术，2017,40(4)：443-447.

[35] Hegab A，Jackson T L，Buckmaster J，et al. Nonsteady Burning of Periodic Sandwich Propellant with Complete Coupling between the Solid and Gas Phase[J]. Combustion and Flame，2001(125)：1055-1070.

[36] Patil D G，Brill T B. Thermal Decomposition of Energetic Materials 59. Characterization of the Residue of Hexanitrohexaazaisowurtzitane：Science Direct[J]. Combustion and Flame，1993，92(4)：456-458.

[37] Gerard D. Energetic Insensitive Propellants Ducted Rockets[J]. Journal Power，1995，11(4)：870-882.

[38] 侯竹林，李晓东. XLDB 与 NEPE 推进剂催化燃烧性能的研究[J]. 含能材料，2007，15(4)：297-300.

[39] 胡翔，张林，唐泉，等.铝粉粒度和含量对 NEPE 推进剂燃烧产物颗粒阻尼的影响[J].含能材料，2018，26(7)：550-556.

[40] Hu D N，He G Q，Liu P J. Study on Instable Combustion of Solid Rocket Motor with Finocyl Grain [J]. Journal of China Ordnance，2011，7(1)：24-28 .

[41] Huang Y，Yang V. Dynamics and Stability of Lean-Premixed Swirl-Stabilized Combustion[J]. Progress in Energy and Combustion Science，2009，35：293-364.

[42] 张昊，朱民.热声耦合振荡燃烧的实验研究与分析[J]. 推进技术，2010，31(6)：730-744.

[43] 杜功焕，朱哲民，龚秀芬. 声学基础[M]. 南京：南京大学出版社，2001.

[44] 马大猷. 现代声学理论基础[M]. 北京：科学出版社，2004.

[45] Turner M J，Clough R W，Martin H C，et al. Stiffness and Deflection Analysis of Complex Structures[J]. Journal of Aeronautical Sciences，1956，23(9)：805-823.

[46] 闫璞、王敏庆、盛美萍.燃烧腔燃烧不稳定的有限元数值分析[J]. 噪声与振动控制，2005，25(5)：21-23.

[47] 樊晓波. 燃烧室的声学特性分析及声抑制装置的研究[D]. 西安：西北工业大学，2007.

[48] Khan M S，Cai C，Hung K C. Acoustics Field and Active Structural Acoustic Control Modelling in ANSYS[C]// International ANSYS Conference Proceedings，Pittsburgh，April，2002.

[49] French J C. Three Dimensional Combustion Stability Modeling for Solid Rocket Motors[R]. AIAA，1998：3702.

[50] Yoon J K，Kang K T，Kim K M. Combustion Instability in Minimum Smoke Propellant Rocket Motor[R]. AIAA 3129，1994.

[51] 曾攀. 有限元分析及应用[M]. 北京：清华大学出版社，2007.

[52] 邢静忠，王永刚，陈晓霞. ANSYS 分析实例与工程应用[M]. 北京：机械工业出版社，2004.

[53] 盛和太，喻海良，范训益. ANSYS 有限元原理与工程应用实例大全[M]. 北京：清华大学出版社，2006.

[54] 孙维申. 固体火箭发动机燃烧不稳定[M]. 北京：北京工业学院出版社，1987.

[55] Hu D N，He G Q，Liu P J，et al. Study on Instable Combustion of Solid Rocket Motor with Finocyl Grain[J]. Journal of China Ordnance，2011，7(1)：36-41.

[56] 赵伯华,康顺章. 抑制中频不稳定性的固体火箭发动机设计[J]. 北京理工大学学报(自然科学版)1982,(2):76-86.

[57] 苏万兴,李要建,陈升泽,等.潜入式喷管对固体火箭发动机工作稳定性影响[J]. 推进技术,2016,37(8):1529-1534.

[58] 陈晓龙,何国强,刘佩进,等.潜入式喷管对燃烧室中压力振荡的影响[J]. 固体火箭技术,2010,33(3):252-255,269.

[59] 张峤. 固体火箭发动机涡声耦合振荡特性研究[D]. 北京:北京理工大学,2011.

[60] Anthoine J,Buchlin J M,Hirschberg A. Effect of Nozzle Cavity on Resonance in Large SRM：Theoretical Modeling[J]. Journal of Propulsion and Power,2002,18(2):304-311.

[61] Anthoine J,Buchlin J M,Guery J F. Effect of Nozzle Cavity on Resonance in Large SRM：Numerical Simulations[J]. Journal of Propulsion and Power,2003,19(3):374-384.

[62] Anthoine J. Experimental and Numerical Study of Aeroacoustic Phenomena in Large Solid Propellant Boosters[C]// 36th AIAA/ASME/SAE/ASEE Joint Propulsion Conference and Exhibit,2000.

[63] Hirschberg L,Hulshoff S J,Collinet J,et al. Influence of Nozzle Cavity on Indirect Vortex and Entropy-Sound Production[J]. AIAA Journal,2019,1-4.

[64] Gallier S,Prevost M,Hijlkema J. Effects of Cavity on Thrust Oscillations in Subscale Solid Rocket Motors[R]. AIAA,2009:5253.

[65] Anthoine J,Buchlin J M,Hirschberg A. Theoretical Modelling of the Effect of the Nozzle Cavity Volume on the Resonance Level in Large Solid Rocket motors[R]. AIAA,2001:2102.

[66] Anthoine J,Buchlin J M,Guery J F. Experimental and Numerical Investigations of Nozzle Geometry Effect on the Instabilities in Solid Propellant Boosters[R]. AIAA,2002:3560.

[67] Anthoine J,Olivari D. Cold Flow Simulation of Vortex Induced Oscillations in a Model of Solid Propellant Boosters[R]. AIAA,1999:1826.

[68] Janardan B A,Daniel B,Zinn B T. Effect of Nozzle Design Parameters Upon Attenuation of Axial Instabilities in Solid Rockets[R]. AIAA,1973:1223.

[69] Ribéreau D,Pevergene T. Thrust Oscillations Passive Control on Large Solid Rocket Motors[R]. AIAA,2005:4168.

[70] Anthoine J,Lema M R. Passive Control of Pressure Oscillations in Solid Rocket Motors:Cold-Flow Experiments[J]. Journal of Propulsion and Power,2009,25(3):792-800.

[71] Anthoine J,Planquart P,Olivari D. Cold flow Investigation of the Flow Acoustic Coupling in Solid Propellant Boosters[C]// 36th AIAA Aerospace Sciences Meeting and Exhibit,1998.

[72] Tran N,Ducruix S,Schuller T. Damping Combustion Instabilities with Perforates at the Premixer Inlet of a Swirled Burner[J]. Proceedings of the Combustion Institute,2009,32(2):2917-2924.

[73] 唐金兰. 固体火箭发动机原理[M]. 北京:国防工业出版社,2013.

[74] Kubota N. Survey of Rocket Propellants and Their Combustion Characteristics,Fundamentals

of Solid Propellant Combustion[M]// Kuo K K, Summerfield M, Progress in Astronautics and Aeronautics, AIAA, New York, 1984.

[75] Beckstead M W, Puduppakkam K, Thakre P, et al. Modeling of Combustion and Ignition of Solid-Propellant Ingredients[J]. Progress in Energy and Combustion Science, 2007, 33(6): 497-551.

[76] Povinelli L A. Solid-Propellant Combustion Instability and the Role of Velocity Coupling[M]. Cleveland: National Aeronautics and Space Administration,1986.

[77] 张春泰.少烟丁羟推进剂高压性能的实验研究[J]. 推进技术,1995(2):50-53,72.

[78] 付小龙,邵重斌,吴淑新,等.高能无烟改性双基推进剂中高压燃烧性能[J]. 含能材料,2010, 18(1):107-109.

[79] 刘中兵,汪亮,胡春波.HTPB推进剂高压燃烧特性研究(英文)[J]. 固体火箭技术,2010,33 (3):302-306.

[80] Raun R L, Beckstead M W. A Numerical Model for Temperature Gradient and Particle Effects on Rijke Burner Oscillations[J]. Combustion and Flame, 1993, 94(1-2):1-24.

[81] Brooks K P, Beckstead M W. Dynamics of Aluminum Combustion [J]. Journal of Propulsion and Power, 1995, 11(4):769-780.

[82] Beiter C A, Price E W. Leading-Edge Flame Detachment:Effect on Pressure-Coupled Combustion Response[J]. Journal of Propulsion and Power, 1998(14):160-165.

[83] Spurling J, Blomshield F, Pate D. Effects of Temperature Conditioned Environment on a Propellant's Pressure-Coupled Response[C]// 46th AIAA/ASME/SAE/ASEE Joint Propulsion Conference and Exhibit, Nashville,2010.

[84] 李娟,王占利,王栋,等.某型固体火箭发动机燃烧不稳定仿真分析与试验[J].固体火箭技术, 2018,41(2):151-155.

# 第3章 固体火箭发动机燃烧不稳定的
# 理论模型和数值仿真方法

本章将对固体火箭发动机燃烧不稳定研究中的主要理论模型及数值仿真方法展开介绍。首先不得不遗憾地承认,关于燃烧不稳定的理论研究开展了已近一个世纪,但固体推进剂在燃烧室中的燃烧机理以及各种能量机理相互转化机制还未被完整揭示,关于固体火箭发动机燃烧稳定性的纯理论计算仍旧难以取得根本性进展。目前的理论研究多数是基于对实验结果的汇总及合理推演。由于燃烧不稳定涉及的变量过多,且仅通过对固体火箭发动机内燃烧环境的观测来精准地获取所需变量,本身就具有挑战性,故难以简单地从实验数据中直接获取相应规律。因此,固体火箭发动机燃烧不稳定的理论研究最首要的目的应是,将纯理论分析与实验结合,形成可测量、可验证、可靠的经验法则。

事实上,理论分析具有提纲挈领的指导作用,它可以帮助研究者区分什么样的数据是可取且有研究价值的。如果没有理论分析进行指导,实验往往存在着盲目性,难以制订有效的测量方案。但关于固体火箭发动机燃烧不稳定的大部分实验往往筹备时间长且耗资较大,难以像纯理论研究一样通过不断试错总结得到提升改善。因此需要完备的理论基础作为指导,才能更经济有效地获取有价值的数据。

本章将从线性稳定性理论、非线性稳定性理论及推力振荡特性数值研究三个方面展开介绍,对固体火箭发动机燃烧稳定性研究中涉及的主要理论及数值方法进行说明。

## 3.1 线性稳定性理论

声燃烧不稳定是固体火箭发动机内最常见的现象,其核心研究内容是围绕燃烧室声腔声学特性,综合研究燃烧室内的所有增益特性及阻尼特性,以及增益因素之间的相互耦合关系，最终为发动机设计及稳定性分析提供相应的理论指导。声能的增益和损失间的关系，是线性稳定性理论讨论的中心问题。通过之前的研究可以发现，固体火箭发动机出现燃烧不稳定时，燃烧室内的主要振型通常接近于轴向驻波振型，并且发生燃烧不稳定时，振幅随时间的变化是相对缓慢的。对振荡段压力进行幅频分析也可以发现，压力振荡的频率与燃烧室的固有频率通常也是接近的。因此，关于燃烧不稳定的分析，可以基于波动方程展开。

但这种波动方程并不是由唯一因素主导的，还需要考虑推进剂燃烧过程、燃烧室内的平均流动、喷管带来的能量损失、铝颗粒的分布燃烧效应等众多因素的影响。在线性理论中，将压力振幅的变化看作这些因素所带来的"贡献"，即压力振幅的变化，是各种影响因素综合作用的结果。

因此，线性稳定性以燃烧室内的一维波动方程为基础来研究小扰动振幅随时间的变化规律。燃烧室内的压力 $p$ 可表示为[1]

$$p = \bar{p} + p' = \bar{p} + p_0 e^{\alpha t} e^{j(\omega t + hx)} \tag{3-1}$$

若 $\alpha > 0$，则小扰动有增长趋势，表现为燃烧不稳定；若 $\alpha < 0$，则具有稳定性。增长常数 $\alpha$ 可表示为各种增益、阻尼效果之和[2]：

$$\alpha = \alpha_{PC} + \alpha_{VC} + \alpha_{DC} + \alpha_N + \alpha_P + \alpha_{MF} + \alpha_G + \alpha_W + \alpha_{ST} \tag{3-2}$$

式中，等号右侧系数依次为压力耦合响应系数、速度耦合响应系数、分布燃烧响应系数、喷管阻尼系数、微粒阻尼系数、流动效应系数、气相阻尼系数、壁面阻尼系数与结构阻尼系数。只要确定各个系数，就可以预估发动机的稳定性。火箭发动机内常见的增益与阻尼如图 3-1 所示。

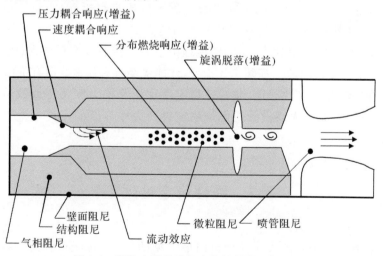

图 3-1　固体火箭发动机中常见的增益与阻尼

对于特定频率来说,发动机的燃烧稳定性是由这些影响因素共同作用的。当所有作用的总效果体现为阻尼时,则认为这个发动机是线性稳定的;当所有作用的总效果体现为增益时,则认为这个发动机不是线性稳定的。这是线性理论所提供的最重要结果,也是线性稳定的一般条件。但与此同时,也可以看出线性稳定性主要回答的是会不会发生燃烧不稳定,而对于燃烧不稳定的程度以及外部激励的效果没有进行解答。

线性理论的理解相对轻松,目前也已经有大量关于各项增益与阻尼因素的理论研究,但线性理论真正的难点是获取各项因素计算时所需的各种数据。接下来将对固体火箭发动机中主要的增益和阻尼因素进行介绍。

### 3.1.1　压力耦合响应

固体推进剂是固体火箭发动机所有能量的来源。在某些条件下,如果推进剂燃烧所释放的能量有 0.14% 转化为声能,压力振幅就可以达到燃烧室平均压力的 10%[3]。当压力产生波动时,推进剂燃速随之产生波动。如果推进剂的燃速波动与压力波动的相位相同或者具有相同的分量,推进剂燃面的质量加入可使压力波动的振幅变大。这就是固体推进剂对压力波动的燃烧响应过程。

压力耦合响应是推进剂燃烧过程和压力之间的耦合,推进剂的压力耦合响应函数是固体火箭发动机燃烧不稳定的主要增益因素之一。通常情况下通过试验获得所需的数据,再进行计算。根据瑞利准则,若燃面的燃速扰动与声压振荡同相位,或具有相同的分量,燃面向燃烧室加入的质量可以放大压力振荡的作用,于是就引出一个以质量燃速表征的参量——压力耦合响应函数,其定义为质量燃速的相对波动量与压力相对波动量的比值[4-5]:

$$R_{pc} = \frac{\dot{m}'}{\overline{\dot{m}}} \bigg/ \frac{p'}{\overline{p}} \qquad (3-3)$$

式中,$\dot{m}'$ 为 $p'$ 是质量燃速和压力的相对波动值,$\overline{\dot{m}}$ 与 $\overline{p}$ 为平均质量燃速和平均压力。当燃烧室内存在压力谐振荡时,推进剂的质量燃速也会发生谐振荡,即

$$\dot{m} = \overline{\dot{m}} + \dot{m}' \qquad (3-4)$$

同理,燃气密度以及燃速也会有同样地变化规律:

$$\begin{cases} \rho = \overline{\rho} + \rho' \\ u = \overline{u} + u' \end{cases} \qquad (3-5)$$

式中,$\overline{u}$ 为燃气离开燃烧表面的平均速度,在推进剂表面处有

$$\dot{m} = \rho u \qquad (3-6)$$

综合式(3-4)至(3-6)可得

$$\frac{\dot{m}'}{\dot{m}} = \frac{u'}{u} + \frac{\rho'}{\rho} \tag{3-7}$$

再根据压力耦合响应函数定义公式(3-15),对公式(3-6)两端同时除以 $p'/\bar{p}$,则压力耦合响应函数可表述为

$$R_{pc} = \frac{u'/\bar{u}}{p'/\bar{p}} + \frac{\rho'/\bar{\rho}}{p'/\bar{p}} \tag{3-8}$$

在声学中,为了应用比较成熟的电路理论来分析声学现象,可将声波通过管路类比为电流通过电阻、将声压类比于电压、将声振速度类比于电流。那么,可定义燃面声导纳为

$$Y_b = \frac{u'}{p'} \tag{3-9}$$

燃面声导纳的无因次形式为

$$y_b = \frac{u'}{a} \Big/ \frac{p'}{p} \tag{3-10}$$

式中,$a$ 为声速,式(3-9)定义的声导纳与式(3-15)定义的压力耦合响应函数是同一物理量的不同表述。

为了方便起见,在燃烧不稳定研究中常用声导纳函数 $A_b$ 作为一个参量,并将其定义为

$$A_b = Y_b \bar{\rho} \bar{a} = \gamma \frac{u'/\bar{a}}{p'/\bar{p}} \tag{3-11}$$

在测量压力耦合响应函数时,最为常用的试验装置是 T 型燃烧器。假定 T 型燃烧器内的气体为理想气体,燃面附近气体的压缩与膨胀一个是等熵过程,则

$$\frac{\rho'/\bar{\rho}}{p'/\bar{p}} = \frac{1}{\gamma} \tag{3-12}$$

结合式(3-7)、(3-10)及(3-11),并取其实部,可得

$$\gamma \bar{M}_b R_{pc}^{(r)} = A_b^{(r)} + \bar{M}_b \tag{3-13}$$

$$\gamma = \frac{\dot{r} \rho_p \bar{a}}{\bar{M}_b \bar{p}} \tag{3-14}$$

式中,$\bar{M}_b$ 为燃面平均气流马赫数,$A_b^{(r)}$ 为推进剂声导纳实部,$\gamma$ 为比热比,$\dot{r}$ 为推进剂燃速,$\rho_p$ 为推进剂密度,$\bar{p}$ 为 T 型燃烧器平均压力。$A_b^{(r)} + \bar{M}_b$ 可作为衡量推进剂燃烧响应特性的参数,但该参数不能直接通过试验测量。可通过倍燃面二次脉冲衰减法和两次脉冲后 T 型燃烧器系统内的衰减系数来间接表征推进剂燃烧响应特性,最终获得其压力耦合响应函数值。

在理论研究中,最为经典的是 Culick 通过对均值推进剂的燃烧模型进行总结和

归纳的气相准稳态均匀推进剂一元模型,即 QSHOD(Quasi-Steady Gas Phase Homogeneous Propellant One Dimensional Representations)模型[6-7],如图 3-2 所示。

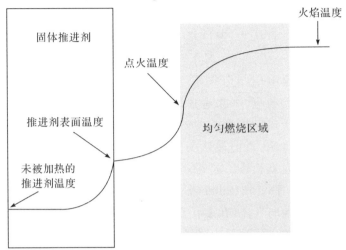

图 3-2　气相准稳态均匀推进剂一元模型(QSHOD)

　　该模型的核心思想是:在固相准稳态与气相准稳态的假设下,认为固相到气相的转化过程发生在固—气界面上,并且认为气相的火焰为一维火焰,通过求解固相温度场、气相温度场以及气相与固相在转化区域内的能量方程,获得推进剂燃速变化。根据推进剂压力耦合响应函数的定义式,再经过线性化处理之后,可获得均值推进剂压力耦合响应函数的统一表达式[8]:

$$Re = \frac{nb + n_s(\lambda - 1)}{\lambda + \dfrac{a}{\lambda} - (a+1) + b} \tag{3-15}$$

式中,$a = \dfrac{E_s}{R_0 \overline{T}_s}\left(1 - \dfrac{T_i}{T_s}\right)$,$b = \dfrac{2R_0 \overline{T}_0^2}{E_g} \cdot \dfrac{E_s}{R_0 \overline{T}_s}$。由于 $\lambda$ 是复数,$Re$ 也是复数。式(3-15)由 $a$ 和 $b$ 两个参数决定,故该式也被称为两参数表达式。虽然通过 QSHOD 模型推导出的两参数表达式较粗糙,但它在一定程度上解释了推进剂燃烧响应是如何放大燃烧室内的压力波动,加深了人们对燃烧响应机理的理解。

　　QSHOD 模型具有一定的局限性,该模型只适用于均质推进剂。复合推进剂的氧化剂以颗粒状分布于连续的黏结剂中,其燃烧过程由氧化剂分解气体与黏结剂分解气体之间的扩散过程控制,属于扩散火焰。QSHOD 模型中固相活化能 $E_s$ 的取值偏高,在 $280\sim350$kJ/mol 才能获得合理的响应函数。实际上固体推进剂的活化能一般不会超过 200kJ/mol[9-12]。

### 3.1.2 速度耦合响应

速度耦合响应是指推进剂燃速与声振速度之间的耦合,学术界对该概念的争议一直很大。过去有学者认为,速度耦合响应是瞬态侵蚀燃烧,对大多数发动机而言效果很小,但是在一些特殊工况下,却有着显著的增益效果[13-14]。近年来,也有一些研究将速度耦合响应归为非线性现象[15-16]。Flandro[16]认为,过去提出这个概念是为了迎合试验数据,如果考虑非线性现象,在表达式中自然会出现振荡声速相关项。目前关于速度耦合响应的研究和质疑仍旧存在。过去被认为是速度耦合引起的燃烧不稳定,目前被认为等同于表面旋涡脱落不稳定,一般出现在大长径比的固体火箭发动机中。这种类型的发动机可以被理想化成一个长的圆柱形多孔介质,会出现 Taylor-Culick 类型的流动不稳定。从多孔介质表面流出来的气流会汇聚成一股轴向气流,在多孔介质表面引起旋涡脱落,激发出不稳定。

速度耦合响应函数主要对平行于燃面的速度振荡引起的燃速振荡进行分析,因此可参考压力耦合响应函数,其定义式为

$$R_{vc} = \frac{\dot{m}'}{\bar{\dot{m}}} \Big/ \frac{u'}{a} \tag{3-16}$$

式中,$\dot{m}'$ 对应于燃烧表面上受到振动速度 $u'$ 时产生的附加质量燃速。需要说明的是,这个定义式存在基于试验现象主观观察的成分,但更加严格的定义式目前还没有得出。同时需要说明的是,事实上只有一部分 $u'$ 会起到引起振荡的作用。因为燃速对平行于燃面方向的速度大小敏感,而 $u'$ 的方向并不总是满足,因此首先需要对 $u'$ 进行相应处理。在目前的试验条件下,测量燃面表面的振荡速度难以实现,对其速度方向进行精准评估更加困难,加之速度耦合响应函数本身具有争议性,故本书不再进一步展开具体推导。整体来说,可以认为燃速与压力振荡同相位的部分激励了声波。

因此,当存在压力振荡和速度振荡的相位测量值的情况下,可以推导出

$$\frac{\dot{m}'}{\bar{\dot{m}}} = Re\left\{ R_{vc}^{(r)} + iR_{vc}^{(i)} \frac{u'}{a} \right\} \tag{3-17}$$

又因为声振速度与压力振荡的相位差为 90°,所以 $u'$ 与 $a$ 都是纯虚数。则式(3-17)可以转化为

$$\frac{\dot{m}'}{\bar{\dot{m}}} = R_{vc}^{(i)} \frac{u'^{(i)}}{a} \tag{3-18}$$

因此,对于速度耦合,我们主要关心响应函数的虚部。这也说明,在燃烧室内,速度耦合起作用的燃烧区域不同于压力耦合起作用的燃烧区域。

### 3.1.3　分布燃烧响应

在传统的观点中,铝液滴在推进剂表面附近燃烧形成的气态产物会冷凝形成一层氧化铝帽,最终形成惰性的氧化铝颗粒。而这些凝相粒子能有效造成声能损耗,从而起到抑制发动机燃烧室内压力振荡的作用[17]。然而,这一认识在 20 世纪 80 年代的哨兵(Sentry)导弹燃烧不稳定研究中受到了挑战[18]。其配方中加入了铝粉,且初步的燃烧稳定性预估显示稳定,但测试中却发生了严重的轴向燃烧不稳定。之后的研究认为,这极可能是因为推进剂燃速极高,因此铝颗粒被喷射到发动机内,这使得大部分铝颗粒的燃烧发生在远离推进剂表面的地方。铝粉的分布燃烧响应使得铝粉的存在不仅没有体现出预期的抑制作用,反而加剧了燃烧不稳定现象。

分布燃烧响应是指声场和燃烧的金属微粒之间的相互作用,金属含量较高的推进剂须考虑此项增益。目前单个铝颗粒的燃烧研究已经受到了研究者的关注,但铝粉分布燃烧效应的研究仍旧处于起步阶段。

早期研究中,Dupays 和 Vuillot[19]的研究证明,铝滴"云团"蒸发所释放的质量能引起声波。Beckstead 等[20]研究了 Rijke 型燃烧器中铝的分布燃烧,认为分布燃烧对不稳定性的放大作用,很大程度上是由燃气沿轴向的温度分布变化造成的,温度变化会引起速度波腹相对 Rijke 火焰发生偏移,从而导致火焰响应的增加。Gallier 等[21]建立了层流中铝分布燃烧的增益项表达式,证明燃烧不稳定程度的决定因素是铝微粒燃烧区域的厚度和燃烧释放的热量。

在最新的相关研究中,Genot 等[22]在 Gallier 研究的基础上提出的声—铝粉燃烧耦合模型引起了比较广泛的关注。通过对燃烧室内的热释放率和流动相关的源项分布进行分析,总结出了两种影响燃烧室压力振荡的主要因素:燃烧室内远离燃面的铝滴"云团"燃烧放热率引起的压力振荡;燃烧过程结束时燃烧铝滴"云团"边界的运动所带来的热释放率扰动。之后基于这两种影响因素建立相应的理论分析模型,并与数值计算的结果进行比较,最终得到了一个只需考虑发动机内流场结构特性以及燃烧室声模态的理论计算模型。

根据 Genot 等[22]的研究,铝粉分布燃烧对不稳定性的增益可表示为

$$\alpha_{\mathrm{Al}} = \frac{(\gamma - 1)}{E_n^2} \int_V \Psi_n \mathrm{Re}\left(\frac{\hat{q}}{\hat{\eta}_n}\right) \mathrm{d}V \tag{3-19}$$

式中,$\alpha_{\mathrm{Al}}$ 为铝粉分布燃烧对不稳定性的增益;$\gamma$ 为比热比;$\Psi_n$ 为对应的无干扰声模态,它是相应亥姆霍兹(Helmholtz)方程的解;$\hat{q}$ 为热释放速率;$\hat{\eta}_n$ 为声压振动的第

$n$ 阶声模态的振幅；Re 表示取结果的实部；$V$ 为燃烧室的体积。而 $E_n^2$ 为第 $n$ 阶声模态的声能：

$$E_n^2 = \int_V \Psi_n^2 \mathrm{d}V \tag{3-20}$$

对于常见的管型固体火箭发动机，则有 $\mathrm{d}V = r\mathrm{d}r\mathrm{d}\theta\mathrm{d}x$。之后，将上文所说的两项主要的影响因素分别考虑为由燃烧室体积带来的贡献 $\alpha_{\mathrm{Al},v}$ 与铝滴"云团"边界带来的贡献 $\alpha_{\mathrm{Al},b}$。则有

$$\alpha_{\mathrm{Al}} = \alpha_{\mathrm{Al},v} + \alpha_{\mathrm{Al},b} \tag{3-21}$$

燃烧室体积带来的贡献 $\alpha_{\mathrm{Al},v}$ 可根据下式计算：

$$\alpha_{\mathrm{Al},V} = \frac{2(\gamma - 1)}{R^2 \int_0^L \Psi_n^2 \mathrm{d}x} \int_0^L \Psi_n^2 \int_0^R \mathrm{Re}\left(\frac{\hat{q}_V}{\eta_n}\right) r \mathrm{d}r \mathrm{d}x \tag{3-22}$$

式中，

$$\hat{q}_V = \dot{q}_0 \left[ \frac{Sh_0 - 2}{2Sh_0} \frac{\delta u_{p,0}}{|\delta u_p|^2} (\hat{u}_p - \hat{u}) + \left(1 + \frac{Sh_0 - 2}{2Sh_0}\right) \frac{\hat{D}}{D_0} \right] \tag{3-23}$$

式中，下标 0 表示平均值；上标 · 表示傅里叶平面的振动量；$Sh$ 为舍伍德数（Sherwood number）；$u_p$ 为铝滴的速度矢量；$u$ 为气体的速度矢量；$D$ 为铝滴的直径。

最后，铝滴的速度与直径的振动量可分别由下式求得：

$$\hat{u}_p = \int_R^r \frac{\hat{u}}{v_p \tau_{v,0}} \left(1 + C_{Re} \frac{\delta u_{p,0}^2}{|\delta u_p|_0^2}\right) \times \exp\left[\left(\int_r^{r'} i\omega\tau_{v,0} + 1 + C_{Re} \frac{\delta u_{p,0}^2}{|\delta u_p|_0^2}\right) \frac{\mathrm{d}r''}{v_p \tau_{v,0}}\right] \mathrm{d}r' \tag{3-24}$$

$$\hat{D} = -\int_R^r \hat{u} \frac{\mu \ln(1 + B)(Sh_0 - 2)}{v_p Pr\rho D_0 |\delta u_p|_0^2 / \delta u_{p,0}} (F_p - 1)$$
$$\times \exp\left[\left(\int_r^{r'} \frac{i\omega}{v_p} - \frac{\mu \ln(1 + B)(Sh_0 + 2)}{v_p Pr\rho D_0^2}\right) \mathrm{d}r''\right] \mathrm{d}r' \tag{3-25}$$

式中，下标 p 为液滴相；$B$ 为斯伯丁数（Spalding number）；$v$ 为径向速度；$Pr$ 为普朗特数（Prandtl number）；$\rho$ 为密度；$C_{Re}$ 为平均颗粒的雷诺数，$C_{Re} = 0.010305 Re_{p,0}/(1 + 0.15 Re_{p,0})$；$F_p$ 为传递函数，$F_p = \hat{u}_p/\hat{u}$。

由此可以看出，燃烧室体积带来的贡献 $\alpha_{\mathrm{Al},v}$ 仅取决于发动机中平均流的结构、声边界层的结构以及声模态；而在线性研究中，压力幅值并不影响这一项。

铝滴"云团"边界带来的贡献 $\alpha_{\mathrm{Al},b}$ 可根据下式计算：

$$\alpha_{\mathrm{Al},b} = \frac{2(\gamma - 1)}{R^2 \int_0^L \Psi_n^2 \mathrm{d}x} \int_0^L \Psi_n^2 \int_0^R \mathrm{Re}\left(\frac{\hat{q}_b}{\eta_n}\right) r \mathrm{d}r \mathrm{d}x \tag{3-26}$$

式中，

$$\hat{q}_{\mathrm{b}} = -\dot{q}_{D^2,0} \frac{2}{\pi} \left[ 1 - \left( \frac{r - r_{\mathrm{c},0}}{|\hat{r}_{\mathrm{c}}|} \right)^2 \right]^{1/2} \frac{\hat{r}_{\mathrm{c}}}{|\hat{r}_{\mathrm{c}}|} \tag{3-27}$$

式中，下标 $D^2$ 表示赫维塞德函数（Heaviside function）。

在线性分析中，由于"云团"边界振动的区域相较于燃烧区域非常薄，因此可以假定 $\dot{q}_{D^2,0}$，$|\hat{r}_{\mathrm{c}}|$ 和 $\hat{r}_{\mathrm{c}}$ 恒不变且发生在 $r = r_{\mathrm{c},0}$ 的边界振动区域。基于此假设，则有

$$\frac{2}{\pi |\hat{r}_{\mathrm{c}}|} \int_{r_{\mathrm{c},0}-|\hat{r}_{\mathrm{c}}|}^{r_{\mathrm{c},0}+|\hat{r}_{\mathrm{c}}|} \left[ 1 - \left( \frac{r - r_{\mathrm{c},0}}{|\hat{r}_{\mathrm{c}}|} \right)^2 \right)^{1/2} r \mathrm{d}r = r_{\mathrm{c},0} \tag{3-28}$$

最后，

$$\alpha_{\mathrm{Al,b}} = \frac{2(\gamma-1)}{R^2 \int_0^L \Psi_n^2 \mathrm{d}x} \int_0^L q_{D^2,0} \Psi_n r_{\mathrm{c},0} \operatorname{Re}\left( \frac{\hat{r}_{\mathrm{c}}}{\eta_n} \right) \mathrm{d}x \tag{3-29}$$

燃烧体积的边界与液滴直径的波动和平均流量的关系为

$$\hat{r}_{\mathrm{c}} = \frac{2t_{\mathrm{c},0} v_{\mathrm{p}} D_0}{D_i^2 - D_r^2} \hat{D} \tag{3-30}$$

式中，$t_{\mathrm{c},0}$ 为液滴的平均寿命。

至此，根据式（3-21），只需将式（3-22）与式（3-29）相加，即可求得铝粉分布燃烧的线性增益。

### 3.1.4　流动效应

学术界对流动效应的分歧大致可分为两类。第一种观点是"流动转弯（flow turning）损失"[23]。该理论认为，燃气沿推进剂燃面法向进入声场时必然受到声场的作用而获得轴向动量，这个过程要消耗声能。由于无法将此概念引入到三维理论，故引起了众多学者的争议。Flandro 等[24-26] 提出了第二种观点：仅以声能的增长与衰减作为判别发动机内部燃烧不稳定的模型是不够的，传统的线性理论过分强调声场的作用，强行加入"无旋"的假设不准确，装药声边界层与加质流作用产生的"旋涡"是诱发压力振荡的重要原因。从本质上讲，这些"旋流项"是非线性的过程。

本书仍基于传统的"流动转弯损失"理论进行介绍。目前有关流动效应的研究更多地基于数值方法展开。

流动转弯损失对轴向振型影响很大。因为侧燃面与声振荡的方向平行，也就是说，法向燃气流进入声场前并没有轴向的动量。因此，气流进入声场时会受到声振荡的影响，逐渐改变运动的方向，直到最后折转 $90°$，与声场一致。这个过程会消耗声场的能量，从而形成一项损失，其可通过下式计算：

$$\alpha_F = \frac{1}{2\bar{\rho}E^2} \int_0^L \frac{1}{k^2} \left(\frac{d\hat{p}}{dx}\right)^2 \int \bar{m} \, dq \, dx \qquad (3\text{-}31)$$

假定 $\bar{m} = \bar{\rho u}_b$ 与位置无关,则

$$\alpha_F = \frac{1}{2\bar{\rho}E^2} \bar{u}_b q \int_0^L \frac{1}{k^2} \left(\frac{d\hat{p}}{dx}\right)^2 dx \qquad (3\text{-}32)$$

由于谐波 $\dfrac{d\hat{p}}{dx} = ik\hat{p}$,$\left(\dfrac{d\hat{p}}{dx}\right)^2 = -k^2\hat{p}^2$,代入上式得

$$\alpha_F = -\frac{1}{2}\bar{u}_b \frac{S_b}{L} \frac{1}{E^2} \int_0^L \hat{p}^2 \, dx = -\frac{1}{2}\bar{u}_b \frac{S_b}{S_c L} = -\frac{1}{2}\bar{u}_b \frac{S_b}{V} \qquad (3\text{-}33)$$

### 3.1.5 喷管阻尼

固体火箭发动机燃烧室空腔与封闭的刚性壁圆柱空腔不同,燃烧室的喷管端不是封闭的和刚性的,燃烧室中的声能会以辐射和对流的方式从喷管排出,因而喷管对燃烧室中的声能起到阻尼作用。

假定进入喷管的燃气是理想气体,没有燃烧反应,也没有对喷管壁面发生散热损失,喷管内各个气体微团的温度是不等的,而微团内部温度是均一的,熵是不变的。相邻气体微团的熵是不相等的,和传播的压力波一样,喷管内气流也可以传递熵波。由于气流的压力波具有谐波特性,则靠气流传递的熵波也具有谐波特性。这种熵波与压力振荡的相互作用,可以激发或阻尼压力振荡。

假定声振荡周期远远大于微元气体流过收敛段经历的时间,则靠气流传递的熵波波长也就远远大于收敛段的长度,这样的喷管叫短喷管。短喷管中的气流参数成整体振型,流动是准稳态的,气流参数虽然是时间的函数,但对各个瞬时来讲均能满足准稳态控制方程,即方程是稳态形式,且其中所含参数是瞬变的。对于小扰动,可以认为喷管入口截面(燃烧室末端)气流速度 $u_N$ 与局部音速 $a$ 之比在一个振荡周期内是不变的[27-28],即

$$\frac{u_N}{a} = 常数 \qquad (3\text{-}34)$$

求微分得

$$\frac{du_N}{\bar{a}} - \frac{\bar{u}_N}{\bar{a}^2} da = 0 \qquad (3\text{-}35)$$

假设气体在喷管中的流动是等熵膨胀过程,则可以得到

$$p = c\rho^\gamma \qquad (3\text{-}36)$$

通过对式(3-36)取对数,再微分,最后进行线性化处理,可以得到

$$\frac{\mathrm{d}a}{\overline{a}} = \frac{\gamma - 1}{2\gamma} \frac{\mathrm{d}p}{\overline{p}} \tag{3-37}$$

由于扰动量很小，为了计算方便，扰动量可取定值，这样可得 $\mathrm{d}u_N = u'_N$，$\mathrm{d}a = a'_N$，$\mathrm{d}p = p'_N$，则式（3-37）可以转化为

$$\frac{a'_N}{\overline{a}} = \frac{\gamma - 1}{2\gamma} \frac{p'_N}{\overline{p}} \tag{3-38}$$

又知

$$\frac{\mathrm{d}a}{\overline{a}} = \frac{\mathrm{d}T}{2\overline{T}} = \frac{1}{2c_p}\mathrm{d}S \tag{3-39}$$

$$\frac{a'_N}{\overline{a}} = \frac{1}{2c_p}S'_N \tag{3-40}$$

把式（3-38）、（3-40）代入式（3-34），可得

$$u'_N = \overline{u}_N \frac{a'_N}{\overline{a}} = \frac{\overline{u}_N}{2c_p}S'_N \tag{3-41}$$

假定气流是谐振的，则有

$$p'_N = p_0 \cos(kX)\sin(\omega t) = \hat{p}_{ON}\sin(\omega t) \tag{3-42}$$

$$S'_N = S_0 \cos(kX)\sin(\omega t + \Psi) = \hat{S}_{ON}\sin(\omega t + \Psi) \tag{3-43}$$

式（3-43）中的 $\Psi$ 是收敛段声振荡与"熵振荡"之间的相位差。喷管进口的声能通量 $\varphi$ 为

$$\varphi = \frac{1}{T}\int_0^T p'_N u'_N \mathrm{d}t = \frac{\overline{u}_N}{4c_p}\hat{p}_{ON}\hat{S}_{ON}\cos(\Psi) \tag{3-44}$$

在式（3-44）中，$T$ 是周期，从而可知 $\varphi$ 的正负与 $\Psi$ 有关。当 $\cos(\Psi)$ 为负数时，声能被喷管反射进入燃烧室；当 $\cos(\Psi)$ 为正数时，声能以辐射与对流的形式流出喷管。

将式（3-38）代入式（3-34）可得

$$u'_N = \frac{\gamma - 1}{2\gamma}\frac{\overline{u}_N}{\overline{p}}p'_N \tag{3-45}$$

将式（3-45）代入式（3-44）可得

$$\varphi = \frac{\gamma - 1}{4\gamma}\frac{\overline{u}_N}{\overline{P}}\hat{p}_{ON}^2 \tag{3-46}$$

由式（3-46）可知 $\varphi$ 总是正值，也就是说，喷管总是起阻尼作用。

## 3.1.6　微粒阻尼

微粒阻尼的理论模型以非稳态一维流动的气体 — 微粒运动方程为基础，通过

方程的线性化得到一组描述气体 — 微粒的声学方程。其中,气体与微粒之间的动量和能量的相互作用可由斯托克斯阻力定律及热传导公式给出。

在建立方程之前,假定燃气是理想气体;颗粒是惰性的、球形的,而且相互不会发生碰撞;微粒所受的阻力与速度呈线性关系。因此,可以得到气体 — 微粒的一维流动方程[29]。

气体连续方程为

$$\frac{\partial \rho}{\partial t} + u\frac{\partial \rho}{\partial x} + \rho\frac{\partial u}{\partial x} = 0 \tag{3-47}$$

气体动量方程为

$$\rho\frac{\partial u}{\partial t} + \rho u\frac{\partial u}{\partial x} + \frac{\partial p}{\partial x} = n_s F_s \tag{3-48}$$

式中,$F_s = 6\pi\mu r(u_s - u)$ 是斯托克斯阻力。

气体能量方程为

$$\rho c_V\frac{\partial T}{\partial t} + \rho u c_V\frac{\partial T}{\partial x} + p\frac{\partial u}{\partial x} = n_s Q_s + n_s F_s(u - u_s) \tag{3-49}$$

式中,$Q_s = 4\pi r\lambda_g(T_s - T)$ 是燃气传给一个微粒的热量,$\lambda_g$ 为导热率。

状态方程为

$$p = \rho R T \tag{3-50}$$

微粒连续方程为

$$\frac{\partial \rho_s}{\partial t} + \frac{\partial}{\partial x}(\rho_s u_s) = 0 \tag{3-51}$$

微粒动量方程为

$$\rho_s\frac{\partial u_s}{\partial t} + \rho_s u_s\frac{\partial u_s}{\partial x} = -n_s F_s \tag{3-52}$$

微粒能量方程为

$$\rho_s c_s\frac{\partial T_s}{\partial t} + \rho_s u_s c_s\frac{\partial T_s}{\partial x} = -n_s Q_s \tag{3-53}$$

式中,$p$、$\rho$、$T$ 表示气体压力、密度、温度的瞬时值,含有下标 s 的为微粒的参数,$\rho_s$ 为燃烧室单位体积内的微粒质量,$n_s$ 为单位体积内的微粒数量,$c_s$ 为微粒的比热。

故对于小扰动流动可以假设

$$p = \bar{p} + p'; T = \bar{T} + T'; \rho = \bar{\rho} + \rho'; u = u'$$
$$T_s = \bar{T}_s + T_s'; \rho_s = \bar{\rho}_s + \rho_s'; u_s = u_s'; F_s = F_s'$$
$$n_s = \bar{n}_s + n_s'; Q_s = \bar{Q}_s + Q_s'; \bar{\rho}_s = \bar{n}_s m_s$$

式中,$m_s$ 是一个微粒的质量,将这些关系代入方程(3-47)~(3-53),展开后略去

二阶微量,并且认为扰动量的导数与扰动量本身处于相同数量级,进行线性化处理后,得到声学方程组。对于气体,有

$$\frac{\partial \rho'}{\partial t} + \bar{\rho}\frac{\partial u'}{\partial x} = 0$$

$$\bar{\rho}\frac{\partial u'}{\partial t} + \frac{\partial p'}{\partial x} = \bar{n}_s F'_s = \bar{n}_s 6\pi r\mu(u'_s - u')$$

$$\bar{\rho}c_V \frac{\partial T'}{\partial t} + \bar{p}\frac{\partial u'}{\partial x} = \bar{n}_s Q'_s = \bar{n}_s 4\pi r\lambda_g(T'_s - T') \qquad (3\text{-}54)$$

$$p' = R(\rho'\bar{T} + \bar{\rho}T')$$

对于微粒,有

$$\frac{\partial \rho'_s}{\partial t} + \bar{n}_s m_s \frac{\partial u'_s}{\partial x} = 0$$

$$m_s \frac{\partial u'_s}{\partial t} = -6\pi r\mu(u'_s - u') \qquad (3\text{-}55)$$

$$m_s c_s \frac{\partial T'_s}{\partial t} = -4\pi r\lambda_g(T'_s - T')$$

微粒阻尼作用是由弛豫现象引起的。由于气体的黏性和微粒的不可压缩性,微粒与气体达到相同的速度、温度需要一定时间,所以存在动力弛豫过程与热力弛豫过程。由于不考虑颗粒与燃气之间的化学反应及微粒表面的蒸发作用,故不考虑化学弛豫过程和物理弛豫过程。

定义微粒动力弛豫时间为微粒速度达到气体速度所需要的时间:

$$\tau_v = \frac{m_s}{6\pi\mu r} = \frac{2}{9}\frac{r^2\rho_s}{\mu} \qquad (3\text{-}56)$$

定义微粒热弛豫时间为微粒温度达到气体温度所需要的时间:

$$\tau_t = \frac{\mu c_p c_s \rho_s r^2/\lambda_g}{3\mu c_p} = \frac{3}{2}\frac{c_s}{c_p}Pr\tau_v \qquad (3\text{-}57)$$

式中,$c_p$ 为气体定压比热,普朗特数 $Pr = \mu c_p/\lambda_g$。

将 $\tau_v$、$\tau_t$ 分别代入公式(3-55),得

$$\frac{\partial \rho'_s}{\partial t} + \bar{n}_s m_s \frac{\partial u'_s}{\partial x} = 0$$

$$\frac{\partial u'_s}{\partial t} = \frac{-(u'_s - u')}{\tau_v} \qquad (3\text{-}58)$$

$$\frac{\partial T'_s}{\partial t} = \frac{-(T'_s - T')}{\tau_t}$$

由于声场中的所有参数都是时间的简谐函数,故可用因子 $e^{i\omega t}$ 表示,因此有

$$\frac{\partial u'_s}{\partial t} = i\omega u'_s, \frac{\partial T'_s}{\partial t} = i\omega T'_s$$

代入公式(3-58)得

$$u'_s = \frac{u'}{1 + i\omega\tau_v}$$

$$T'_s = \frac{T'}{1 + i\omega\tau_t} \tag{3-59}$$

公式(3-54)、(3-55)及(3-59)构成了描述混合气体声场的波动方程组。消去 $p'$、$T'_s$ 和 $u'_s$，最后剩下仅含 $u'$、$T'$、$\rho'$ 和 $\rho'_s$ 的四个偏微分方程

$$\frac{\partial \rho'}{\partial t} + \bar{\rho}\frac{\partial u'}{\partial x} = 0$$

$$\frac{\partial u'}{\partial t} + \frac{R\bar{T}}{\bar{\rho}}\frac{\partial \rho'}{\partial x} + R\frac{\partial T'}{\partial x} = -\frac{1}{\bar{\rho}}\frac{4}{3}\pi r^3 \rho_s \bar{n}_s \frac{i\omega u'}{1 + i\omega\tau_v} = -\frac{i\omega u' c_m}{1 + i\omega\tau_v}$$

$$\frac{\partial T'}{\partial t} + (\gamma - 1)\bar{T}\frac{\partial u'}{\partial x} = -\frac{i\gamma\omega c_m T'\frac{c_s}{c_p}}{1 + i\omega\tau_t} \tag{3-60}$$

$$\frac{\partial \rho'_s}{\partial t} + \frac{c_m \frac{\partial u'}{\partial x}}{(1 + i\omega\tau_v)\bar{\rho}} = 0$$

式中，$c_m = \dfrac{\bar{n}_s m_s}{\bar{\rho}} = \dfrac{\bar{\rho}_s}{\bar{\rho}}$ 为微粒的质量比。

在简谐声场中，每一个单一的扰动都可以用 $e^{i(kx-\omega t)}$ 表示，代入公式(3-60)，可得到含有复波数的四个齐次线性代数方程。根据该方程有非零解的条件（系数行列式为零），可以得到复波数的计算式

$$\left(\frac{\tilde{k}a}{\omega}\right)^2 \left[1 + \frac{c_m \frac{c_s}{c_p}}{1 + i\omega\tau_t}\right] = \left(1 + \frac{c_m}{1 + i\omega\tau_v}\right) \times \left[1 + \frac{\gamma c_m \frac{c_s}{c_p}}{1 + i\omega\tau_t}\right] \tag{3-61}$$

式中，$a$ 为纯气体的音速，$\tilde{k}$ 为复波数，且 $\tilde{k} = k + i\alpha$，$k$ 为实波数，$\alpha$ 是声波走过单位距离时压力振幅的相对衰减率，即行波的阻尼系数。将公式(3-61)的实部与虚部展开，可得到含有 $k$ 和 $\alpha$ 的两组方程，为了对方程进行有效求解，假定 $c_m^2 \ll 1$，可得

$$(k^2 - \alpha^2) = \left(\frac{\omega}{a}\right)^2 \left[1 + \frac{c_m}{1 + \omega^2\tau_v^2} + (\gamma - 1)\frac{c_m}{1 + \omega^2\tau_t^2}\frac{c_s}{c_p}\right] = A$$

$$2k\alpha = \left(\frac{\omega}{a}\right)^2 \left[\frac{c_m \omega\tau_v}{1 + \omega^2\tau_v^2} + (\gamma - 1)\frac{c_s}{c_p}\frac{\omega\tau_t}{1 + \omega^2\tau_t^2}\right] = B \tag{3-62}$$

由于微粒及微粒的松弛作用，实波数不能再简单地表示为 $k = \dfrac{\omega}{a}$，因为声波在

气体与微粒混合介质中的实际速度 $\bar{a}' \neq a$，故 $k = \dfrac{\omega}{a'}$，解公式(3-62)得

$$k^2 = \frac{1}{2}(\sqrt{A^2 + B^2} + A)$$

$$\alpha^2 = \frac{1}{2}(\sqrt{A^2 + B^2} - A)$$

(3-63)

进一步化简可得

$$\frac{2\alpha a}{c_{\mathrm{m}}\omega} = \bar{\alpha} = \frac{\omega\tau_v}{1 + \omega^2\tau_v^2} + (\gamma - 1)\frac{c_{\mathrm{s}}}{c_p}\frac{\omega\tau_t}{1 + \omega^2\tau_t^2}$$

$$\frac{\dfrac{a}{a'} - 1}{c_{\mathrm{m}}} = \bar{\beta} = \frac{1}{1 + \omega^2\tau_v^2} + (\gamma - 1)\frac{c_{\mathrm{s}}}{c_p}\frac{1}{1 + \omega^2\tau_t^2}$$

(3-64)

式中，$\bar{\alpha} = \dfrac{2\alpha a}{c_{\mathrm{m}}\omega} = \dfrac{2\alpha a T}{2\pi c_{\mathrm{m}}}$，是行波在一个周期内的无量纲阻尼系数。另外也可知，微粒造成的总的声能损失为动力弛豫损失与热力弛豫损失两部分之和，即

$$\bar{\alpha} = \bar{\alpha}_v + \bar{\alpha}_t$$

(3-65)

参数 $\bar{\beta}$ 表示微粒松弛过程对音速的影响，它同样是动力弛豫与热弛豫两部分的影响之和，即

$$\bar{\beta} = \bar{\beta}_v + \bar{\beta}_t$$

(3-66)

对于一般含铝推进剂，其燃气的典型数据是 $\gamma = 1.2, \dfrac{c_{\mathrm{s}}}{c_p} \simeq 0.74, Pr \simeq 0.9,$
$\tau_t = \dfrac{3}{2}\dfrac{c_{\mathrm{s}}}{c_p}Pr\tau_v \simeq \tau_v$。代入典型数据后，微粒松弛过程对声压振荡的衰减率与音速的影响随 $\omega\tau_v$ 的变化如图 3-3 所示[30]。

从图 3-3 可以明显看出，微粒的热弛豫影响很小。由此可知，在由微粒的弛豫作用造成的损失中，动力弛豫起主导作用。

### 3.1.7　壁面阻尼

声波在燃烧室中传播时，由于管壁的摩擦和气体的黏性，必然有一个同壁面平行且不会消失的速度分量，故声振速度将在贴近壁面处形成一个声振速度附面层，其厚度为

$$l_v = \sqrt{\frac{2\mu}{\rho\omega}}$$

(3-67)

式中，$\mu$ 为动力黏度，$\rho$ 为燃气平均密度。该区域中速度梯度和黏性力很大，必然会导致黏性损失。在固体火箭发动机中，典型的推进剂燃气、药柱、绝热层及管壁的

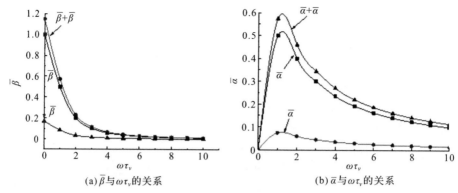

(a) $\bar{\beta}$ 与 $\omega\tau_v$ 的关系  (b) $\bar{a}$ 与 $\omega\tau_v$ 的关系

图 3-3  $\bar{a}$ 及 $\bar{\beta}$ 与 $\omega\tau_v$ 的变化关系

导热系数如表 3-1 所示[31—32]。

表 3-1    固体火箭发动机中典型导热系数

| 部件 | 推进剂燃气 | 推进剂药柱 | 绝热层 | 管壁 |
|---|---|---|---|---|
| 导热系数 /[W/(m·K)] | 0.23 | 0.4 | 0.21 | 60.5 |

可以发现,管壁导热系数一般远大于气体的导热系数,因此在壁面附近还会出现一个温度扰动的附面层,其厚度为

$$l_t = \sqrt{\frac{2\lambda_g}{\rho\omega c_p}}$$  (3-68)

式中,$\lambda_g$ 为导热率,$c_p$ 为定压比热。该层温度梯度较大,部分声能还会以导热的形式损失,综合这两种形式的声能损失,工程上对壁面损失的预估可表示为

$$\alpha_w = -\frac{1}{R_c\bar{a}}\sqrt{\frac{\eta_e\omega}{2\bar{\rho}}}$$  (3-69)

式中,$\eta_e = \mu\left[1 + \left(\gamma - \frac{1}{\gamma}\right)\frac{\lambda_g}{\mu c_p}\right]^2$ 称为有效黏性系数,综合表示黏性和热传导的影响。

### 3.1.8  小  结

目前,传统线性稳定性理论的研究已非常成熟,该理论已成功应用于多种发动机的稳定性预估,尤其是压力耦合响应函数、微粒阻尼及喷管阻尼,在理论、数值模拟及试验研究方面都已取得了显著的成果。Beckstead 等[20] 在 1974 年便基于线性稳定性理论,对一个大型的固体火箭发动机中的增益和阻尼项进行了研究,结果如图 3-4 所示。

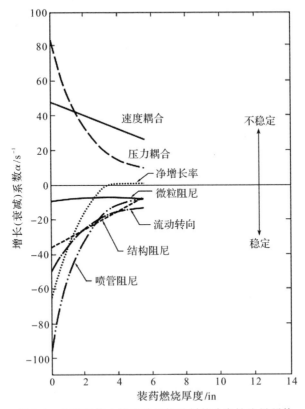

图 3-4　大型固体火箭发动机推进剂的稳定性边界预估

　　线性稳定性理论在工程中最具代表性的应用,便是 JANNAF(Joint Army Navy NASA Air Force)开发的标准稳定性预估程序 SSPP(Standard Stability Prediction Program)。这款程序最早是 1973 年在一维线性理论的指导下开发的,并且在 1987 年被整合到固体火箭发动机性能分析软件 SPP(Solid Performance Program)中[33]。该程序线性预估部分的代码鲁棒性好,很少需要修正,在相关型号研制过程中发挥了重要作用。同时,SEA(软件和工程协会)也按照 Flandro 等[34-35]提出的修正方案对 SSPP 进行了改进,并有了一定的非线性不稳定的预估能力。

　　同时,还有文献指出,线性理论预估稳定的发动机,实际工作时出现燃烧不稳定一般由非线性原因造成。一个典型的例子是萨布罗克(Subroc)导弹在 20 世纪 50 年代遇到的燃烧不稳定问题[18]。在前期测试与缩比发动机测试过程中,没有出现燃烧不稳定,但当增大铝粉的粒度以获得更理想的燃速时,却发生了非常严重的轴向不稳定现象。这是早期遇到的非常典型的线性稳定但非线性不稳定的问题,也是脉冲激励对固体推进剂燃烧稳定性的影响的相关研究的起因之一。在后续的研究中,Blomshield 等[39]也对脉冲激励后理论预估与实际的增长率进行了研究,如图 3-5 所示。图中横轴零点左侧的点表示在测试中对脉冲起到阻尼作用,横轴零点右侧的点表示脉冲放大。最终可以发现,理论计算中所有的工况都是稳定的,但试验中却出现了不稳定的工况。

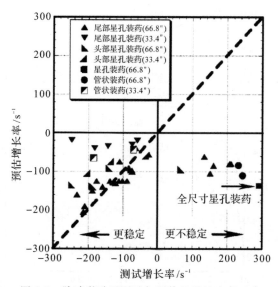

图 3-5　脉冲激励后测试与预估的增长速率对比

因此,虽然线性理论能够初步回答发动机是否会发生燃烧不稳定的问题,但仍需要开展非线性不稳定的相关研究。

## 3.2　非线性稳定性理论

固体火箭发动机的燃烧不稳定现象由多种因素相互作用、相互耦合导致,机理十分复杂,其本质是非线性的。当工作环境比较平和时,大多数固体火箭发动机的工作状态是稳定的。当发动机受到外部干扰或者激励时,则十分容易发生燃烧不稳定。对于大多数有燃烧不稳定现象的发动机来说,其压力波动幅值并不是无限增大,而是快速增大到某一个值后,以这个幅值持续振荡,直到推进剂燃烧结束。这些压力振荡现象都是一维线性稳定性理论无法解释的。因此,学者们就将具有这些现象的燃烧不稳定归结为非线性燃烧不稳定。大量实验研究成果表明[36-38]，非线性燃烧不稳定具有脉冲激励、极限振幅和平均压力漂移三大特点。当固体火箭发动机发生非线性燃烧不稳定时，典型的 $p$-$t$ 曲线如图 3-6 所示[39]。

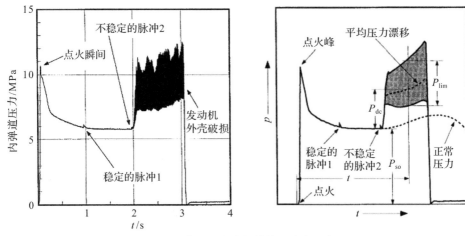

图 3-6　典型的非线性燃烧不稳定现象

固体火箭发动机在工作时一般都伴有随机的干扰或激励。干扰或激励的来源很多，比如飞行过程中的机动、发动机喷管的异物排出、由装药结构引起的燃面突变等[40]。当干扰或激励的强度足够大时，则可形成脉冲。脉冲在燃烧室的局部区域内形成初始高压，高压的传递和反射与燃烧室内的增益及阻尼因素相互作用，使得燃烧室的压力以极限振幅持续振荡。燃烧室内平均压力出现漂移的根本原因是推进剂平均燃速升高。在脉冲的作用下，发动机内的压力从触发开始就高于原平衡压力，这导致推进剂平均燃速上升。当脉冲的能量足够高时，新的推进剂平均燃速足以维持一个更高的平均压力，从而形成平均压力漂移。到目前为止，公认的非线性燃烧不稳定理论主要有两种：Yang 和 Burnley[41] 提出的气体动力学法和 Flandro[16] 提出的能量平衡法。

气体动力学法是在线性理论的基础上形成的一种非线性预估方法。该理论认为燃烧室中的前沿陡峭波由各个模态的振动叠加而成，并且各个模态的振动能量可相互传递。能量的传递与各模态的幅值、频率以及相位相关。Culick 基于该方法，在非线性不稳定理论研究上做了大量的工作[36-37,44-46]。其中，通过 Culick 非线性模型预估的前沿陡峭波如图 3-7 所示[42-43]。

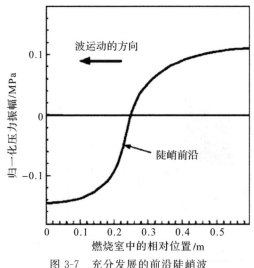

图 3-7　充分发展的前沿陡峭波

　　在气体动力学法的基础上,Flandro 提出了能量平衡法[16,35,38,47-48]。在该理论中,研究对象是压力振动的综合幅值。该理论认为,脉冲激励形成的压缩波在传播过程中会不断地叠加或吸收燃烧所释放的能量,最后成长为一个行激波(traveling shock wave)。行激波的强度越大,在传播过程中的能量耗散就会越多。当从燃烧室吸收的能量与耗散的能量相等时,行激波的强度不再增大,从而达到极限振幅。燃烧室的压力将以这个幅值持续振荡,直至燃烧结束。Flandro 等[35]的行激波结构如图 3-8 所示。

　　图 3-9 清楚地展示了系统压力振荡幅值与发动机燃烧不稳定间的关系,它几乎包含了实验出现的各种燃烧不稳定特征。此外,它呈现了目前各类分析燃烧不稳定的方法及分类。如果压力波是从小扰动以线性的方式增长而成,则压力波的运动也近似线性,并且每个声模态都受增益或阻尼的影响而独立地增长或衰减[35,38]。一般来说,由于激发低阶振荡所需的能量较少,故低阶振荡是产生最快的。随着压力幅值增大至极限振幅,压力波的非线性特性也开始显现,压力振荡的能量会从较低的模态转移到较高的模态上。当充分发展的前沿陡峭波出现时,压力振荡的模态组成便不再变化,从而表现出类激波行为。

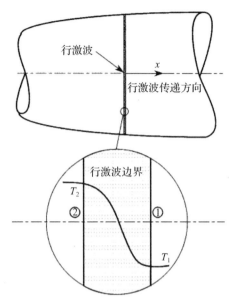

图 3-8   Flandro 的行激波结构

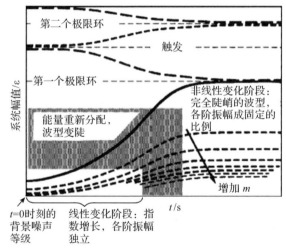

图 3-9   系统压力振荡幅值与发动机燃烧不稳定间的关系

# 3.3 推力振荡特性数值研究

研究表明,涡声耦合引发的压力振幅较小,一般对发动机压力特性的影响不大,在地面试验中极易被忽略,而在飞行试验中,经常会有加速度计检测到较大振幅的推力振荡。以 Ariane 5 运载火箭的助推器 P230 为例,试验所测的压力振幅仅为 0.4%,而推力振幅却高达 4%,这部分额外载荷对控制系统乃至弹体结构的作用是显著的,严重时会直接导致飞行任务失败。因此对发动机推力振荡特性进行研究是很有意义的。本节以 P230 的缩比试验发动机为研究对象,在前述基础上开展研究,通过对比燃烧室压力、推力的振频和振幅,完善了推力振幅估算方法,研究了推力振幅的放大机理,最终明确了采用燃烧室头部压力振幅对推力振幅进行预估是合理的,无量纲推力振幅对压力振幅放大机理的关键参数是喉通比,放大比例与喉通比成反比。同时可以发现奇数阶声振型对推力振幅的贡献最大,偶数阶声振型对推力振幅影响很小,旋涡脱落对推力振幅的作用小于奇数阶声振型,且随涡声耦合程度的增大而增强。

## 3.3.1 理论分析

经典的固体火箭发动机推力公式可表述为

$$F = C_F p_C A_t \tag{3-70}$$

式中,$C_F$ 为推力系数,$A_t$ 为喷喉面积。由于燃烧不稳定产生的扰动主要对燃烧室内部压力产生影响,因此为了简化分析,这里不考虑外界大气压,仅计算推力的极大值——真空推力。从试验数据可知,推力振幅比压力振幅大一个数量级以上,因此,直接采用小扰动理论将方程(3-70)线性化是错误的,这样得到的无量纲推力振幅与无量纲压力振幅为同一数量级。根据推力的本质概念,只有当振荡压力作用在发动机轴线的法向截面上时,才会对推力产生贡献,因此一般情况下,只有纵向振荡才会激发推力振荡。为了简化分析,这里将发动机燃烧室简化为纯圆柱形空腔,如图 3-10 所示。

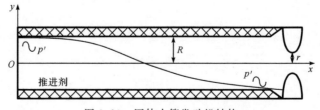

图 3-10 固体火箭发动机结构

燃烧室内的压力扰动可分为规则的波动扰动(声波、熵波、旋涡脱落)和任意突发小扰动两部分。在声波的作用下,第一部分可简化为简谐振动,振荡压力为

$$p' = p'(x)e^{i\omega t} = |p'|e^{i(kx+\omega t)} \tag{3-71}$$

式中, $|p'|$ 为最大压力振幅。由于发动机喷喉壅塞,下游扰动无法影响上游流场,因此可将发动机燃烧室视为一封闭空腔。当燃烧室内出现基频纵向声振型时,如图 3-10 所示,燃烧室头部与尾部均为压力波腹,但是相位正好相差 180°,那么燃烧室内压力平衡状态被打破,作用在前后壁面上的合力 $2|p'|A_C$ 即为振荡压力对振荡推力的贡献,其中, $A_C$ 为燃气通道面积。

另一方面,任意随机压力脉动扰动对推力振荡的贡献可用线性理论表述,即 $C_F|p'|A_C$。因此,压力振荡对推力振荡的总贡献可表述为

$$|F'| = |C_F A_t \pm 2A_C| |p'| \tag{3-72}$$

经过无量纲转换,可得

$$\frac{|F'|}{F} = \left| \frac{C_F A_t \pm 2A_C}{C_F A_t} \right| \frac{|p'|}{p} \tag{3-73}$$

进一步化简,则为

$$\frac{|F'|}{F} = \left| 1 \pm \frac{2}{C_F J} \right| \frac{|p'|}{p} \tag{3-74}$$

式中, $J$ 为发动机喉通比,真空推力系数 $C_F$ 的表达式为

$$C_F = \left( \frac{2}{\gamma+1} \right)^{\frac{1}{\gamma-1}} \left( \lambda + \frac{1}{\lambda} \right) \tag{3-75}$$

如果燃烧室内出现二阶声振型,那么燃烧室头部波腹和尾部波腹的相位相同,方程(3-72)右侧的第二项消失。对于实际发动机, $\frac{2}{C_F J} \ll 1$ 的假设是比较合理的,那么方程(3-74)可进一步简化为

$$\frac{|F'|}{F} \bigg/ \frac{|p'|}{p} = \begin{cases} \dfrac{2}{C_F J}, & \text{奇数阶声振型} \\ 1, & \text{偶数阶声振型} \end{cases} \tag{3-76}$$

以 DM-2 发动机[49]为例来验证公式(3-76)的合理性。DM-2 是航天飞机助推器的试验发动机,在点火试验过程中经常会出现燃烧不稳定现象,典型的压力、推力振荡曲线如图 3-11 所示。发动机在 100s 与 102s 之间(装药燃烧末期)发生振荡燃烧现象。该时间段内发动机平均压力为 498.7psi(3.44MPa),平均推力为 $1.864 \times 10^6$ lb(8291.44kN),振荡频率约为 15Hz,对应于声振基频。通过 FFT 滤波,得到压力振幅峰值为 2psi(0.0138MPa),推力振幅峰值为 105000lb(467kN),这表明无量纲推力振幅约为无量纲压力振幅的 14 倍。

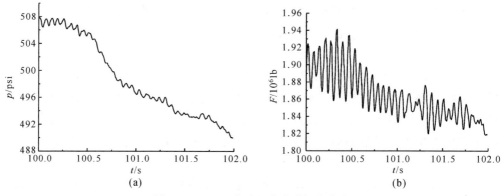

图 3-11　DM-2 发动机内弹道振荡曲线

　　DM-2 发动机喷管直径为 1383mm,燃烧室内腔直径为 3708mm,喷管扩张比为 7.16。由于燃烧不稳定发生在装药燃烧末期,因此可采用燃烧室内腔直径粗略估算 100.3s 时的燃气通道面积。燃气比热比 $\gamma$ 可取1.22。将上述参数代入方程 (3-75)与(3-76)中进行计算,可得无量纲推力振幅约为无量纲压力振幅的 10 倍。虽然该数据与试验结果有一定的差距,但在一定程度上证明了方程(3-76)的定性准确性。

　　公式(3-76)的缺点在于其仅考虑了燃烧室内出现的驻波声振型。对于发生燃烧不稳定的固体火箭发动机而言,非线性现象是最主要的,这意味着燃烧室中不仅包含多阶声振型,还存在诸如旋涡脱落信号之类的行波。这些复杂的物理过程难以直接用理论方法推导,故需要采用数值模拟对其进行深入细致的研究。

### 3.3.2　数值计算

　　固体火箭发动机推力是指作用在发动机壳体内外压力的总积分。由于本节不考虑外界大气压的作用,故固体火箭发动机真空推力计算原理如图 3-12 所示。

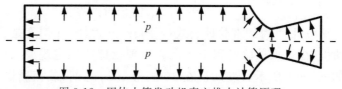

图 3-12　固体火箭发动机真空推力计算原理

　　本节以 VKI 试验发动机为研究对象,采用用户自定义函数(UDF)编写推力子程序,在每个时间步长内计算收敛后实时输出瞬态推力。依然从冷流工况入手进行计算,此工况下喷喉半径为 15mm,燃烧室半径为 38mm,喉通比 $J=0.1558$。计算得到的推力振荡曲线如图 3-13 (a)所示,经过开窗 FFT 滤波后,推力频谱如图 3-13 (b)所示。此工况下,旋涡脱落频率与声振基频几乎完全相等,因此引发基频为主的强涡声耦合现象。为了验证推力振幅理论计算方法的适用范围,将计算所得推力振幅前四阶峰值与方程(3-76)进行对比,如表 3-2 所示。

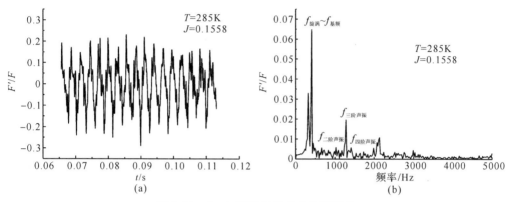

图 3-13　$J=0.1558$ 时的推力振荡特性

从表 3-2 中可以看出,对于前三阶声振型,通过点 1 预估而得的无量纲推力振幅与数值计算结果十分吻合,第四阶稍有偏差。通过点 2 预估而得的推力振幅仅对二阶、三阶振型有效。结合图 3-14 (a)可以看出,虽然 1、2 两点均位于声振型的波腹,但由于点 2 位于潜入式喷管空腔内,是一阶声振型与旋涡运动耦合的敏感区域,因此点 2 的压力振幅远远大于点 1,用其预估一阶推力振幅预估不合适。从图 3-14 (b)看出,由于二阶声振型没有在此工况下与旋涡运动耦合,其首尾两处波腹的振幅值基本相当,因此采用点 2 的二阶压力振幅预估相应的推力振幅是可行的。综上分析,将燃烧室头部的压力振幅代入公式(3-76)进行推力振幅预估是合理的。

表 3-2　$J=0.1558$ 时无量纲推力振幅数值结果与理论公式对比

| 模态 | 数值计算 | 理论值(点 1 预估) | 理论值(点 2 预估) |
|------|----------|------------------|------------------|
| 一阶 | 0.0647 | 0.0652 | 0.1280 |
| 二阶 | 0.00443 | 0.00405 | 0.0047 |
| 三阶 | 0.0195 | 0.0203 | 0.0185 |
| 四阶 | 0.00273 | 0.0021 | 0.0017 |

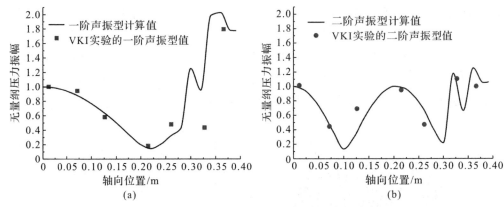

图 3-14 $\quad J=0.1558$ 时前两阶压力振幅空间分布

由于旋涡脱落频率与声振频率是两个不同概念的物理量,因此该工况仅是一种特例,为了进一步描述推力振幅对压力振幅的放大特性,需对更普通的工况进行研究。下面将采用固定上游流速和燃烧室横截面积、改变入口温度和喷喉的方法进行研究,这样可以尽量不影响发动机的整体流场特性。入口温度 $T$ 从 285K 变化为 3500K,在保持入口流速与燃烧室平均压力的前提下,入口质量通量 $\dot{m}_i = \dfrac{\dot{m}_0 T_0}{T_i}$,喷喉半径 $r_i = r_0 \left( \dfrac{T_0}{T_i} \right)^{0.25}$,即喉通比 $J$ 的变化范围是 $0.0445 \sim 0.1558$。

在 $T=2000\text{K}$ 工况下,马赫数为 $0.033$,$J=0.0588$。无量纲推力振幅与压力振幅比值随喉通比的变化规律如图 3-15 所示。可以看出,偶数阶压力振幅与推力振幅的数量级相同,并没有放大作用,奇数阶推力振幅对燃烧室头部压力振幅的放大倍数与方程(3-76)吻合度较好。虽然此时推力振幅与压力振幅均比冷流工况($J=0.1558$)时小,但推力振幅对压力振幅的比值却高达 25 倍,这再次确定了放大倍数的确与喉通比的变化趋势相反。还可以看出,与旋涡脱落频率对应的推力振幅不能通过方程(3-76)进行计算。这是因为此工况下旋涡脱落频率与声振频率差异较大,旋涡脱落信号以行波而非驻波的形式存在,故无法在空腔两侧同时形成异号的波腹。

对于旋涡脱落引发的推力振幅,当喉通比较小时,燃烧室内平均马赫数小,旋涡脱落频率与声振频率差异较大,涡声耦合程度小,此时,旋涡脱落信号以行波的形式存在,旋涡脱落频率引发的推力振幅较小,可拟合为斜率 $k=1/C_F$ 的直线。随着喉径的增大,燃烧室内平均马赫数增大。当 $J=0.093$ 时,燃烧室内平均马赫数为 $0.0529$,旋涡脱落频率与声振频率逐渐接近,涡声耦合强度发生突变,旋涡脱落信号逐渐具有驻波的特性。此时,旋涡脱落频率引发的推力振幅在频谱中的权重逐渐增加,斜率可拟合为 $k=1.6/C_F$。当喉通比增大到基本工况时,旋涡脱落频率与声振基频一致,涡声耦合程度最高,旋涡脱落信号完全具备驻波的特性,斜率达到 $k=2/C_F$,即对应于冷流试验工况,如图 3-15 所示。

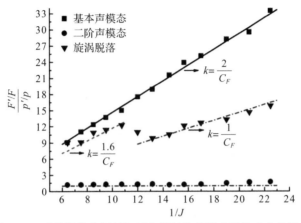

图 3-15　无量纲推力振幅与压力振幅比值随喉通比变化的规律

综上所述,推力振幅对压力振幅的放大规律可最终描述为

$$\frac{|F'|/F}{|p'|/p}=\begin{cases} \dfrac{2}{C_F J}, & \text{奇数阶声振型} \\ 1, & \text{偶数阶声振型} \\ \dfrac{n}{C_F J}, & n\in(1,2),\text{旋涡脱落} \end{cases} \qquad (3\text{-}77)$$

### 3.3.3　工程应用

为了进一步验证方程(3-77)的工程实用性,需对燃烧室不规则的普通发动机进行研究。本节采用相同的数值方法,对某出现燃烧不稳定现象的单室双推力长尾管发动机展开大涡模拟研究。该发动机在第一级工作时出现了非常严重的推力振荡,如图 3-16 所示;其第一级采用的是改性双基推进剂,内燃变截面八星孔装药,发动机内腔如图 3-17 所示。

由于要对发动机、装药结构参数对振荡特性的影响进行系统化研究,而用三维模型所付出的计算代价太大,故这里采用二维轴对称计算方法。虽然湍流、旋涡的本质是三维各向异性的,轴对称模型不能对旋涡拉伸现象进行模拟,但是研究表明[50-51],该方法对于旋涡脱落的主要过程、振荡特性的数值提取等方面是可行的。将星孔装药结构简化为变截面圆柱形,截面半径按照相同横截面积的圆进行换算后,计算区域如图 3-18 所示,结构尺寸见表 3-3。

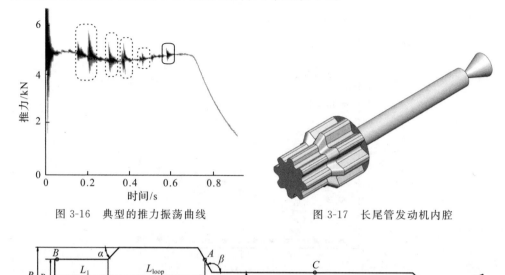

图 3-16　典型的推力振荡曲线　　　　图 3-17　长尾管发动机内腔

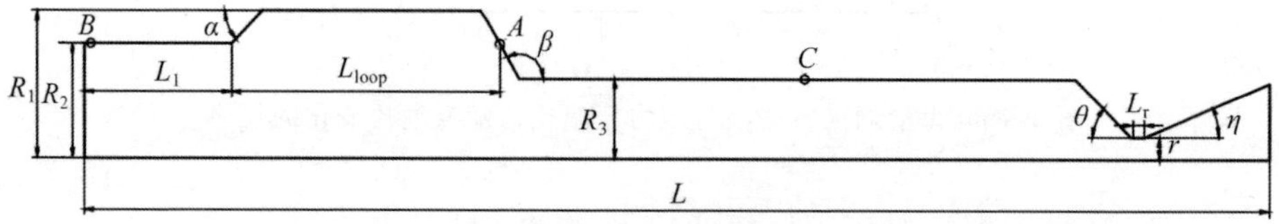

图 3-18　长尾管发动机简化计算区域

**表 3-3　发动机结构尺寸参数**

| 参数 | 数值 |
| --- | --- |
| $R_1$ | 64mm |
| $R_2$ | 50mm |
| $R_3$ | 变量 |
| $r$ | 变量 |
| $L_1$ | 68mm |
| $L_{loop}$ | 变量 |
| $L_r$ | 5mm |
| $L$ | 变量 |
| $\alpha$ | 变量 |
| $\beta$ | 120° |
| $\theta$ | 变量 |
| $\eta$ | 23° |

之后可开展大涡模拟计算,这里选取典型算例进行推力振荡分析。针对 $\bar{U}=$ 25m/s, $L=530$mm, $L_{\text{loop}}=121$mm, $R_3=35$mm, $\alpha=45°$, $\theta=45°$ 的工况进行计算,计算所得频谱如图 3-19 所示。在推力频谱中,旋涡脱落频率与声振基频对应的峰值最大,三阶振频峰值其次,二阶振频峰值最小。通过将喷管扩张比 $\xi=11$ 代入方程 (3-75)可计算出推力系数,再代入方程(3-77)可得到理论预估的放大倍数。由于燃烧室不规则,且存在若干突变截面,为简化计算,采用头部装药的喉通比 $J=$ 0.04。最后将数值计算结果与理论预估结果进行对比,如表 3-4 所示。

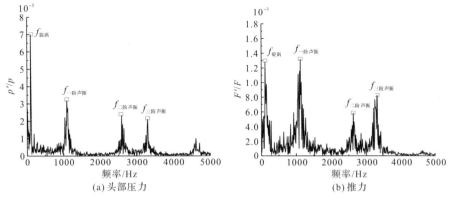

图 3-19　长尾管发动机无量纲压力、推力频谱

表 3-4　长尾管发动机推力振幅对压力振幅的放大倍数

| 计算方法 | 旋涡脱落 | 声振基频 | 二阶振频 | 三阶振频 |
| --- | --- | --- | --- | --- |
| 数值计算 | 18.3 | 41.5 | 25 | 38.9 |
| 理论预估 | 16.7 | 33.3 | 1 | 33.3 |

通过公式(3-77)预估得出的放大倍数与数值计算得出放大倍数相比可知,旋涡脱落、声振基频、三阶振频部分是基本吻合的,但是二阶振频部分差别很大。这里由于发动机燃烧室不均匀,二阶振型的首尾两处声压波腹振幅差别很大,声压扰动量无法相互抵消,故对推力振幅产生了较大的贡献。总体而言,公式(3-77)对推力振幅的预估能力是基本满意的。

虽然计算所得的低频推力振幅对压力振幅有较大的放大作用,但与试验所测数据相比,依然存在较大差异,我们认为,旋涡脱落诱发的推力振荡是点火试验中低频振荡的起因,这可能会促使发动机壳体与测试台架之间出现进一步的交联耦合。

## 参考文献

［1］ Humphrey J，Culick F. Linear and Nonlinear Stability of Acoustics with Nonuniform Entropy in Chambers with Mean Flow［C］// 19th AIAA，Fluid Dynamics，Plasma Dynamics，and Lasers Conference，1987.

［2］ Blomshield F S. Lessons Learned in Solid Rocket Combustion Instability［C］// 43rd AIAA/ASME/SAE/ASEE Joint Propulsion Conference and Exhibit，2007.

［3］ 刘佩进，何国强. 固体火箭发动机燃烧不稳定及控制技术［M］. 西安：西北工业大学出版社，2014.

［4］ Culick F E C. Remarks on Extinguishment and the Response Function for a Burning Solid Propellant［J］. AIAA Journal，1969，7(7)：1403-1404.

［5］ Blomshield F S. Pressure-Coupled Response of Solid Propellants［J］. International Journal of Energetic Materials and Chemical Propulsion，2011，10(2)：85-105.

［6］ Culick F E C. A Review of Calculations for Unsteady Burning of a Solid Propellant［J］. AIAA Journal，1968，6(12)：2241-2255.

［7］ Rousseau C W. Establishing a Cost Effective Method to Quantify and Predict the Combustion Stability of Solid Rocket Motors Using Pulse Tests［D］. Stellenbosch：University of Stellenbosch，2011.

［8］ Cohen N. Combustion Response Functions of Homogeneous Propellants［C］// 21st Joint Propulsion Conference，1985.

［9］ Bircumshaw L L，Newman B H. The Thermal Decomposition of Ammonium Perchlorate. Ⅱ：The Kinetics of the Decomposition，the Effect of Particle Size，and Discussion of Results［J］// Proceedings of the Royal Society A：Mathematical Physical and Engineering Sciences，1955，277(3)：228-241.

［10］ 黄伟佳，陈明华，安振涛，等. 某四组元复合推进剂的热分解规律研究［J］. 装备环境工程，2019，16(5)：55-58.

［11］ 李军强，樊学忠，唐秋凡，等. HTPE 推进剂慢速烤燃及其热分解特性［J］. 固体火箭技术，2019，42(5)：597-603.

［12］ 周禹男. 铝及铝基固体推进剂能量释放特性研究［D］. 杭州：浙江大学，2019.

［13］ Price E W. Velocity Coupling in Combustion of Solid Oscillatory Propellants［J］. 1979.

［14］ Stepp E E. Effect of Pressure and Velocity Coupling on Low-Frequency Instability［J］. AIAA Journal，1967，5(5)：945-948.

［15］ Isella G，Culick F E C. Modeling the Effects of Velocity Coupling on the Global Dynamics of Combustion Chambers ［J］，AIAA Papers，2000，3187.

［16］ Flandro G A. Energy-Balance Analysis of Nonlinear Combustion Instability［J］. Journal of Propulsion and Power，1985，1(3)：210-221.

［17］ Culick F E C. Unsteady Motions in Combustion Chambers for Propulsion Systems［R］. RTO/

NATO，2006.

[18] Blomshield F S. Historical Perspective of Combustion Instability in Motors：Case Studies[C]// 37th AIAA/ASME/SAE/ASEE Joint Propulsion Conference and Exhibit，2001.

[19] Dupays J，Vuillot F. Propagation of Acoustic Waves in a Two-Phase Vaporizing Mixture[J]. Journal of Propulsion and Power，2002，18(1)：222-224.

[20] Raun R L，Beckstead M W. A Numerical Model for Temperature Gradient and Particle Effects on Rijke Burner Oscillations[J]. Combustion and Flame，1993，94(1)：1-24.

[21] Gallier S，Godfroy F. Aluminum Combustion Driven Instabilities in Solid Rocket Motors[J]. Journal of Propulsion and Power，2009，25(2)：509-521.

[22] Genot A，Gallier S，Schuller T. Model for Acoustic Induced Aluminum Combustion Fluctuations in Solid Rocket Motors[J]. Journal of Propulsion and Power，2019：1-16.

[23] Culick F E C. Remarks on Entropy Production in the One-Dimensional Approximation to Unsteady Flow in Combustion Chambers [J]. Combustion Science and Technology，1977，15(3-4)：93-97.

[24] Flandro G A. Effects of Vorticity on Rocket Combustion Stability[J]. Journal of Propulsion and Power，1995，11(4)：607-625.

[25] Flandro G A，Majdalani J. Aeroacoustic Instability in Rockets[J]. AIAA Journal，2003，41(3)：485-497.

[26] Flandro G A，Majdalani J，French J C. Incorporation of Nonlinear Capabilities in the Standard Stability Prediction Program[R]. AIAA，2004：4182.

[27] Crocco L，Sirignano W A. Effect of the Transverse Velocity Component on the Nonlinear Behavior of Short Nozzles[J]. AIAA Journal，1966，4(8)：1428-1430.

[28] Zinn B T. Longitudinal Mode Acoustic Losses in Short Nozzles[J]. Journal of Sound and Vibration，1972，22(1)：93-105.

[29] 孙维申. 固体火箭发动机燃烧不稳定[M]. 北京：北京工业学院出版社，1988.

[30] 孙兵兵. 固体火箭发动机燃烧不稳定性影响因素及抑制方法研究[D]. 北京：北京理工大学，2018.

[31] Greatrix D R. Powered Flight the Engineering of Aerospace Propulsion [M]. Toronto：Springer，2012.

[32] 王领，赵艳红，严伟兴，等. 固体火箭发动机管槽药型结构设计参数敏感性研究[J]. 固体推进技术，2020，2：6-10.

[33] French J. Non-Linear Combustion Stability Prediction of SRMs Using SPP/SSP[C]// 39th AIAA/ASME/SAE/ASEE Joint Propulsion Conference and Exhibit，2003.

[34] French J，Flandro G，Majdalani J. Improvements to the Linear Standard Stability Prediction Program (SSP)[C]// 40th AIAA/ASME/SAE/ASEE Joint Propulsion Conference and Exhibit，2004.

[35] Flandro G A，Fischbach S R，Majdalani J. Nonlinear Rocket Motor Stability Prediction：Limit

Amplitude，Triggering，and Mean Pressure Shift[J]．Physics of Fluids，2007，19(9)：094101．

[36] Culick F E C．Nonlinear Behavior of Acoustic Waves in Combustion Chambers—I [J]．Acta Astronautica，1976，(3)：715-734．

[37] Culick F E C．Nonlinear Behavior of Acoustic Waves in Combustion Chambers—Ⅱ[J]．Acta Astronautica，1976，(3)：735-757．

[38] Flandro G A．Approximate Analysis of Nonlinear Instability with Shock Waves[C]// 18th AIAA/SAE/ASME Joint Propulsion Conference，1982．

[39] Blomshield F S，Mathes H B，Crump J E，et al．Nonlinear Stability Testing of Full-Scale Tactical Motors[J]．Journal of Propulsion and Power，1997，13(3)：356-366．

[40] 颜密．AP/HTPB复合推进剂压力耦合响应测试方法与数值模型研究[D]．北京：北京理工大学，2017．

[41] Burnley V S．Nonlinear Combustion Instabilities and Stochastic Sources[D]．Los Angeles：California Institute of Technology，1996．

[42] Culick F E C．Non-Linear Growth and Limiting Amplitude of Acoustic Oscillations in Combustion Chambers[J]．Combustion Science and Technology，1971，3(1)：1-16．

[43] Culick F E C．Combustion Instabilities-Mating Dance of Chemical，Combustion，and Combustor Dynamics [C]// 36th AIAA/ASME/SAE/ASEE Joint Propulsion Conference and Exhibit，2000．

[44] Culick F E C，Burnley V S，Swenson G．Pulsed Instabilities in Solid-Propellant Rockets[J]．Journal of Propulsion and Power，1995，11(4)：657-665．

[45] Culick F E C，Levine J．Comparison of Approximate and Numerical Analyses of Nonlinear Combustion Instability[J]．AIAA Journal，1974．

[46] Culick F E C．Some Recent Results for Nonlinear Acoustics in Combustion Chambers[J]．AIAA Journal，1994，32(1)：146-169．

[47] Flandro G A，Malhotra S，Garza D M．Nonlinear Combustion Instability Data Reduction[J]．Journal of Propulsion and Power，1996．

[48] Majdalani J，Fischbach S R，Flandro G A．Improved Energy Normalization Function in Rocket Motor Stability Calculations[J]．Aerospace Science and Technology，2006，10(6)：495-500．

[49] Hu D N，He G Q，Liu P J，et al．Study on Instable Combustion of Solid Rocket Motor with Finocyl Grain[J]．Journal of China Ordnance，2011，7(1)：24-28．

[50] Apte S，Yang V．Unsteady Flow Evolution in Porous Chamber with Surface Mass Injection Part 1：Free Oscillation[J]．AIAA Journal，2001，39(8)：1577-1586．

[51] Apte S，Yang V．Unsteady Flow Evolution in Porous Chamber with Surface Mass Injection Part 2：Acoustic Excitation[J]．AIAA Journal，2002，40(2)：244-253．

# 第4章　固体火箭发动机涡声耦合特性研究

随着计算机性能的提升,以及由此带来的经济及时间成本的下降,计算流体力学(CFD)方法在固体火箭发动机研究中广泛应用且不断发展。其中最为典型的代表是大涡模拟技术的应用,该技术使得以往纯理论计算难以开展的涡声耦合机理研究得到了快速发展及深入理解;大涡模拟在 Ariane 5 等相关型号的火箭研发中,切实地解决了由涡声耦合引起的燃烧不稳定问题。本章主要针对固体火箭发动机涡声耦合特性进行研究,首先介绍了涡声耦合的数值仿真方法;然后以VKI(von Karman institute for fluid dynamics)发动机为基本模型,探索了障碍物旋涡脱落的周期特性,并在此基础上分析了挡板位置对旋涡脱落频率的影响;其次,研究了不同挡板位置下燃烧室内的压力振荡特性;最后,通过改变介质温度的方法,研究了涡声效应在解耦条件下燃烧室内的压力振荡特性。本章还对燃烧室障碍物对涡声耦合的影响和大型分段发动机中的涡声耦合特性进行了介绍。

## 4.1　涡声耦合数值仿真方法(大涡模拟)

### 4.1.1　控制方程

固体火箭发动机燃烧室内的流场具有三维、非定常的流动特性,时间范围和空间尺度大。对流场信息的求解必然涉及对湍流的模拟,按照求解思想,模拟方法可大致分为直接模拟(DNS)[1-2]、大涡模拟(LES)[3-4]和雷诺时均模拟(RANS)[5-6]。DNS 可对纳维-斯托克斯(Navier-Stokes,N-S)方程进行直接求解,不需要任何湍流模型,但对总体的网格节点数要求达到了雷诺数的三到五次方量级,因此它被局限于中低雷诺数的求解,而对于高雷诺数,目前仍无能为力。RANS 假定湍流中的流场变量是由一个时均量和一个脉动量组成,以此观点处理

N-S 方程时可以得出雷诺时均 N-S 方程,再引入布西内(Boussinesq)假设,即认为湍流雷诺应力与应变成正比,则湍流计算就可归结为计算雷诺应力与应变之间的比例系数(即湍流黏性系数)。但由于该方法对控制方程进行了统计平均,没有计算出各尺度的湍流脉动,只计算出了平均运动,从而降低了空间与时间分辨率,不适合对振荡流场进行模拟。相比于上述两种求解方法,LES 则提供了一个滤波函数,将比滤波尺度大的大涡运动通过求解 N-S 方程直接计算得出,对于比滤波尺度小的小涡对大尺度旋涡运动的影响则通过建立模型来模拟计算。这种计算方法对计算网格的依赖性较大,但总体而言,对网格节点数要求适中,黏性耗散小、分辨率较高,因此被广泛地运用于模拟流动、燃烧等细微环节。

(1)气相 Navier-Stokes 方程

若不考虑化学反应,对于单组分气相工质,Navier-Stokes 方程如下:

$$\frac{\partial \rho}{\partial t} + \frac{\partial(\rho u_i)}{\partial x_i} = 0 \tag{4-1}$$

$$\frac{\partial}{\partial t}(\rho u_i) + \frac{\partial p}{\partial x_i} + \frac{\partial}{\partial x_j}(\rho u_i u_j - \sigma_{ij}) = 0 \tag{4-2}$$

$$\frac{\partial}{\partial t}(\rho E) + \frac{\partial}{\partial x_i}[(\rho E + p - \tilde{\sigma}_{ij})u_i + q_i] = 0 \tag{4-3}$$

式中,黏性剪切应力为

$$\sigma_{ij} = \mu\left(\frac{\partial u_i}{\partial x_j} + \frac{\partial u_j}{\partial x_x} - \frac{2}{3}\frac{\partial u_k}{\partial x_k}\delta_{ij}\right) \tag{4-4}$$

式中,$\mu$ 为分子黏性系数,可根据萨瑟兰(Sutherland)公式[7]求出。忽略热辐射效应后,热通量矢量 $q_i = -K\frac{\partial T}{\partial x_i}$,其中热传导系数 $K = \frac{c_p \mu}{Pr}$,$Pr$ 为普朗特数。为了封闭方程,引入理想气体状态方程:

$$p = \rho \frac{R_u}{M}T \tag{4-5}$$

式中,通用气体常数 $R_u = 8.314\text{J}/(\text{mol} \cdot \text{K})$,$M$ 为燃气分子量。

(2)大涡模拟控制方程

流动参数 $f$ 可以认为由两部分组成,$f = \tilde{f} + f''$,$\tilde{f}$ 为可解尺度,$f''$ 为不可解尺度。考虑到燃气的可压缩性,引入法弗尔(Favre)平均[8],其表达式为

$$\tilde{f} = \frac{\overline{(\rho f)}}{\bar{\rho}} \tag{4-6}$$

式中,"—"表示雷诺兹(Reynolds)平均。

对随时间变化的流场控制方程在傅里叶空间或构型空间进行滤波,滤波算法

的本质是在一定区间内按某种方式对函数进行加权平均。空间滤波可表达为

$$\bar{\varphi}(x) = \int_D \varphi(x')G(x,x')\mathrm{d}x' \tag{4-7}$$

式中，$\bar{\varphi}(x) = \overline{\rho f(x_i,t)}$，$D$ 为积分区域。基于有限容积法的滤波函数[9]为

$$G(x,x') = \begin{cases} \dfrac{1}{V}, & x' \in v \\ 0, & x' \notin v \end{cases} \tag{4-8}$$

式中，$v$ 为滤波尺度，亦是计算单元体积。

将其用于对 Navier-Stokes 方程滤波，流场控制方程可变化为

$$\frac{\partial \bar{\rho}}{\partial t} + \frac{\partial(\bar{\rho}\tilde{u}_i)}{\partial x_i} = 0 \tag{4-9}$$

$$\frac{\partial}{\partial t}(\bar{\rho}\tilde{u}_i) + \frac{\partial}{\partial x_j}(\bar{\rho}\tilde{u}_i\tilde{u}_j) = -\frac{\partial \bar{p}}{\partial x_i} + \frac{\partial}{\partial x_j}(\tilde{\sigma}_{ij} - \tau_{ij}^{\mathrm{sgs}}) \tag{4-10}$$

$$\frac{\partial}{\partial t}(\bar{\rho}\tilde{E}) + \frac{\partial}{\partial x_i}(\bar{\rho}\tilde{u}_i\tilde{E}) = \frac{\partial}{\partial x_i}(-\overline{pu}_i - \bar{q}_i + \tilde{u}_i\tilde{\sigma}_{ij} - H_i^{\mathrm{sgs}} - \Theta_i^{\mathrm{sgs}}) \tag{4-11}$$

理想气体状态方程变为

$$\bar{p} = \bar{\rho}\frac{R_\mathrm{u}}{M}\tilde{T} \tag{4-12}$$

上述方程中，滤波之后的分子黏性剪切应力 $\tilde{\sigma}_{ij}$ 和热通量矢量 $\bar{q}_i$ 分别为

$$\tilde{\sigma}_{ij} = \mu\left(\frac{\partial \tilde{u}_i}{\partial x_j} + \frac{\partial \tilde{u}_j}{\partial x_i}\right) - \frac{2}{3}\mu\frac{\partial \tilde{u}_k}{\partial x_k}\delta_{ij} \tag{4-13}$$

$$\bar{q}_i = -\bar{K}\frac{\partial \tilde{T}}{\partial x_i} \tag{4-14}$$

亚格子尺度项包括亚格子通量项 $\tau_{ij}^{\mathrm{sgs}}$、亚格子熵通量 $H_i^{\mathrm{sgs}}$、亚格子黏性力变形功 $\Theta_i^{\mathrm{sgs}}$，需要通过亚格子模型对其进行封闭。

$$\begin{aligned} \tau_{ij}^{\mathrm{sgs}} &= \bar{\rho}(\widetilde{u_i u_j} - \tilde{u}_i\tilde{u}_j) \\ H_{ij}^{\mathrm{sgs}} &= \bar{\rho}(\widetilde{u_i E} - \tilde{u}_i E) + (\overline{pu}_i - \bar{p}\tilde{u}_i) \\ \Theta_i^{\mathrm{sgs}} &= \tilde{\sigma}_{ij}\tilde{u}_j - \widetilde{\sigma_{ij}u_j} \end{aligned} \tag{4-15}$$

（3）亚格子模型

在 LES 求解过程中，对于比滤波尺度小的小涡对大尺度旋涡运动的影响是通过建立模型来模拟的，因此亚格子模型的选取对计算结果精度影响较大。方程 (4-10) 中，亚格子通量项 $\tau_{ij}^{\mathrm{sgs}}$ 可类比于 Navier-Stokes 方程滤波前黏性剪切应力 $\sigma_{ij}$

的模化方法，可认为 $\tau_{ij}^{\text{sgs}}$ 由偏分量项与各向同性项组成，即 $\tau_{ij}^{\text{sgs}} = \tau_{ij,d}^{\text{sgs}} + \tau_{kk}^{\text{sgs}}$。总的亚格子应力张量可表达为

$$\tau_{ij}^{\text{sgs}} = -2\mu_t \left( \widetilde{S}_{ij} - \frac{1}{3} \widetilde{S}_{kk} \delta_{ij} \right) + \frac{2}{3} \bar{\rho} k^{\text{sgs}} \delta_{ij} \tag{4-16}$$

式中，右侧第一项为偏分量项，第二项为各向同性项。$\widetilde{S}_{ij}$ 是 Favre 平均后可解尺度的应变分量，其表达式为

$$\widetilde{S}_{ij} = \frac{1}{2} \left( \frac{\partial \widetilde{u}_i}{\partial x_j} + \frac{\partial \widetilde{u}_j}{\partial x_i} \right) \tag{4-17}$$

为了封闭亚格子应力张量，还需要确定亚格子涡黏性 $\mu_t$ 和亚格子动能 $k^{\text{sgs}}$。

最基本的亚格子模型是 Smagorinsky[10] 最早提出的，Lilly[11] 对它进行了改善。在不可压缩流中，该模型的亚格子涡黏性可通过方程(4-18)进行计算。

$$\mu_t = \rho L_s^2 \mid \overline{S} \mid \tag{4-18}$$

式中，$\mid \overline{S} \mid \equiv \sqrt{2 \overline{S_{ij} S_{ij}}}$，$L_s$ 是亚格子尺度混合长度，可表达为

$$L_s = \min(\kappa d, C_s V^{1/3}) \tag{4-19}$$

式中，$\kappa$ 为 von Karman(冯卡门)常数，一般取 0.42，$d$ 为到最近壁面的距离，$C_s$ 为 Smagorinsky 常数。Lilly[11] 通过对惯性子区内各向同性均匀的湍流进行分析，得到 $C_s = 0.23$。对于有平均剪切或者过渡流动的流场，该系数过高估计了大尺度旋涡的阻尼作用，因此 $C_s$ 的推荐值是 $0.1 \sim 0.17$。

如果亚格子湍流动能的生成和耗散能够保持局部平衡，则可直接应用传统的 Smagorinsky 涡黏性模型。当湍流输运较强时，由于亚格子尺度输运的部分能量与可解尺度相同等重要，Smagorinsky 亚格子模型耗散过大，对湍流的转捩预测不足[12]，尤其不适合壁面附近的计算，故需要另外的壁面函数。1991 年，Germano 等[13] 提出了动力学涡黏性亚格子模型，这个模型是通过二次滤波实现的。其优点在于可根据时间和地点来调整 $C_s$ 的大小，这有效改进了涡黏系数的求解方式，而且在壁面附近不需要再使用壁面函数来修正。

1999 年，Nicoud 和 Ducros[14] 在湍流结构的运动和动力学性质基础上，将转动张量包含在模型中，构造了壁面自适应局部涡黏模型(wall-adapting local eddy-viscosity model，WALE)。该模型不仅能够正确反映近壁区域涡黏系数与垂直壁面距离的三次方($y^3$)成正比的性质，而且不需要动力学二次滤波，不含有与边界几何尺寸相关的参数，从而易于应用在复杂湍流的模拟中。

WALE 模型中，亚格子涡黏性 $\mu_t$ 的表达式为

$$\mu_{\mathrm{t}} = \bar{\rho} C_w^2 V^{2/3} \frac{(S_{ij}^d S_{ij}^d)^{3/2}}{(\tilde{S}_{ij} \tilde{S}_{ij})^{5/2} + (S_{ij}^d S_{ij}^d)^{5/4}} \tag{4-20}$$

式中，$S_{ij}^d$ 定义为

$$S_{ij}^d = \frac{1}{2}\left(\frac{\partial \tilde{u}_i}{\partial x_k}\frac{\partial \tilde{u}_k}{\partial x_j} + \frac{\partial \tilde{u}_j}{\partial x_k}\frac{\partial \tilde{u}_k}{\partial x_i}\right) - \frac{1}{3}\frac{\partial \tilde{u}_k}{\partial x_k}\frac{\partial \tilde{u}_k}{\partial x_k}\delta_{ij} \tag{4-21}$$

WALE 模型的常数 $C_w$ 一般在 $0.325 \sim 0.5$ 才有较好的模拟结果，故取值为 $0.325$。

在可压缩流的背景下，亚格子涡黏性可从方程（4-20）转变为

$$\mu_{\mathrm{t}} = C_R \bar{\rho} V^{2/3} \sqrt{\tilde{S}_{ij} \tilde{S}_{ij}} \tag{4-22}$$

亚格子动能的表达式为

$$k^{\mathrm{sgs}} = C_I V^{2/3} \tilde{S}_{ij} \tilde{S}_{ij} \tag{4-23}$$

式中，常数 $C_R$ 与 $C_I$ 分别为 $0.012$ 和 $0.0066$。通过方程（4-23）与方程（4-22）将 $k^{\mathrm{sgs}}$ 用 $\mu_{\mathrm{t}}$ 替换，再代入方程（4-16），总的亚格子应力张量最终可表达为

$$\tau_{ij}^{\mathrm{sgs}} = -2\mu_{\mathrm{t}}\left(\tilde{S}_{ij} - \frac{1}{3}\tilde{S}_{kk}\delta_{ij}\right) + \frac{2}{3}\frac{C_I'}{\bar{\rho}}\frac{\mu_{\mathrm{t}}^2}{V^{2/3}}\delta_{ij} \tag{4-24}$$

式中，常数 $C_I' = \dfrac{C_I}{C_R^2}$。

方程（4-15）中的亚格子焓通量 $H_i^{\mathrm{sgs}}$、亚格子黏性力变形功 $\Theta_i^{\mathrm{sgs}}$ 可分别描述为

$$H_i^{\mathrm{sgs}} = \frac{-\mu_{\mathrm{t}}}{Pr}\frac{\partial H_i}{\partial x_i} \tag{4-25}$$

$$\Theta^{\mathrm{sgs}} = \frac{C_\varepsilon \bar{\rho}(k^{\mathrm{sgs}})^{3/2}}{V^{1/3}} \tag{4-26}$$

式中，常数 $C_\varepsilon$ 取 $1.1$。至此，所有的亚格子尺度项封闭完毕。

## 4.1.2　求解方法

在进行大涡模拟时，首先需要将计算区域离散化，确定子区域的节点，进而生成计算网格；之后选用相应求解器，使用有限体积法将控制方程组离散为网格单元上的线性代数方程，然后进行求解。

（1）有限体积法

有限体积法的求解思路是，将计算区域划分为网格，使得每一个网格节点周围有一个互不重复的控制体积[17]。对待解微分方程每一个控制体积进行积分，从而得出一组离散方程（4-27），其中的未知参数是网格点上的因变量 $\varphi$。

$$\frac{\partial}{\partial t}\int_V \rho\varphi\,\mathrm{d}V + \oint_A \rho\varphi V \cdot \mathrm{d}A = \oint_A \Gamma\nabla\varphi \cdot \mathrm{d}A + \int_V S_\varphi\,\mathrm{d}V \qquad (4\text{-}27)$$

式中,从左至右分别为非稳态项、对流项、扩散项和源项。当 $\varphi$ 分别取 $1, u_i, E$ 时,方程分别对应于控制体积的连续方程、动量守恒方程与能量守恒方程。显然,有限体积法是建立在物质守恒基础上的,要求因变量的积分守恒对任意一组控制体积都得到满足,因此对整个计算区域,自然也得到满足。

（2）空间离散格式

将每个输运方程离散为代数形式,对任一单元体而言,方程（4-27）可变化为

$$\frac{(\rho\varphi_\mathrm{p})^{t+\Delta t} - (\rho\varphi_\mathrm{p})^t}{\Delta t}\Delta V + \sum_{\mathrm{faces}} \rho_f\varphi_f V_f A_f = \sum_{\mathrm{faces}} \Gamma_f(\nabla\varphi)_{\perp,f} A_f + S_\varphi \Delta V \qquad (4\text{-}28)$$

计算过程中,场变量（存储于单元体中心）必须内插于控制体的面上。针对固体火箭发动机内高温高压工况,对压力采用二阶格式进行离散,对密度采用二阶迎风格式进行离散。LES 对计算网格的数量和正交性要求很高,一般采用中心差分格式离散对流项,但是对于亚格子尺度湍流扩散率很小的工况,中心差分格式计算效果非常不理想。为了避免中心差分格式引起的数值振荡和计算发散,一般采用 BCD（bounded central differencing）格式离散对流项。研究表明,对于能量方程,幂律（Power Law）格式与 BCD 格式精度相当且收敛速度更快[18],因此对于动量方程和能量方程,离散格式分别用 BCD 格式与 Power Law 格式。

（3）时间离散格式

用 LES 求解是典型的非稳态过程,方程（4-27）的第一项就是因变量 $\varphi$ 对时间步长 $\Delta t$ 的差分格式。方程（4-29）给出了具有二阶精度的隐式格式。

$$\varphi^{n+1} = \frac{4}{3}\varphi^n - \frac{1}{3}\varphi^{n-1} + \frac{2}{3}F(\varphi^{n+1}) \cdot \Delta t \qquad (4\text{-}29)$$

式中,$n-1, n$ 和 $n+1$ 分别指上一时刻 $t-\Delta t$、此刻 $t$ 和下一时刻 $t+\Delta t$,$F$ 代表方程中所有变量的空间离散项。本书采用高斯-赛德尔（Gauss-Seidel）迭代法循环求解。

时间步长计算如下:

$$\Delta t = \frac{(CFL)\Delta x}{U} \qquad (4\text{-}30)$$

式中,$CFL$ 为库朗特数（Courant-Friedrichs-Lewy number）,是空间尺度与时间尺度的转换因子,$\Delta x$ 为典型的计算网格尺度,$U$ 为流场的速度尺度。为保证计算稳定性,一般情况下 $CFL$ 取值应小于 $0.8$。具体的求解流程如图 4-1 所示。

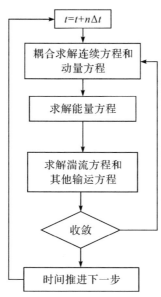

图 4-1 稳态流场求解流程

### 4.1.3 涡声耦合增益机理

固体火箭发动机可被视为一个自激声振荡系统,燃烧室一受到微弱的扰动就会产生一定振型和频率的声波。旋涡脱落会与发动机内的声模态相互作用,激发特定频率的压力振荡,从而引起燃烧不稳定。因此,涡声耦合属于非线性声燃烧不稳定。要探索旋涡与声场的耦合关系,首先需要认识燃烧室内的声场特性,进而再对旋涡与声场的耦合机理进行研究。

本节首先介绍固体火箭发动机燃烧室内的固有声学特性理论及有限元数值计算方法,并计算一实例模型的理论结果与数值结果,进一步验证有限元数值方法的有效性,该研究内容是声燃烧不稳定的基础;其次对涡声耦合机理进行理论描述,该研究内容是下一节障碍物旋涡脱落压力振荡特性研究的理论基础。

### 4.1.4 涡声耦合机理

(1)涡声耦合理论

涡声耦合是一种由流动不稳定性引起的压力振荡现象。从流体力学的观点来看,气流在固体火箭发动机燃烧室空腔内会产生流动分离,形成旋涡脱落,并随主流向下游发展,进而与喷管相撞,产生扰动波,扰动波再以空气动力学或声学的形式传递到旋涡脱落位置,使得旋涡脱落与反馈的扰动波相互激励、增强,导致燃烧室空腔内流动着由特定频率产生的较大压力振荡以及强烈噪声,这就是近年来固体火箭发动机领域广泛研究的涡声耦合机理。

固体火箭发动机燃烧室内的流场易发生流动不稳定性。突变结构或者装药挡板容易引起流动分离,继而产生旋涡脱落。当旋涡脱落频率与燃烧室内的某阶固有声振频率接近时,将会激发严重的压力振荡。早在 1961 年,Powell 在研究平面射流撞击前伸边缘现象时定义了涡声耦合机理。1964 年,Rossiter[15] 在研究凹腔内的气流流动特性时定义了声共振原理,并首次提出了凹腔内共振频率的经验预估公式。Dotson 等[16] 借鉴 Rossiter 的经验公式,将该理论推广至固体火箭发动机,提出固体火箭发动机内涡声耦合四步反馈环节,分别是涡脱落、涡碰撞、声激励及声反馈。

该反馈模型可表述为

$$mT = \frac{L}{k\overline{U}} + \frac{L}{(c - \overline{U})} + \Delta t \tag{4-31}$$

式中,$T$ 为旋涡脱落周期,$L$ 为剪切层初始源与下游碰撞点之间的距离,$\overline{U}$ 为上游平均流速,$c$ 为当地声速,$m$ 为剪切层初始源与下游碰撞点之间的旋涡数,$k$ 为脱落的旋涡进入主流的修正系数。方程经转换,可解出旋涡脱落频率为

$$f = \frac{\overline{U}}{L} \left[ \frac{m - \alpha}{\dfrac{Ma}{(1 - Ma)} + \dfrac{1}{k}} \right] \tag{4-32}$$

式中,$\alpha$ 为旋涡撞击壁面产生声信号的滞后系数,$Ma$ 为当地马赫数。

许多学者对经验参数 $\alpha$ 和 $k$ 的取值进行了研究,在典型的亚声速流场中,推荐 $\alpha$ 取 $0 \sim 0.25$,$k$ 取 $0.57 \sim 0.63$。旋涡脱落是一种流动不稳定性现象,其频率主要取决于来流速度。来流速度对旋涡脱落频率起主导作用,$Ma$ 对旋涡脱落频率影响不大。式(4-32)中存在许多半经验参数,并且旋涡数 $m$ 与反馈距离 $L$ 之间的关系并不明确,虽然这是一个经验公式,但是大量试验数据证实了此公式的定性准确性。对于固体火箭发动机燃烧室内的亚声速流场,这个公式具有较好的指导意义。因此,该公式只能简单预估旋涡脱落频率的范围,振荡频率需进一步结合数值计算来确定。

由于旋涡是不稳定剪切层脱落发展的产物,因此其本质是剪切波。声波是一种特殊的流体,它是因机械振荡或气流扰动引起周围介质发生位移或因速度交替而发生变化的产物,因此其本质是压缩波。1961 年,Powell 从流场中剪切波与压缩波能量相互交换的角度出发,研究了低流速自由来流中的涡声耦合现象,提出了

第二类种理论。1975 年，Howe[19] 将此机理推广到任意马赫数的内流场，并认为旋涡在运动过程中激发的声功率可表达为

$$P = -\rho_0 \left\langle \int_V (\omega \times v) \cdot u' \mathrm{d}V \right\rangle \tag{4-33}$$

式中，$\langle\rangle$ 表示时均，$\rho_0$ 为流场平均密度，$\omega$ 为旋涡涡量，$v$ 为旋涡输运速度，$u'$ 为声振速度，$V$ 为旋涡体积。根据标量三重积，有 $(\omega \cdot v) \cdot u' = \omega \cdot (v \cdot u')$，显然，若旋涡输运速度 $v$ 与声振速度 $u'$ 平行，声功率为零。因此只有当旋涡输运速度与声流线存在夹角时，旋涡运动才会产生声功率，进而增大压力振幅。旋涡激发声信号不是依靠与下游障碍物之间的瞬间碰撞，而是一个连续的跨声流线过程。

该理论主要用于声压幅值的估算。Anthoine 等[20] 针对潜入式喷管发动机，对方程(4-33)进行时均处理后，声功率可简化为

$$P \sim \left(\frac{\pi}{2}\right) Ma_0^2 f V_c \mid p' \mid \tag{4-34}$$

式中，$Ma_0$ 为燃烧室平均马赫数，$f$ 为旋涡脱落频率，$V_c$ 为潜入式喷管空腔容积。

假设喷管处的声辐射是声波衰减最主要的形式，那么声功率又可描述为

$$P = \langle p'u' \rangle \frac{\pi D^2}{4} \sim \frac{\mid p' \mid^2}{2} \frac{\pi D^2}{4} \frac{u'}{p'} \tag{4-35}$$

再假设 $Ma_0$ 很小且 $\mathrm{d}Ma_0 \to 0$，根据小扰动理论，$\propto u' = Ma_0 \left(\frac{\gamma-1}{2}\right) p'$，结合方程(4-34)和方程(4-35)可得

$$\frac{\mid p' \mid}{p} \sim \left(\frac{\pi\gamma}{\gamma-1}\right) j Ma_0 \left(\frac{V_c}{V_{\text{total}}}\right) \tag{4-36}$$

式中，$p$ 为燃烧室平均压力，$j$ 为声振型系数，$V_{\text{total}}$ 为发动机内腔总容积。可以看出，旋涡激发的声压振幅随潜入式喷管空腔容积的增大而线性增大，此结论在 VKI 冷气试验和数值计算中得到成功验证[21]。

综上分析，涡声耦合机理与空腔、剪切层、声振型联系紧密。对于固体火箭发动机燃烧室内典型亚声速来流下的涡声耦合问题，可先从一维(轴向)流动入手，初步认识剪切层、旋涡、声波之间的闭环耦合方式，验证大涡模拟在研究涡声耦合问题上的可行性，为进一步研究涡声耦合机理奠定基础。

(2) 涡声耦合基本条件

在固体火箭发动机内，旋涡脱落是一种周期性扰动，属于典型的燃烧不稳定增益，该扰动能否被放大进而引起强烈的压力振荡，主要取决于旋涡脱落频率与燃烧室内的固有声振频率是否接近或者相等。因此，涡声效应的耦合基本条件可表述为

$$f_{旋涡} \approx f_{基频} \tag{4-37}$$

当旋涡脱落频率远离声腔固有频率时,涡声效应将处于解耦状态,旋涡脱落对燃烧室内的压力振荡将不会产生较大的影响;当旋涡脱落频率与声腔固有频率接近时,满足涡声耦合基本条件,这将会产生严重的压力振荡现象。因此,在发动机设计中应尽量避免旋涡脱落频率与燃烧室声腔固有频率接近。

### 4.1.5 数值方法验证

为了验证数值方法的合理性与有效性,并进一步探讨各种因素对涡声耦合及压力振荡的影响,后文均以 VKI 试验发动机作为研究对象,它是 Ariane 5 助推器的 1/30 缩比模型。在数值计算中将其简化为二维轴对称模型,如图 4-2 所示。发动机头部至喷喉位置长度为 0.393m,挡板位于轴向 0.29m 处,挡板厚度为 3mm,喉部半径 $r_0 = 0.015$m。

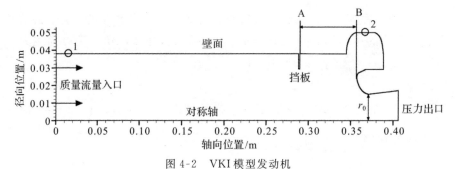

图 4-2    VKI 模型发动机

Anthoine 等[20]以 VKI 试验发动机为基础,针对涡声耦合引起的压力振荡现象开展了大量的试验及数值模拟工作。为了验证本节数值模拟方法的合理性,采用图 4-2 所示的模型,将气体简化为理想气体,气体物性参数见表 4-1。入口为质量入口,气体通过头部轴向注入燃烧室,质量通量为 $\dot{m}_0 = 66.3$kg/(m$^2 \cdot$ s),入口静压 $p_s = 0.178$MPa,出口设定为压力出口,出 6 口截面参数可通过内部外推得到,在壁面边界上选取无滑移边界条件。最后,以入口速度 30m/s 对计算区域进行初始化。

表 4-1    VKI 模型发动机计算用气体物性参数

| 物性参数 | 数值 |
| --- | --- |
| $\mu$ | 萨瑟兰定律 |
| $C_p/[\text{J}/(\text{kg} \cdot \text{k})]$ | 1006.43 |
| $\gamma$ | 1.4 |
| $Pr$ | 0.75 |
| $T/\text{K}$ | 285 |

选取 WALE 亚格子模型对亚格子应力张量、亚格子通量张量以及亚格子尺度黏性力变形功进行封闭。对于连续方程与动量方程,为了避免中心差分格式产生的数值振荡,这里采用 BCD 格式进行离散,能量方程则采用 Power Law 格式加速收敛,时间采用二阶隐式格式,计算步长为 $5 \times 10^{-6}$ s,库朗特数为 0.8。

在数值计算区域内设置了两个不同的压力监测点。分别在头部点 1 处 (0.0115m,0.038m) 以及潜入式空腔内点 2 处(0.366m, 0.05m)。为了便于与 Anthoine 的试验数据比较,监测点位置与 Anthoine 设置的位置保持一致。对记录的压力振荡数据进行 FFT,所得的振频与振幅数值计算结果记为 Fluent,再与 Anthoine 试验结果和数值模拟结果(CPS)进行比较,结果见表 4-2 与表 4-3。

表 4-2　VKI 模型发动机压力振荡频率比较

| 模态 | Fluent/Hz | | CPS/Hz | | Anthoine 试验/Hz | | 理论/Hz |
|------|------|------|------|------|------|------|------|
| | 点 1 | 点 2 | 点 1 | 点 2 | 点 1 | 点 2 | |
| 一阶 | 416 | 416 | 410* | 410* | 408* | 411* | 430 |
| 二阶 | 830 | 831 | 877* | 881* | 874* | 874* | 860 |
| 三阶 | 1258 | 1263 | 1281* | 1239* | 285* | 1285* | 1260 |
| 四阶 | 1730 | 1712 | 1728* | 1718* | 1744* | 1883* | 1720 |

\* 数据源于文献[22]。

表 4-3　VKI 模型发动机压力振幅比较

| 模态 | Fluent($p'/p_s$)/% | | CPS($p'/p_s$)/% | | Anthoine 试验($p'/p_s$)/% | |
|------|------|------|------|------|------|------|
| | 点 1 | 点 2 | 点 1 | 点 2 | 点 1 | 点 2 |
| 一阶 | 2.30 | 3.00 | 1.32* | 1.87* | 0.110* | 0.198* |
| 二阶 | 0.69 | 0.75 | 0.38* | 0.38* | 0.094* | 0.093* |
| 三阶 | 0.31 | 0.26 | 0.15* | 0.14* | 0.016* | 0.016* |
| 四阶 | 0.34 | 0.26 | 0.21* | 0.15* | 0.008* | 0.036* |

\* 数据源于文献[22]。

将计算所得的点 1 与点 2 处的压力振频与振幅数据与 Anthoine 的数据进行比较,其中固有声振频率理论值可由式(4-7)计算所得。对于振荡频率而言,表 4-2 结果表明,Fluent 数值计算结果与 Anthoine 试验结果以及 CPS 数值模拟结果非常接近,最大误差在 5% 左右。表 4-2 中所列燃烧室内点 1 最容易激发的前四阶压力振荡频率分别为 416Hz、830Hz、1258Hz 以及 1730Hz。可以看出,这些频率与燃烧室空腔固有声振频率非常接近。因此,可认为旋涡脱落激发了燃烧室内的声模态。对于压力振幅而言,对比结果如表 4-3 所示,Fluent 的数值计算结果与 CPS 数值模拟结果在同一量级,且具有同样变化规律。此外,两种数值计算结果均比

Anthoine 试验结果大一个量级,然而,两种数值方法结果的变化趋势与试验结果非常一致。由于数值模拟采用二维计算,而旋涡具有明显的三维特征,因此,数值模拟能够整体上捕捉旋涡脱落引起的压力振荡频率以及旋涡的运动规律,但是不能很好地计算压力振幅。另外,试验中壁面及入口处都能够吸收一定的声波,亦能够损耗部分声振能量,而数值模拟无法考虑这些因素的影响,从而带来了较大的误差。

对于最容易激发的一阶声模态(416 Hz)来讲,点 2 处所对应的无量纲压力振幅明显高于点 1 处,两种数值结果均有相同的结论。试验结果同样表明,在一阶声模态下,点 2 处压力振幅明显大于点 1 处。尽管数值结果与试验结果存在一定的误差,但对本节压力振荡变化规律的影响不大。综合上述分析,本节采取的数值计算方法能够有效地预估固体火箭发动机内的压力振荡特性,为燃烧不稳定研究奠定了数值计算基础。

## 4.2 燃烧室障碍物对涡声耦合压力振荡的影响

大长径比固体火箭发动机内的气流容易产生分离,进而诱发涡声耦合压力振荡。因为此类发动机内装药复杂,尤其是大型分段式固体火箭发动机,其装药结构一般设计有端面绝热层,段之间由于端面绝热层消融缓慢,因而会形成流场挡板结构,该结构极易使气流产生分离,进而发展为旋涡脱落。旋涡脱落是固体火箭发动机燃烧不稳定关键增益因素之一,其中挡板引起的障碍物旋涡脱落是最为典型的压力振荡诱发因素。挡板位置不同,旋涡脱落引起的压力振荡特性也不尽相同,因此,选择合理的挡板位置对减小压力振荡具有非常重要的意义。另外,众多数值研究集中在旋涡脱落频率与燃烧室固有声振频率接近的工况,而对于两种频率彼此偏离工况的数值研究比较缺乏。

基于上一节所述的涡声耦合理论及数值模拟方法,本节以 VKI 模型发动机中的障碍物旋涡脱落为背景,对挡板位置、介质温度等因素对障碍物旋涡脱落诱发的压力振荡特性进行研究。

### 4.2.1 障碍物旋涡脱落周期特性

障碍物旋涡脱落具有典型的周期特性。为了深入研究障碍物旋涡脱落引起的涡声耦合现象,首先需要明确燃烧室空腔的固有声振频率,其次需获得障碍物旋涡脱落频率,最后通过空腔固有声振频率与旋涡脱落频率的关系判断涡声效应对压力振荡特性的影响程度。

(1)燃烧室空腔声学特性

本节采用上节所述的有限元方法,对 VKI 发动机进行声学特性分析。计算所得的前四阶轴向固有声振频率分别为 409 Hz、822 Hz、1273 Hz、1731 Hz。采用圆柱空腔声振理论公式计算所得的理论结果分别为 430 Hz、860 Hz、1260 Hz、1720 Hz。虽然 VKI 发动机整体上呈管形结构,但由于挡板以及潜入式空腔的存在,其实际固有频率与理论预估频率有一定的差别。

前四阶轴向固有声振频率所对应的声模态分布如图 4-3 所示,虽然挡板与空腔对固有频率有一定的影响,但是对于声压分布没有造成太大的影响,发动机两端仍然为声压的波腹位置,与理论声压分布保持一致。

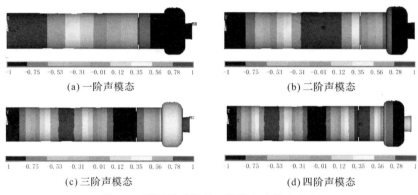

(a)一阶声模态      (b)二阶声模态

(c)三阶声模态      (d)四阶声模态

图 4-3 VKI 发动机前四阶轴向声模态分布

(2)旋涡脱落频率

当气流流经挡板时,速度梯度将会在挡板附近产生不稳定剪切层。该剪切层被逐渐卷吸,最终从挡板处脱落。大尺度旋涡随着主流向下游运动并与喷管碰撞、破碎。破碎后的旋涡一部分经由喷管流出,另一部分流入潜入式空腔内。对于小尺度旋涡而言,一部分被大尺度旋涡吞并,另一部分在黏性力的作用下沿着壁面不断向下发展。在潜入式空腔入口处,剪切层变得极其不稳定,进而形成壁面旋涡脱落。可用涡量作为表征旋涡的参数,上述非稳态障碍物旋涡脱落过程可用图 4-4 所示的不同时刻下的涡量图来表示,图中清晰地表述了旋涡卷吸、形成、脱落、运动以及破碎的过程。旋涡脱落是一种周期性的流动不稳定现象。由图 4-4 可以看出,当 $t=0.1425$ s 时,挡板后方的涡量分布与 $t=0.1401$ s 时基本一致,换言之,旋涡脱落具有明显的周期特性,其周期约为 0.0024 s,对应频率约为 417 Hz。由于旋涡脱落是燃烧室内唯一的周期性扰动源,因此,可将 417 Hz 视为旋涡脱落频率。

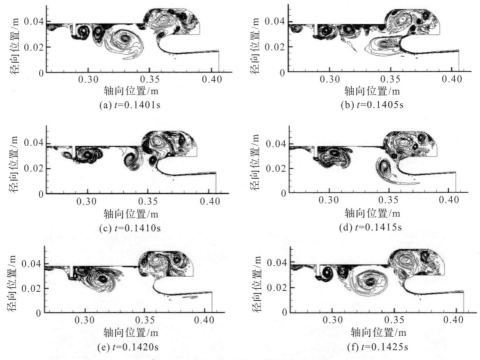

图 4-4 VKI发动机内旋涡运动规律

燃烧室空腔的固有声振频率为 409Hz,旋涡脱落频率为 417Hz,两者十分接近,满足涡声耦合基本条件。根据涡声耦合理论,旋涡与喷管头部碰撞将会产生声压扰动信号,该扰动信号将会以声速向上游传播,声信号将进一步调节旋涡脱落,最终使得燃烧室压力振荡增大到很大的程度,压力振荡特性如图 4-5 所示。

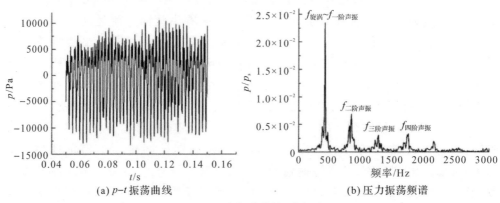

图 4-5 压力振荡特性(头部处)

为了进一步分析障碍物旋涡脱落的周期特性,下面对挡板放置在燃烧室中间位置的工况进行计算分析。同样在头部设置压力监测点,对所得压力振荡数据进行 FFT,得到压力振荡主频为 399Hz。另外,还对挡板后方涡量随时间的变化过程进行记录,并选取了两个时刻的涡量分布,如图 4-6 所示。图 4-6(a)与图 4-6(b)涡量分布基本一致,因此可确定旋涡脱落周期约为 0.0025s,对应频率为 400Hz,与计算结果基本一致,这进一步说明,数值方法可以准确地获得燃烧室内的旋涡脱落频率。与前述 VKI 发动机相比较,该工况下旋涡脱落频率有所减小,这是由挡板位置前移、涡声反馈距离增大所致。

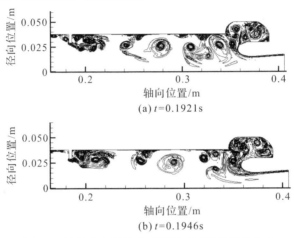

图 4-6　挡板在中间位置时不同时刻下的涡量分布

为了研究挡板位置对旋涡脱落频率的影响规律,下面分别对挡板靠前和挡板靠近尾部的两个模型进行 LES 数值计算。对头部点 1 处的压力振荡数据进行 FFT,无量纲压力谱图表明,燃烧室内的压力振荡峰值对应的频率与前四阶声振频率十分接近,这说明旋涡脱落激发了燃烧室内的声模态。本节提取了振荡最严重的前两阶频率,与发动机内的固有声频进行了对比,如图 4-7 所示。旋涡脱落频率在燃烧室一阶固有声振频率附近,并随涡声反馈距离的增大而有所减小,并且,旋涡脱落频率在整体变化的趋势上存在微小的频率突变现象。总体而言,不管挡板位置如何变化,旋涡脱落频率始终锁定在一阶声振频率附近,这导致了涡声耦合现象的产生,即所谓的"锁频"现象[1-2]。由于旋涡脱落是一种流动不稳定性,其频率主要取决于主流速度,另外,涡声反馈距离内的旋涡数目、旋涡之间的相互配对等也会影响旋涡脱落频率。在不同挡板位置的工况下,上游平均流速以及当地马赫数均保持一致,挡板位置不会影响主流速度,因此,旋涡脱落频率变化不大,并始终围绕在燃烧室固有声模态附近。但是，随着挡板的前移，涡声反馈距离不断增大，且旋涡之间的相互配对引起旋涡数目改变，从而造成一定程度的旋涡脱落频率突变现象。频谱分析结果中的二阶频率与燃烧室二阶声模态结果相差不大，这进一步表明旋涡脱落激发了燃烧室内的固有声模态，其中旋涡脱落频率与燃烧室一阶固有频率十分接近，引起涡声耦合效应，激发燃烧室内较为严重的压力振荡现象。

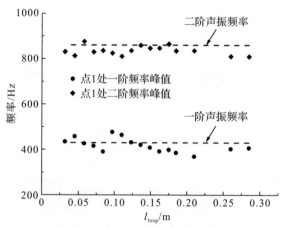

图 4-7　旋涡脱落频率随挡板位置的变化

### 4.2.2　挡板位置及温度对压力振荡特性影响

（1）挡板对压力振荡特性影响

挡板是引起障碍物旋涡脱落的主要原因之一，为了探讨挡板对燃烧室内的压力振荡特性的影响，这里选取含有挡板及不含挡板两个算例，首先对流场特性的影响进行分析，继而探讨挡板对压力振荡特性的影响。

图 4-8 所示为两个算例中稳态条件下的速度流线图。由图 4-8（a）可以看出，挡板存在时，由于挡板后方上层气流速度很低，气流流经挡板后产生回旋，在其后方形成明显的回流泡。稳态条件下，回流泡所在位置也是旋涡存在的位置。在潜入式空腔内，由于气流的回旋作用，空腔内也形成了明显的回流泡。挡板不存在时，整个空腔内流场特性非常均匀，气流流入潜入式空腔时，将会形成一个大的涡团，此时，旋流仅在空腔内运动，如图 4-8(b)所示。

燃烧室内的挡板结构引起了气流的流动分离，继而产生旋涡脱落现象，诱发涡声耦合压力振荡。图 4-9 所示为两种工况下头部点 1 处的无量纲压力谱图。在有挡板的情况下，旋涡脱落激发了较为严重的压力振荡，其中一阶频率下压力振

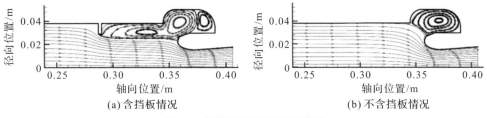

图 4-8　VKI 发动机速度流线图

幅最为严重。该频率下,挡板引起的旋涡脱落与燃烧室内的一阶固有声模态相互耦合,发动机内产生持续的压力振荡,涡声耦合效应最为严重;虽然旋涡脱落激发了高阶声模态,但是旋涡脱落频率与高阶声振频率相差很大,不满足涡声耦合基本条件,因此高阶声模态下的压力振幅较小。移除挡板后,燃烧室内不存在涡声耦合现象,燃烧室内仅有微弱的压力振荡。由计算数据可知,含挡板情况下的无量纲压力幅值比不含挡板的情况大两个量级。由此可知,挡板引起障碍物旋涡脱落,进而激发了燃烧室内的声模态,其中旋涡脱落频率与燃烧室内的一阶固有声振频率接近,满足涡声耦合条件,诱发比较严重的压力振荡现象。

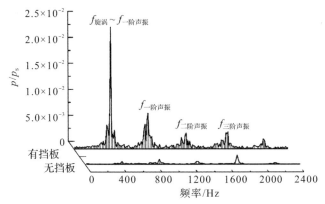

图 4-9　VKI 发动机有/无挡板情况下的压力振荡谱图

(2)挡板位置对涡声耦合压力特性影响

尽管挡板位置对旋涡脱落频率影响不大,但是挡板位置会影响旋涡脱落及涡声反馈强度,还会影响旋涡输运过程中的能量耗散程度,继而对涡声耦合压力振荡特性产生较大的影响。

脱落的旋涡与喷管相互作用将会产生压力扰动,如果该扰动恰好在产生新旋涡的时候到达旋涡源,则旋涡脱落强度可被进一步放大,继而增大压力振荡。因此,旋涡脱落的位置是影响压力振幅的关键因素。在保持上游平均流速以及当地马赫数不变的前提下,对头部点 1 处与空腔内点 2 处的压力振荡数据进行 FFT,无量纲压力谱图表明,燃烧室内压力振荡峰值对应的频率与前四阶声振频率十分接近,其中一阶与二阶频率下的压力振幅最为明显,因此,这里仅对前两阶振频与振幅进行分析。涡声耦合状态下,一阶声振频率与旋涡脱落频率非常接近,可将该频率下的压力振幅定义为旋涡脱落振幅;二阶频率即为燃烧室内的二阶声振频率,可将该频率下的振幅定义为二阶声振幅。各点处的无量纲压力振幅随挡板位置的变化如图 4-10 所示。当挡板位于 $L/4,L/2$ 与 $3L/4$ 附近时,旋涡脱落振幅明显高于挡板在其他位置的振幅,这是由于这些位置分别是燃烧室内的一阶与二阶速度波腹。在速度波腹处,速度振幅达到最大值,旋涡脱落引起的小扰动更容易被进一步放大。Dotson 等[16]的研究结论表明,当旋涡源位于速度波腹附近时,更容易激发压力振荡。当同样位于速度波腹处时,$3L/4$ 处的压力振幅更为严重,挡板距离喷管头部越远,旋涡输运的距离就越大,旋涡在向下游运动的过程中被湍流耗散的能量也越多,与喷管碰撞产生的压力扰动也越小,因此激发的压力振幅相对就小。头部点 1 处和空腔内点 2 处的压力振幅不尽相同,相对而言,空腔内的压力振幅比头部的大,这是由于空腔位于涡声耦合的敏感区,旋涡的运动加强了涡声耦合的程度。对于二阶声振幅而言,其幅值明显低于旋涡脱落振幅,由于二阶声模态是由旋涡脱落激发的,该频率与旋涡脱落频率相差很大,不存在涡声耦合现象,因此,二阶声振幅远小于旋涡脱落振幅;另外旋涡的运动对二阶声振幅的影响较小,无论是空腔内还是发动机头部,压力振幅都很接近。

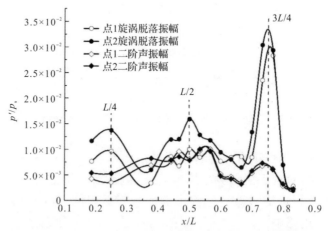

图 4-10 挡板位置对压力振荡幅值的影响规律

在工程设计中,在速度波腹的位置应尽量避免挡板或者突变截面,尤其是在靠近喷管头部的二阶声速波腹位置。对于出现涡声耦合的工况,可以通过调整装药结构改变旋涡脱落的位置,从而降低涡声耦合引起的压力振荡幅值。

(3)温度对压力振荡特性影响

旋涡脱落频率与声振频率很容易产生耦合,因此,众多研究集中在涡声耦合条件下的压力振荡特性分析,而针对涡声效应解耦条件下的研究目前缺乏深入的探讨。为打破涡声耦合效应,需将旋涡脱落频率与燃烧室固有声振频率分离开来。燃烧室内的轴向声振频率主要取决于燃气温度及发动机轴向尺寸,当发动机尺寸固定时,通过改变介质温度的方式可以改变燃烧室固有声振频率。旋涡脱落频率主要取决于主流速度。当上游来流速度确定时,介质温度的变化对旋涡脱落频率的影响不大。在不改变主流速度的前提下,可通过改变介质温度的方式将旋涡脱落频率与声振频率分离开来,从而打破涡声耦合的基本条件($f_{声振} \sim f_{旋涡}$)。

当选用挡板位于 $3L/4$ 附近的工况时,旋涡脱落诱发的压力振荡最为明显。下面在保持上游来流速度及工作压力不变的条件下,探讨温度对旋涡脱落压力振幅的影响。要满足该条件,喷喉直径及入口质量通量需相应地改变以达到设计状态。本书选取了 $200 \sim 3000\text{K}$ 的 9 种不同工况,其中低温的情况在实际发动机中不存在,仅限于理论分析用。图 4-11 所示为前四阶固有声振频率随介质温度的变化规律(以头部点 1 处为例),在保持发动机结构不变的条件下,燃烧室固有声振频率仅随介质温度而变化,数值计算结果与理论值非常吻合。

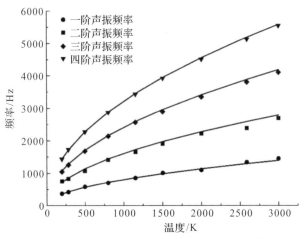

图 4-11　VKI 声腔固有声振频率随介质温度变化规律

在给定来流速度条件下,旋涡脱落频率约为 417Hz。当 $T=285\text{K}$ 时,燃烧室固有频率为 416Hz,旋涡脱落频率与燃烧室固有声振频率满足涡声耦合基本条件,涡声效应处于耦合状态,燃烧室内激发了较为严重的压力振荡,无量纲旋涡脱落振幅可达 2.3%左右。下面选取 $T=200\mathrm{K}$ 及 $T=800\mathrm{K}$ 两个典型工况,与 $T=285\mathrm{K}$ 工况进行对比分析。图 4-12 为三种典型工况($T=200\mathrm{K}$,$285\mathrm{K}$,$800\mathrm{K}$)下的无量纲压力振荡谱图。在 $T=200\mathrm{K}$ 与 $T=800\mathrm{K}$ 两种工况下,介质温度的改变导致燃烧室固有声振频率与旋涡脱落频率完全分离,从而使涡声效应处于解耦状态。在 $T=800\mathrm{K}$ 工况下,一阶声振频率增大至 $700\mathrm{Hz}$,而旋涡脱落频率的变化不大,涡声耦合基本条件被打破,因此,与 $T=285\mathrm{K}$ 工况相比,旋涡脱落振幅减小了一个量级。对于 $T=200\mathrm{K}$ 工况而言,旋涡脱落频率几乎未发生变化,而一阶声振频率减小至 $366\mathrm{Hz}$,旋涡脱落振幅明显下降。

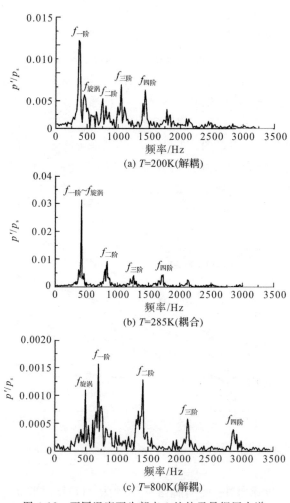

图 4-12　不同温度下头部点 1 处的无量纲压力谱

　　由上述分析可以推断,如果旋涡脱落频率远离声振频率,无量纲压力振幅将会显著下降。为了确定该假设,下面分别计算低于和高于 285K 工况的不同算例。图 4-13 所示为点 1 处旋涡脱落频率、一阶声振频率以及旋涡脱落振幅随温度的变化关系。如前所述,一阶声振频率随着介质温度的升高而增大,但是旋涡脱落频率变化范围很小。图 4-13 全面描述了数值计算结果与理论值的变化规律,在 $T=$ 285K 工况下,旋涡脱落频率与固有声振频率非常接近,发生涡声耦合,旋涡脱落振幅达到最大值。随着介质温度的升高,固有声振频率逐渐偏离旋涡脱落频率,涡声耦合程度逐渐削弱,旋涡脱落振幅显著下降。

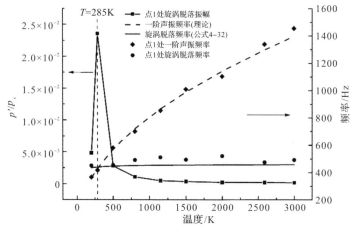

图 4-13　不同温度下 VKI 发动机内的压力振幅与振频特性

　　尽管在压力谱图中能够捕获旋涡脱落频率及高阶声振频率,但仅有旋涡脱落频率与前两阶声振频率能够主导燃烧室内的压力振荡特性。

　　在涡声耦合条件下($T=285$K),旋涡脱落振幅与声压振幅均达到最大值,二阶声振幅远小于旋涡脱落振幅。在低温情况下($T=200$K),旋涡脱落振幅明显降低,与二阶声振幅接近,一阶声振幅高于旋涡脱落振幅与二阶声振幅。随着介质温度不断升高,旋涡脱落频率与声振频率逐渐分离,涡声耦合条件逐步被打破,旋涡脱落振幅与声压振幅均下降到了同样小的程度。图 4-14 的局部放大图表明,随着介质温度的升高,压力振幅会随之不断减小。在高温工况下,无量纲压力振幅仅有 $p'/p_s=o(10^{-4})$,可以忽略该振荡对发动机稳定性的影响。由上述分析可知,旋涡脱落能够激发燃烧室内的固有声模态,激发的压力振幅程度取决于旋涡脱落频率与燃烧室固有声振频率的关系,当二者接近时(耦合状态),压力振荡显著,当二者远离时(解耦状态),旋涡脱落激发的压力振幅显著下降。

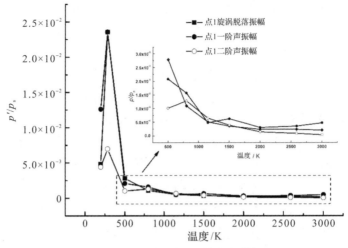

图 4-14　不同温度下压力振幅特性

## 4.3　大型分段发动机涡声耦合特性

　　大型分段固体火箭发动机工作时容易出现轴向的、低阶的压力振荡和推力振荡。国外有诸多大型分段发动机发生了燃烧不稳定现象,例如美国的 Space Shuttle SRM、RSRM、Titan 以及欧洲的 Ariane 5 大型助推器 P230[23]。虽然压力振荡振幅只小于平均工作压力的 0.5%,但是由此引起的推力振荡约为平均推力的 5%。低阶的振荡有可能与火箭其他结构部件发生共振,影响火箭的稳定性和安全性。欧洲的 Ariane 5 在工作中因为产生推力振荡,最终不得不通过降低 180kg 有效载荷来保证火箭的安全性。美国的战神运载火箭(Ares I launcher)[24]采用的发动机为 RSRM 发动机基础上增加一段的改进版,它在工作过程中发生了 12Hz 的压力振荡,并与火箭结构部件发生共振,严重危及宇航员的生命安全和火箭自身的结构完整性。

　　在分段固体火箭发动机中,由于段间绝热环烧蚀速度远小于推进剂燃烧退移速度,故一段时间后,绝热环凸出于推进剂表面,从而对气体流动形成障碍,其后还会产生旋涡的周期性脱落。即使没有段间绝热环,段间狭缝也会随着燃面退移逐渐扩大,在其前沿会出现剪切流动,这也会产生旋涡脱落。

　　本节中发动机燃烧室内的绝热环结构类似于大型分段固体火箭发动机,国外的大型分段固体火箭发动机仅存在径向绝热层障碍,而本节中的发动机燃烧室内装药为分块装药,不仅存在径向绝热层障碍,还存在轴向绝热层。轴向绝热层厚度很小,对剪切流动影响很小,径向绝热层可能是影响流动稳定性的主要因素,也可以作为产生旋涡脱落的主要因素。旋涡脱落等因素会引起流动不稳定性,由此产生的压力波动可能会和发动机燃烧室内空腔的声振频率发生耦合,产生更强的压力振荡,因此有必要对其进行研究。

### 4.3.1 物理模型及算例描述

针对大型分段发动机,流场在计算中采用的网格为结构化网格,因为结构化网格规模易于控制,有利于计算收敛,且对于发动机中的旋涡产生关键区域、绝热障碍两侧及喷管背壁区还进行了加密。流场中压力波动情况复杂,经过初步计算和监测发现,径向和轴向位置的压力振荡情况不同,且头部和尾部存在更强烈的压力振荡,因此设置如图4-15所示的监测点,如 p8-0 表示距离点火器最近的监测点。

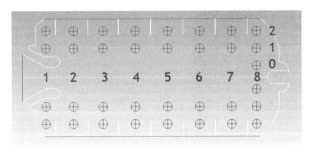

图 4-15 压力监测点分布

对于数值计算,发动机主要计算参数见表4-4,算例表见表4-5,算例名称中的尾标代表障碍高度。以 50s 为例,挡板障碍高度由高到低为 50s-0.05,50s-0.1,50s-wp,wp 即无挡板障碍高度。

表 4-4 算例主要计算参数

| 算例 | 工作压力/MPa | 燃气分子量/(g/mol) | 凝相比例/% | 凝相成分 | 定压比热/[J/(kg·K)] |
| --- | --- | --- | --- | --- | --- |
| 50s | 8.0 | 29.3 | 31.3 | $Al_2O_3$ | 1952.9 |

表 4-5 算例表

| 算例名称 | 工作时刻/s | 两相状态 | 时间步长/s | 计算时间/s |
| --- | --- | --- | --- | --- |
| 50s | 50s | 气相 | 1e-4 | 2 |
| 70s | 70s | 气相 | 1e-4 | 2 |
| 50s-DPM | 50s | 包含颗粒相 | 1e-4 | 3 |

### 4.3.2 不同工况下的声模态

(1)50s 时刻发动机声模态

此处采用已经验证的有限元方法对大型分段发动机进行声振频率和声压分布的有限元计算。该发动机为分段多块装药,轴向为 8 分段,发动机采用潜入式喷管,长径比较小。发动机内的气体流动速度在喉部达到超声速,并随气体流动加速,声波在喉部发生反射,有效空腔不包括喉部以后的部分。由此可建立此发动机工作初始时刻的燃烧室空腔结构图,对此结构进行处理,可建立三维空腔有限元模型,有限元单元由四面体与六面体混合构成。

在高温高压下,假定燃烧室流体可压无黏非流动,模型表面定义零位移约束。根据发动机高温高压工作环境(工作温度为 3532K,工作压力为 8.0MPa),取声介质密度 4.0kg/m³,燃烧室内平均声速 1004m/s。后续对发动机燃烧室空腔进行声振型计算时采用的参数和此处参数保持一致,不再赘述。

(2)声模态结果对比分析

声模态计算在发动机声腔特性仿真中是极为重要的一部分内容。一方面,计算精度对计算结果的影响会直接影响后续分析,因此需要对不同方法的计算准确度进行对比分析;另一方面,发动机燃烧室空腔在工作过程中是持续变化的,而且还会受绝热层等特殊组件的影响,与普通均匀声腔不同。本小节总结了各阶声模态在各工作时间受挡板高度的影响情况及变化规律,同时对有限元与理论公式计算准确度也进行了简单对比分析。

从图 4-16 中可以看出,50s 时刻,一、二、三、四阶轴向声模态声振频率均随模态阶数增大而呈倍数增加。挡板高度不同对各阶声模态声振频率存在影响,曲线簇中从下到上依次为 50s-0.05、50s-0.1、50s-wp,这表示障碍高度越高,同阶声模态声振频率越低。一阶切向模态的声振频率略低于三阶轴向声振频率,由于二阶及以上切向模态的声振频率过高,此处不做分析研究。

从图 4-16 中还可以看到,理论计算出的声振频率曲线在各阶声模态处均高于各簇曲线,且障碍高度越高,理论公式计算声振频率偏差越大,偏差情况如图 4-17所示。有限元方法计算准确度最大可以提高 34%。

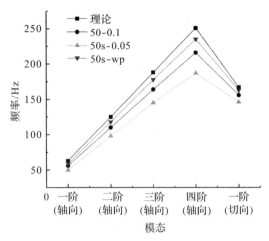

图 4-16　50s 时刻各阶声振频率理论计算
与有限元计算结果对比

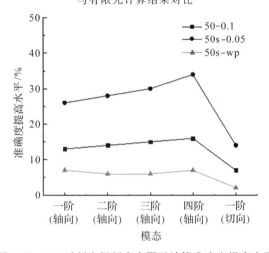

图 4-17　50s 时刻声振频率有限元计算准确度提高水平

### 4.3.3　不同工作时间下的振荡特性

(1)50s 时刻大涡模拟流场结果(50s-0.1)

图 4-18 为以 50s 工作时刻为时间零点,再对之后 1.2~1.7s 时间段内数据进行大涡模拟得到的涡量云图。发动机燃烧室内的流场经过挡板会产生旋涡并发生脱落,旋涡脱落后流入主流,最后流出喷管。旋涡强度和脱落频率随挡板位置变化而各有不同,靠近发动机尾部挡板的旋涡强度较高,这是由发动机尾部平均速度较高所致。

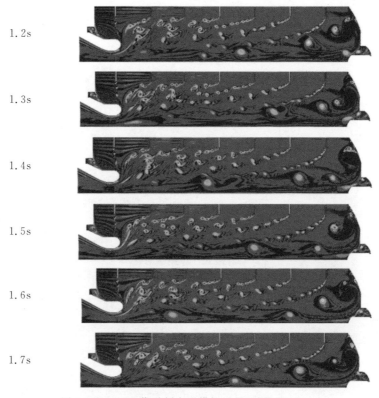

1.2s

1.3s

1.4s

1.5s

1.6s

1.7s

图 4-18    50s 工作时刻大涡模拟涡量云图(50s-0.1)

(2)50s 时刻压力振荡分析(50s-0.1)

通过对 50s 工作时刻的发动机进行瞬态流场大涡模拟计算,再对各监测点的压力进行监测,舍弃前期 1.2s 计算结果后的监测结果如图 4-19 所示。各监测点的压力均在一个压力值附近波动,波动量相对于此前 50s 无障碍条件下的要强烈很多。从发动机头部到尾部,随着气体流速在燃烧室内逐渐加速,各监测点平均压力值也逐渐降低,且不同燃面高度监测到的压力存在微小差异。从图4-19(c)中可以看出,p1-1 和 p1-2 两点的压力曲线几乎重合,这表明径向两个点处的压力振荡频率和幅值都非常接近。发动机燃烧室内的前封头部分流动较为复杂,从图 4-19(c)的压力曲线上也可以看出,这里的压力波动幅值明显拓宽。这是因为此处位于发动机尾部,速度较高,故压力振荡更为剧烈。

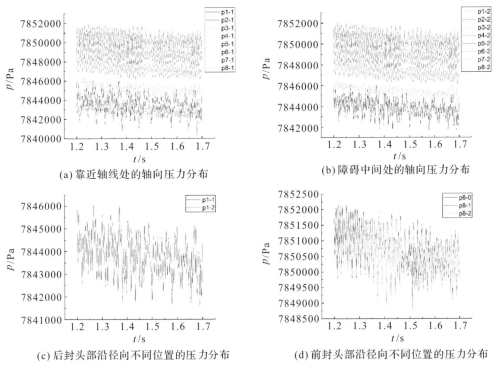

(a) 靠近轴线处的轴向压力分布

(b) 障碍中间处的轴向压力分布

(c) 后封头部沿径向不同位置的压力分布

(d) 前封头部沿径向不同位置的压力分布

图 4-19　50s 时刻各个监测点压力分布

图 4-20 为 50s 工作时刻下发动机内监测点中的 FFT 频谱分析结果。p1 至 p7 处各点的压力波动情况类似,因此这里选取 p1-1 作为代表进行分析,而 p8-0、p8-1、p8-2 点处的压力差异较大,故对其也进行分析。从四个子图中可以发现,这些监测点都存在 2Hz 左右的压力振荡,但其波动量最大值仅为平均压力的 0.004%,与后续无障碍条件下的 2Hz 压力振荡幅值持平。所有监测点中都监测到了一、二、三、四阶声振频率的压力振荡,但幅值有所差异。从图中还可以看出,压力振荡较强的为二阶声振频率 118Hz 处,压力波动量为平均压力的 0.008%。最大声振振幅为头部旋涡引起流动波动量的 2 倍。

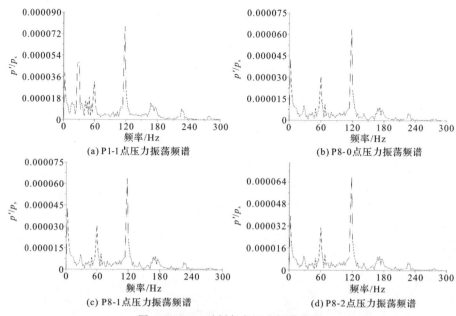

(a) P1-1点压力振荡频谱

(b) P8-0点压力振荡频谱

(c) P8-1点压力振荡频谱

(d) P8-2点压力振荡频谱

图 4-20　50s 时刻各点压力频谱分析

  图 4-21 为 50s 时刻流场压力振荡频率与燃烧室空腔声振频率的对比。发动机燃烧室内因障碍产生旋涡脱落,其一、二、三、四阶频率分别为 60Hz、119Hz、172Hz、226Hz,此刻状态下燃烧室空腔对应各阶声振频率为 56Hz、110Hz、164Hz、216Hz,非常接近。图 4-22 为 50s 时刻流场的压力振荡幅值,不同的监测点处压力振荡最强烈的振频均接近二阶振频处。最大振幅为 0.00008,发生在 p1-1点处。基本可以认为,发动机在 50s 时刻,燃烧室内有可能发生由二阶声振频率引起的压力波动,振荡频率 119Hz。

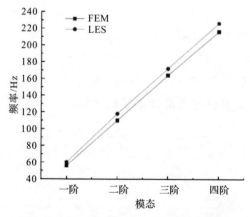

图 4-21　50s 时刻各阶流场压力振荡频率

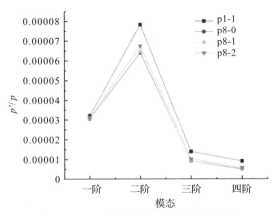

图 4-22 50s 时刻各阶流场压力振荡幅值

(3)压力振荡分析(50s 及 70s 时刻)

图 4-23 为 50s 时刻在不同障碍高度下发动机燃烧室内的压力监测数据,这些压力数据均来自发动机内压力波动值最大的监测点,即数据均来源于 p1-1 点。50s 时刻,在发动机内腔长度和直径一定的情况下,绝热层障碍不同的高度对压力振荡有明显影响。无障碍情况下(50s-wp)几乎不存在压力波动,波动量在 0 周围保持恒定,有绝热层障碍情况下,压力波动量会在 0 附近正负波动。图中还可以明显看到,50s-0.05 的压力振幅强于 50s-0.1,且 50s-0.05 的压力振幅是 50s-0.1 压力振幅的两倍以上。

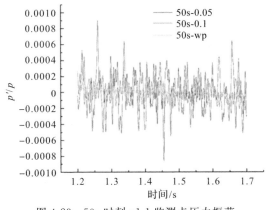

图 4-23 50s 时刻 p1-1 监测点压力振荡

图 4-24 为 70s 时刻不同障碍高度下发动机燃烧室内的压力监测数据,这些压力数据同样来自发动机内压力波动值最大的监测点,即 p1-1 点。70s 时刻发动机

内腔长度与50s时刻保持一致,仅燃烧室空腔直径有所变化,改变绝热层障碍高度同样对压力有明显影响,将 $p'/p$ 无量纲量坐标调整到与图 4-23 区间一致。从图中可以看出,压力波动整体水平微降,无障碍情况下(70s-wp)几乎在 0 周围保持稳定,但存在绝热层障碍的情况下,压力波动量会在 0 附近正负波动。在图中还可以明显看到 70s-0.05 的压力振幅强于 70s-0.1,但 70s 所有的情况总体压力振荡强度均弱于 50s 状态。

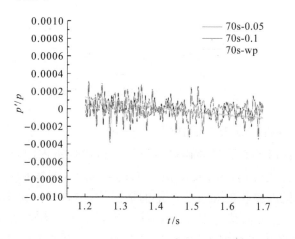

图 4-24　70s 时刻 p1-1 监测点压力振荡

表 4-6 为所有算例有限元声振与大涡模拟振荡振频的对比统计,供后续使用。

表 4-6　有限元声振与大涡模拟振荡振频对比

| 算例 | 方法 | 一阶/Hz | 二阶/Hz | 三阶/Hz | 四阶/Hz |
|---|---|---|---|---|---|
| 50-wp | FEM | 59 | 118 | 178 | 235 |
| | LES | 62 | 126 | 186 | 242 |
| 50-0.1 | FEM | 56 | 110 | 164 | 216 |
| | LES | 60 | 119 | 172 | 226 |
| 70-wp | FEM | 60 | 120 | 179 | 238 |
| | LES | 62 | 126 | 188 | 246 |
| 70-0.1 | FEM | 7 | 113 | 168 | 221 |
| | LES | 60 | 118 | 174 | 230 |

图 4-25 为 50s 时刻大涡模拟压力振荡频率的计算结果,可以看出,流场出现了声振一、二、三、四阶频率压力振荡,且各阶频率呈倍数叠加;振荡频率数值的整体分布与绝热层障碍存在与否及其高度有关。随着障碍高度增加,各点分布下移,即在相同阶数下,各阶压力振荡频率大小均为 50s-wp＞50s-0.1＞50s-0.05,即

同一工作时刻下,绝热层障碍越高,同阶的压力振荡频率越低;且随着振频阶数上升,三条曲线间的绝对差值越大。

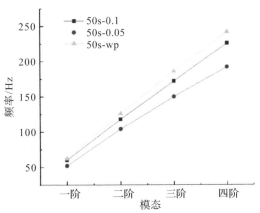

图 4-25　50s 时刻大涡模拟压力振荡频率

图 4-26 为 50s 时刻不同障碍高度下流场的大涡模拟压力振荡幅值的计算结果,压力振荡幅值整体平均水平为 50s-wp<50s-0.1<50s-0.05。50-wp 的压力振荡幅值相比其他两个状态可以忽略,50s-0.1 的压力振荡主振频率与二阶声振频率接近,频率为 119Hz,振幅约为 0.000078,50s-0.05 的压力振荡主频为 52Hz,与一阶声振频率接近,振幅约为 0.00016,其 104Hz、155Hz 下的振荡幅值不是 50s-0.05 条件下的最大值,振幅约为 0.000096,但其振幅已经超过 50s-0.1 条件下的最大振幅,这表明障碍高度比模态变化的影响更大。随着障碍高度的增加,压力振荡幅值也逐渐增加,即同一工作时刻,障碍高度越高,压力振荡幅值越大。

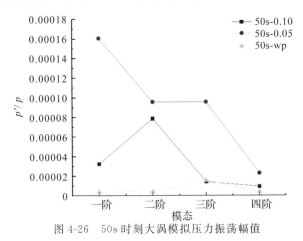

图 4-26　50s 时刻大涡模拟压力振荡幅值

　　图 4-27 为 70s 时刻大涡模拟压力振荡频率的计算结果,发动机出现的主要压力振荡频率与各阶声振频率接近,且各阶振频与声振倍频关系相同。结果与 50s 时刻结果类似,振荡频率数值的整体分布与绝热层障碍存在与否及其高度有关。在相同阶数下,各阶压力振荡频率大小均为 70s-wp>70s-0.1>70s-0.05,符合 50s 时刻计算结果中的绝热层障碍越高同阶的压力振荡频率越低,且随着声振振频阶数上升,其绝对差值越大的规律。

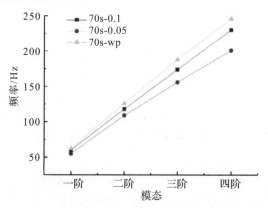

图 4-27　70s 时刻大涡模拟压力振荡频率

　　图 4-28 为 70s 时刻不同障碍高度下流场的大涡模拟压力振荡幅值的计算结果,压力振荡幅值整体水平为 70s-wp<70s-0.1<70s-0.05,70-wp 的压力振荡微弱,70s-0.1 与 70s-0.05 的压力振荡最大振幅的主振频率均与二阶声振频率接近,约为 119Hz,70s-0.1 与 70s-0.05 的最大极限振幅约为0.00003与0.00006。

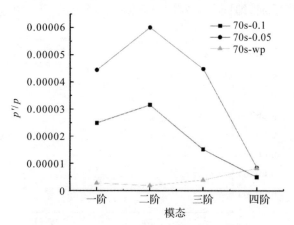

图 4-28　70s 时刻大涡模拟压力振荡幅值

　　由此前的数据分析可知,无绝热层障碍情况下压力的振荡振幅尺度远小于存在障碍的情况,这在当时只做了忽略分析,而此处专门就无障碍条件下不同工作时间的压力振荡特性进行对比分析。图 4-29 为 50s、70s 时刻发动机无障碍燃烧室内的压力振荡对比幅值和频率对比分析图,图中周向一圈坐标分别为 2Hz 及其余四阶声振频率,径向坐标为压力振荡幅值,可以看出 2Hz 主频的波动是这两个发动机中的主要振荡形式。2Hz 时,70s 时刻的振荡幅值为 50s 时刻的两倍,但最大振幅仅为0.00007,其余各阶压力振荡虽可以捕捉到,但幅值极其微弱。此处 2Hz 的振幅和 70s-0.05(70s 最高障碍)情况下的振幅相当,即此处产生的 2Hz 的压力扰动的头部旋涡的存在也不容忽视,可能会对前封头和点火发动机烧蚀有所影响。

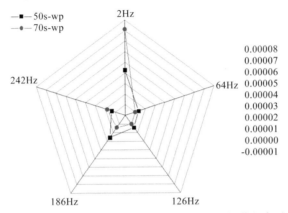

图 4-29　无障碍条件 50s、70s 时刻发动机压力振荡频率对比

　　图 4-30 为 50s、70s 时刻相同障碍高度发动机各阶的压力振幅对比图。结果表明,50s 时刻的一、二、三、四阶振荡均高于 70s 时刻的各阶振荡,幅值达到两倍。

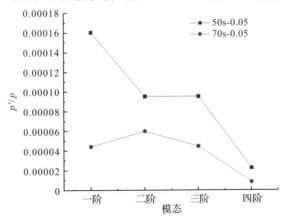

图 4-30　不同时刻相同障碍高度发动机压力振幅对比

　　前面对各阶振荡已进行了对比,此处仅取对应时刻、对应障碍高度条件下发生的各阶振荡最大幅值进行对比。图 4-31 为不同时刻不同障碍高度的发动机压力振荡最大幅值对比,随着障碍高度的增大,燃烧室内压力振荡极限水平几乎呈线性增大,在相同的障碍高度条件下,燃烧室内腔体积越小则振荡越明显,振荡幅值和绝热层与推进剂燃速的差值呈正相关。

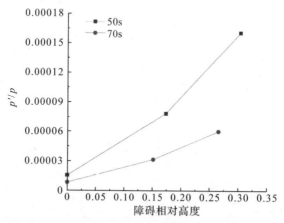

图 4-31　不同时刻不同障碍高度发动机压力振荡最大幅值对比

　　图 4-32 对不同时刻不同障碍高度的发动机压力振荡模态转换进行了对比,图中带箭头的线为趋势指示线,下降的对应 50s,水平的对应 70s。不管是 50s 还是 70s,随着障碍高度的逐渐增大,流动造成的压力振荡频率模态均从高阶(四阶),逐渐向低阶(一阶)过渡。

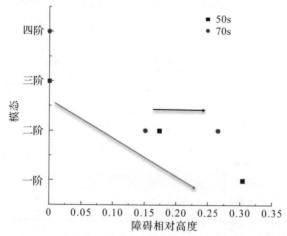

图 4-32　不同时刻不同障碍高度发动机压力振荡模态转换

### 4.3.4　颗粒相对振荡的影响

50s 工作时刻下的两相流流场云图如图 4-33 所示,燃烧室压力数值计算结果与发动机内弹道计算压力基本相符。将两相流流场云图与 50s 工作时刻纯燃气流场做对比,分析可知主要差异均在喷管处。喷管扩张段的流场温度分布不均匀,含有凝相粒子的降温速度在靠近轴向中心区域明显高于纯气相的流场,这是因为凝相粒子释放热量的速度远滞后于经气相膨胀降温。喷管扩张段的流场压力分布相对于纯气相也有很明显的不均匀,这是因为含有凝相粒子的燃气在喷管中不能达到设计状态中纯气相完全膨胀的状态,靠近中心区域时,存在的粒子会降低气相的膨胀加速过程。总而言之,粒子的存在会降低燃气的膨胀加速过程。喷管喉部部分的速度梯度和温度梯度为锯齿状,即粒子通过喷管喉部的时刻不是均匀分布状态。

50s

压力

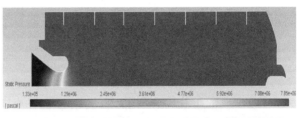

50s-0.05-DPM

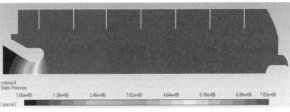

50s

温度

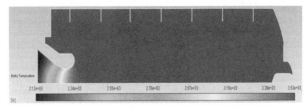

50s-0.05-DPM

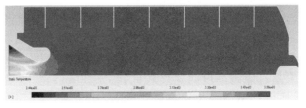

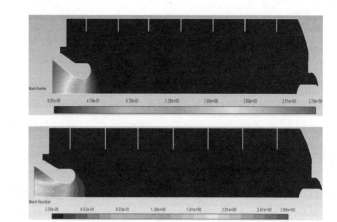

50s

马赫数

50s-0.05-DPM

图 4-33　50s 工作时刻两相流流场对比(50s-0.05 与 50s-0.05-DPM)

　　图 4-34 为 50s 工作时刻两相流流场凝相计算结果云图,包括粒径分布、粒子沉积、粒子滞留时间、粒子速度分布云图。图 4-34(a)为流场中不同粒径粒子的分布情况,粒子离开燃面时刻粒径分布均匀,且随着燃气流动的裹挟逐渐离开燃面,待粒子到达障碍高度时刻,均匀的粒子分布开始逐渐不均匀,不均匀性明显与流动的不稳定性及旋涡脱落情况相关。脱落的大尺度旋涡边缘聚集了更多的大粒径粒子,形成深色的带状粒径分布,且长条带状分布明显,这是由于旋涡在流动旋转的过程中,越靠近边缘,旋转线速度就越大,即燃气流速越大,对大粒径粒子的带动作用则越强。旋涡中心部分仅存在浅色的最小粒径。燃烧室头部靠近发动机点火区域会有个别粒子聚集,但是整体中心区域靠近头部位置处粒子很少,这是由于头部推进剂产生的粒子随气流都流向了后方。图 4-34(b)为粒子沉积分布云图,粒子沉积较高的区域为绝热层障碍和脱落涡主流的边界区域。绝热层障碍的边缘处会有粒子撞击并聚集,但粒子刚离开燃面时速度较低,不会对绝热层产生强烈侵蚀。脱落涡主流边界区域由于旋涡的旋转作用速度较高,且与主流速度存在方向上的差异和梯度,因此在脱落涡主流的边界区域产生了粒子的聚集现象。结合此前的粒径分布结果分析,此处聚集的是粒径较大的粒子。图 4-34(c)为粒子滞留时间云图,从图中可以得到粒子在燃烧室内滞留时间的分布情况。头部发动机点火区域存在少数粒子长时间的滞留,前封头部分也有较高的粒子滞留区域。从喷管处可以看出,同时流出喷管处的粒子滞留时间有所不同,靠近发动机尾部装药产生的粒子在较短的时间就会从喷管流出,而头部装药产生的粒子则需要较多的时间才可流出。图 4-34(d)为粒子速度云图,粒子在离开推进剂表面且高度未超过障碍高度时速度较低,小于 30m/s,粒子随着气流在喷管收敛段开始加速,并加速到超声速流出喷管。

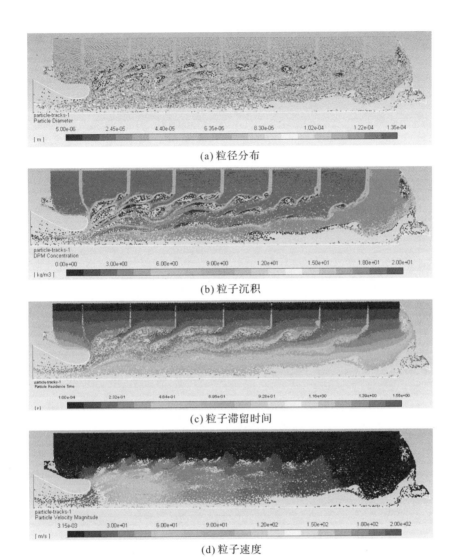

(a) 粒径分布

(b) 粒子沉积

(c) 粒子滞留时间

(d) 粒子速度

图 4-34　50s 工作时刻两相流流场凝相计算结果(50s-0.5-DPM)

图 4-35 为 50s 时刻发动机燃烧室内各个监测点的压力振荡分布图,将数据处理后列入表 4-7,表中为 50s-0.05 高度下有无 DPM 模型的计算结果对比。在纯燃气计算和 DPM 计算结果对比中,两者频率差距不大,均与一阶声振频率接近,且最大振幅分别为 0.016%、0.034%,考虑凝相粒子存在的情况下低阶振幅达到了纯燃气的两倍,同时凝相粒子的存在对高频存在很明显的抑制作用。

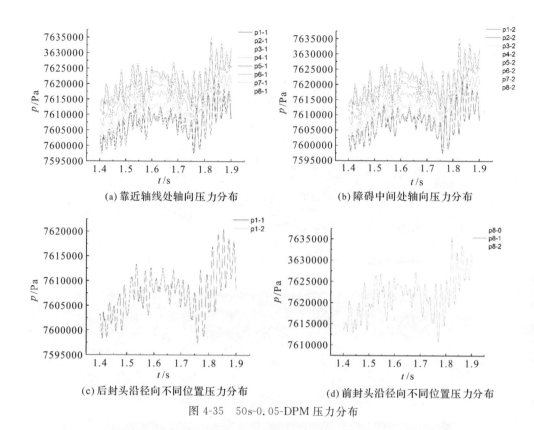

(a) 靠近轴线处轴向压力分布      (b) 障碍中间处轴向压力分布

(c) 后封头沿径向不同位置压力分布      (d) 前封头沿径向不同位置压力分布

图 4-35   50s-0.05-DPM 压力分布

**表 4-7   5s-0.05 高度下有无 DPM 模型计算结果对比**

| 算例 | 振频/Hz | 振幅/% |
|---|---|---|
| 50s-0.05 | 52 | 0.016 |
| 50s-0.05-DPM | 50 | 0.034 |

## 参考文献

[1] Hult J, Gashi S, Chakraborty N, et al. Measurement of Flame Surface Density for Turbulent Premixed Flames Using PLIF and DNS[J]. Proceedings of the Combustion Institute, 2007, 31 (1):1319-1326.

[2] Gerolymos G A, Senechal D. DNS of Compressible Channel Flow Using Low-Diffusion High-Order Upwind Schemes[R]. AIAA, 2007:4196.

[3] Apte S V, Yang V. Unsteady Flow Evolution in Porous Chamber with Surface Mass Injection Part 1: Free Oscillation[J]. AIAA Journal, 2001, 39(8):1577-1586.

［4］ Apte S V，Yang V. Unsteady Flow Evolution in Porous Chamber with Surface Mass Injection Part 2：Acoustic Excitation［J］. AIAA Journal，2002，40（2）：244-253.

［5］ Yakhot V，Orszag S A. Renormalization Group Analysis of Turbulence I：Basic Theory［J］. Journal of Scientific Computing，1986，7（1）：1-51.

［6］ Yakhot V，Orszag S A，Thangam S，et al. Development of Turbulence Models for Shear Flows by a Double Expansion Technique［J］. Physics of Fluids，1992，7（4）：1510-1520.

［7］ Sutherland W. The Viscosity of Gases and Molecular Force［J］. Philosophical Magazine，1893，5（36）：507-531.

［8］ Erlebacher G，Hussaini M Y，Speziale C G，et al. Toward the Large Eddy Simulation of Compressible Turbulent Flows［R］. AD-A229，1990：671.

［9］ Farhad A，Abbassi，Nazari M，et al. FLUENT 6.3 User's Guide［J］. Modern Mechanical Engineering，2017，7（2）：1-49.

［10］ Smagorinsky J. General Circulation Experiments with the Primitive Equations I，The Basic Experiment［J］. Monthly Weather Review，1963，91（3）：99-164.

［11］ Lilly D K. A Proposed Modification of the Germano Subgrid-Scale Closure Model［J］. Physics of Fluids，1992，4（3）：633-635.

［12］ 张兆顺，崔桂香，许春晓. 湍流理论模拟［M］. 北京：清华大学出版社，1995.

［13］ Germano M，Piomelli U，Moin P，et al. A Dynamic Subgrid-Scale Eddy Viscosity Model［J］. Physics of Fluids，1991，3（7）：1760-1765.

［14］ Nicoud F，Ducros F. Subgrid-Scale Stress Modeling Based on the Square of the Velocity Gradient Tensor［J］. Flow，Turbulence and Combustion，1999，62（3）：183-200.

［15］ Rossiter J E. Wind Tunnel Experiments on the Flow over Rectangular Avities at Subsonic and Transonic Speeds［R］. Aeronautical Research Council Reports and Memoranda，3438，1964.

［16］ Dotson K，Koshigoe S，Pace K. Vortex Driven Pressure Oscillations in the Titan IV：Solid Rocket Motor Upgrade［C］// 31st AIAA/ASME/SAE/ASEE Joint Propulsion Conference and Exhibit，1995.

［17］ 苏万兴. 大长径比固体火箭发动机燃烧不稳定预示及抑制方法研究［D］. 北京：北京理工大学，2015.

［18］ Mason D R，Morstadt R A，Cannon S M. Pressure Oscillation and Structural Vibrations in Space Shuttle RSRM and ETM-3 Motors［R］. AIAA，2004：3898.

［19］ Howe M S. Contributions to the Theory of Aerodynamic Sound，with Application to Excess Jet Noise and the Theory of the Flute［J］. Journal of Fluid Mechanics，1975，71（4）：625-673.

［20］ Anthoine J，Buchlin J M，Hirschberg A. Effect of Nozzle Cavity on Resonance in Large SRM：Theoretical Modeling［J］. Journal of Propulsion and Power，2002，18（2）：304-311.

［21］ Anthoine J，Buchlin J M，Repellin O. Ariane-5 MPS Aeroacoustics Research at VKI：An Overview［D］. von Karman Institute for Fluid Dynamics，1999.

［22］ Anthoine J. Experimental and Numerical Study of Aeroacoustic Phenomena in Large Solid Propellant Boosters[D]. von Karman Institute for Fluid Dynamics，2000.

[23] Blomshield F S. Lessons Learned in Solid Rocket Combustion Instability［R］. AIAA，2007：5803.

[24] Horta L G，Reaves M C，Buehrle R D，et al. Finite Element Model Calibration Approach for Ares Ⅸ［M］// Proulx T. Structural Dynamics，Volume 3. New York：Springer，2011：1037-1054.

[25] 苏万兴,李军伟,张峤,等.涡脱位置及温度对涡声效应压力振荡影响研究[J].推进技术,2013,34(2):248-253.

[26] Kim S E. Large Eddy Simulation of Turbulent Flow Past a Circular Cylinder in Subcritical Regime[R]. AIAA,2006:1418.

[27] Karthik B，Chakravarthy S R，Sujith R I. The Effect of Orifice Thickness on the Vortex-Acoustic Interaction in a Duct［R］. AIAA，2001：2182.

[28] Flatau A，Moorhem V W. Cold-Flow Investigation of Vortex-Shedding Induced Sound Amplitude Variations［R］. AIAA,1995:605.

# 第5章 固体推进剂的压力耦合响应特性研究

就固体火箭发动机而言,推进剂的燃烧响应是燃烧不稳定的主要增益来源。根据瑞利准则,若燃面的燃速扰动与声压振荡同相位或具有相同的分量,则燃面向声腔的质量加入可引起放大声压振荡的作用,于是引出了一个以质量燃速表征的参量,即压力耦合响应函数,其数值大小可用于表征固体推进剂的燃烧稳定性[1]。因此,以理论或试验手段得到推进剂的压力耦合响应函数对燃烧不稳定的研究具有重要意义。然而,由于固体推进剂具有组分复杂、燃烧环境恶劣等特点,目前尚无完备的理论模型可以精确获取其燃烧响应函数。因此,当前主要通过测试的方式获取压力耦合响应函数,进而对固体推进剂的燃烧稳定性进行预估[2]。

目前已发展的测试技术可分为间接法和直接法两种。间接法包括 T 型燃烧器及其改进法[3-6]、旋转阀法[7-9]、阻抗管法[10]、活塞法[11],这些技术需要采用间接声学分析法对燃烧室内的非稳态气体动力学和燃烧过程进行建模,并分析燃烧过程中的非稳态气体动力学,以便将推进剂燃烧响应函数与测得的压力相关联。因此,推导的推进剂燃烧响应函数的准确性取决于声学分析本身的精度。此外,间接法适用于测量不易起振或不易产生自激振荡的推进剂,比如复合推进剂。直接法包括微波法[12]、磁流仪法[13-14]和超声波法[15],上述技术需要直接测量推进剂的燃速变化或者火焰区的平均速度和脉动速度,再结合压力振荡的振幅和频率,最终求取推进剂的压力耦合响应函数。该类方法实现难度较大,还有待发展。上述几种典型测试方法对比如表 5-1 所示[16]。

**表 5-1 压力耦合响应测试方法(不含分布式燃烧)**

| 方法 | T 型燃烧器及其改进法 | 旋转阀法 | 阻抗管法 | 活塞法 | 微波法 | 磁流仪法 | 超声波法 |
|---|---|---|---|---|---|---|---|
| 最大频率/kHz | 10 | 0.8 | 2.4 | 0.4 | 1 | 20 | >0.2 |
| 最大压力/MPa | 14 | 10.5 | 3.5 | 10 | 7 | 14 | 20.7 |
| 单点成本/美元 | 450~600 | 325 | — | — | 200 | — | — |
| 测量方式 | 间接 | 间接 | 间接 | 间接 | 直接 | 直接 | 直接 |
| 简评 | 经常使用 | 最接近实际发动机 | 不适用于高压工况 | 处于实验阶段 | 成本高于其他方法 | 尚处于探索阶段 | 系统组成复杂 |

T 型燃烧器及其改进法由于其结构简单、操作方便等特点而被广泛应用，Crocco 等[17]对该方法的原理及应用进行了系统的总结与描述。但其也存在如下缺点：①为了得到某一特定压力和频率下的燃烧响应值，需要进行多次实验；②理论不完备，一些前提假设仍存疑问；③存在喷管损失和流量转向损失，理论误差达 30%～50%；④声振频率与燃烧室长度成反比，不易开展低频实验。鉴于上述缺点，Brown 等[7]开发出旋转阀和实验发动机相结合的压力耦合响应测试方法，即旋转阀法。研究发现，旋转阀法具有以下优点：①测试频域宽，理论可覆盖 800Hz 以内的频率点；②经济成本低，其成本仅为 T 型燃烧器及其改进法实验成本的 1/5 ～1/4，且一次实验可开展多频率点测量；③测试结果更接近实际，可在小型发动机内开展实验，基本排除了微粒阻尼和壁面热损失的影响。同时，美国技术联合协会的化学系统分会和空军宇航实验室的试验结果表明[16,18]，旋转阀法可以得到重复性较好的结果，并且与 T 型燃烧器及其改进法、微波法的测量结果具有较好的可比性。

## 5.1 旋转阀燃烧器实验技术

旋转阀装置具有运转稳定、转速可调、可频繁换向等优点，故被广泛应用于旋转爆震发动机和燃烧不稳定控制等航空航天领域。其中，Wang 等[19]利用旋转阀组件控制脉冲爆震发动机的燃料和氧化剂供给周期，研究了液体燃料雾化和汽化对脉冲爆震发动机压力振荡和速度逆差的影响。Barooah 等[20]使用基于旋转阀的作动器来调控燃气供给频率，实现了对燃烧不稳定的主动控制；Brown 等[7-8]利用旋转阀和小型实验发动机相结合的方案，研究了固体推进剂对小振幅压力振荡和度振荡的燃烧应特征，可用于预估固体火箭发动机的燃烧稳定性。Kuentz-mann 等[21]利用类似于旋转阀方案的调制喷管方案，研究了固体推进剂压力和速度耦合响应特征，可用于获取不同工作压力和频率下的推进剂压力耦合和速度耦合响应函数。Kathiravan 等[22]利用旋转阀和可视化燃烧器相结合的方式，研究了准稳态和非稳态条件下声压振荡对固体推进剂燃烧平均燃速的影响；Hafenrichter 等[15]利用旋转阀和超声波测试装置相结合的方案，研究了压力振荡范围介于 20～200Hz 的固体推进剂燃烧的瞬态现象。因此，旋转阀燃烧器是研究固体推进剂和发动机燃烧稳定性的重要工具。为推进旋转阀测试技术的传播应用，北京理工大学王宁飞课题组建立了一套基于传统旋转阀装置的改进型固体推进剂压力耦合响应测量装置，并开展了数值仿真与推进剂点火实验。

### 5.1.1　实验装置

#### 5.1.1.1　传统旋转阀实验装置

传统旋转阀实验装置[7-8]如图 5-1(a)所示,主要由小型发动机和旋转阀组成。其中,小型发动机采用两端无包覆的内孔型装药,主喷管为传统喷管,用于维持燃烧室内平均压力。发动机头部开孔并和旋转阀进气通道直接相连,形成次级排气通道。在发动机尾部对称安装了两个压力传感器,分别用于获取燃烧室内平均压力和瞬态波动压力。在发动机头部侧壁位置安装了气体(甲烷—氧气)点火器,用于瞬时点燃整个推进剂燃面。

对于与小型发动机配合安装的旋转阀而言,其结构示意如图 5-1(b)所示。旋转阀主要由定子、转子和旋转阀体组成。转子周向等间距开有多个圆形孔,位于旋转阀体中心线上,可在电机的带动下高速转动。沿旋转阀体中心线对称处开有两个安装槽,一侧与发动机燃烧室装配,另一侧与冷流辅助室装配。在安装槽内嵌入方形孔石墨定子,当转子转动时,转子上的圆形孔与定子上的方形孔形成周期性的"开—关"次级排气通道,该排气通道的排气面积按近似正弦规律变化。小型发动机燃烧室和冷流辅助室内的高压气体可经该排气通道周期性排出,会引发小振幅的压力振荡,振荡频率由转子转速决定。由于旋转阀结构和推进剂燃烧响应的共同作用,燃烧室内压力相较于次级排气面积变化存在相位滞后(又称相位延迟角),且其数值大小仅能通过实验获取。

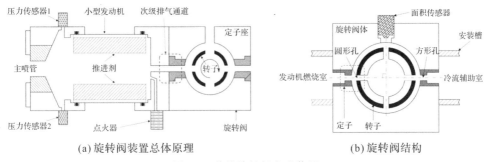

(a) 旋转阀装置总体原理　　　　　　　(b) 旋转阀结构

图 5-1　传统旋转阀实验装置

传统旋转阀采用接触探针式面积传感器和冷流辅助实验相结合的方法对相位延迟角进行了测量。该方法通过将面积传感器与次级排气通道呈 90°夹角安装的方式,避免了探针直接与高温气体接触而发生烧蚀,为了保证测试精度,在开展推进剂点火试验的同时也需要使用冷流辅助室进行辅助校准。接触式探针方法存在以下不足:①探针磨损,高速转动过程探针与石墨套直接接触、摩擦;②测试误差大,转动过程探针可能存在回弹,导致获取的位置数据精度降低;③数据处理繁杂,大量探针位置数据需转化为次级通道排气面积,且需要考虑探针安装夹角对测试精度的影响;④装置及操作流程复杂,为校验相位延迟角的准确性,在点火试验的同时还需要开展冷流实验。上述不足导致旋转阀法至今仍未被广泛应用,尤其是国内,鲜有旋转阀法的相关报道。

针对传统旋转阀装置存在的不足,北京理工大学王宁飞课题组建立了一套基于传统旋转阀装置的改进型固体推进剂压力耦合响应测量装置,提出了一种非接触式的圆光栅组件法用于测量相位延迟角,并开展了多频率点的固体推进剂点火实验,验证了测试系统的可靠性。

### 5.1.1.2 改进型实验装置

改进型的旋转阀实验装置如图 5-2 所示,主要由小型实验发动机、旋转阀、数据采集系统三部分组成。对于小型实验发动机,为保证推进剂恒定的燃烧特性,避免速度耦合或侵蚀燃烧的影响,实验采用侧面包覆的端燃装药。发动机左端主喷管用于维持燃烧室内一定的平均压力,燃烧室中部开孔并与旋转阀相连通。在主喷管一侧接入点火线,引燃黑火药包产生的高温高压燃气可迅速点燃整个推进剂装药燃面。在主喷管段和燃烧室各装有一个高频压力传感器用于测量燃烧室内的动态压力,压力数据由数据采集仪采集。其中,主喷管喉径为 4mm,燃烧室内径及体积分别为 76mm 和 450cm³,其他尺寸按等比例设计。

旋转阀由伺服电机驱动(台达,ECMA-E21320RS),其转速范围为 0~3000 r/min,内部剖面如图 5-2(b)所示,主要由转子、转子轴、定子、联轴器等组成。其中,转子与定子均为石墨材质,转子轴为中空轴,其材质为 30CrMnSiA。转子和转子轴配合安装,形成转动部件同步转动。同时,转子轴与伺服电机由联轴器连接,故转子转速实际由伺服电机控制。转子外径为 76mm,在转子中部位置,沿其周向等间距开有 23 个半径为 2.5mm 的转子排气通道(rotor exhaust duct,RED)。定子与发动机燃烧室装配在一起,燃烧室内高压气体可通过定子中心位置的定子排气通道(stator exhaust duct,SED)进入旋转阀。其中,SED 与 RED 的位置中心对齐,为消除谐波组分及安装精度因素的影响,SED 截面形状设计为矩形,长为 7.5mm,宽为 5mm。在转子转动过程中,23 个 RED 与 SED 形成周期性的"开—闭"次级排气通道,这使得高压气体可从燃烧室经次级排气通道周期性排出,会引发燃烧室内压力振荡,压力振荡频率由伺服电机转速决定。

(a) 点火实验装置

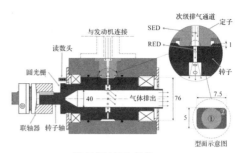

(b) 旋转阀剖面(单位:mm)

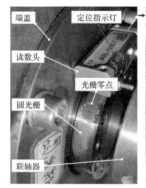

(c) 圆光栅定位组件

图 5-2　旋转阀实验装置(点火)

　　对于次级排气面积,实验采用由圆光栅(雷尼绍,RESM20USA057)、读数头(雷尼绍,T2021-30A)、细分盒(雷尼绍,Ti0004)及运动控制卡(泰道,PMAC2A-ETH)等组成的圆光栅定位组件间接获取,具体组件配合安装如图 5-2(c)所示。结合图 5-2(b),圆光栅配合安装于转子轴并随轴同步转动,其外径为 57mm,表面刻有 9000 条相邻间距为 $20\mu m$ 的栅格线和一条光栅零点线。在转动过程中,该栅格线变化可由固定于端盖的非接触式读数头读取,读数头与圆光栅之间的安装角度及距离由定位指示灯确定。细分盒与读数头配合使用可将读取的栅格信号进行四等分处理,即细分盒每输出 36000 个栅格信号则表示转子转动一周,对应旋转阀排气 23 次,一次完整排气周期占栅格信号点数为 1565 个。同时,细分盒将栅格信号实时反馈给运动控制卡,用于及时修正伺服电机转速与运动控制卡指令的误差,即圆光栅、运动控制卡和伺服电机构成闭环控制系统。其中,圆光栅表面的光栅零点为零位校准点,用于消除光栅探头未准确获取栅格数据导致的伺服电机转动误差。即读数头读取相邻两次零位校准点的栅格信号数据点的差值需为 36000,否则电机将转动异常,发出警报。同时,栅格信号同步传输给数据采集仪,为进一步定位 RED 位置和计算次级排气通道排气面积（简称次级排气面积）提供数据支持。

实验中，由于旋转阀间歇排气的特征，燃烧室压力呈周期性振荡。因此，喷管段（1♯）和燃烧室（2♯）动态压力应选用响应频率快、高频性能优良、稳定性好的高频压力传感器。通过冷流实验，综合对比了以下三款不同型号压力传感器的实验效果：压电传感器（联能，YE5850）、应变传感器（美控，P300，0～10MPa）及高频压力传感器（杰诚，CYG4100，0～10MPa）。最后，选用了固有频率为 200kHz，响应频率为 0～100kHz，输出电压为 0～10V，且获取的压力振荡包含平均值和波动值的高频压力传感器。实验前将该传感器固定于图 5-3(a)中压力传感器标定系统的待测传感器安装座上，按照国标 JJG 624—2005（动态标定）及 JJG860—2015（静态标定）的检定规程对压力传感器进行标定。实验中，高频压力传感器采集的压力数据及读数头获取的栅格信号（或位置信息）会传递给数据采集仪（DH6960-16CH，16 通道），如图 5-3(b)。该采集仪兼具数据采集和分析的能力，最大采样频率为 100kHz，实验中使用的采样频率为 20kHz。

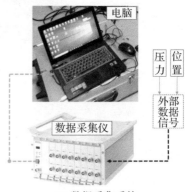

(a)压力传感器标定系统　　　　　　　　　(b)数据采集系统

图 5-3　压力传感器标定与数据采集系统组成

### 5.1.2　理论模型

#### 5.1.2.1　压力耦合响应函数求解模型

为定量求解压力振荡与有效排气面积的相位延迟角和幅值的关系，假定燃烧室压力振荡频率远小于燃烧室纵向基频（<25%），即发动机燃烧室长度远小于振荡压力波长（$L \leqslant \lambda/8$）。在此前提下，由次级排气通道周期性排气引发的压力振荡在燃烧室内空间分布均匀，且振荡幅值处处相同。因此，压力在空间上的变化可

以忽略,处于整体振荡状态。同时,由于采用小尺寸发动机开展实验,因此可进一步忽略壁面的热传导损失。综上,对于小振幅简谐振荡,燃烧室内质量和能量方程满足

$$\frac{\mathrm{d}m}{\mathrm{d}t} = \dot{m}_b - \dot{m}_e \tag{5-1}$$

式中,$\dot{m}_b$ 为推进剂质量流率,$\dot{m}_e$ 为排气质量流率,分别由下式定义:

$$\dot{m}_b = r_b \rho_s \tag{5-2}$$

$$\dot{m}_e = \frac{p S_{out}}{c^*} \tag{5-3}$$

式中,$r_b$ 为推进剂燃速,$\rho_s$ 为推进剂密度,$S_{out}$ 为主喷管和次级排气通道有效排气面积之和,$c^*$ 为特征速度。

$$\frac{\mathrm{d}(m c_v T)}{\mathrm{d}t} = \dot{m}_b c_p T_f - \dot{m}_e c_p T \tag{5-4}$$

式中,$c_p$ 及 $c_v$ 分别为定压比热及定容比热,$T_f$ 为燃面附近温度,$T$ 为燃烧室温度。

对于燃烧室内压力、温度及次级排气通道有效排气面积小振幅简谐振荡,各瞬态量与平均量之间的关系可表示为

$$S_{out}/\overline{S}_{out} = 1 + S'_{out}/\overline{S}_{out} = 1 + \Psi = 1 + \Psi_{am} e^{i\omega t} \tag{5-5}$$

$$p/\overline{p} = 1 + p'/\overline{p} = 1 + \alpha = 1 + \alpha_{am} e^{i(\omega t + \theta_{ps})} \tag{5-6}$$

$$T/\overline{T} = 1 + T'/\overline{T} = 1 + \delta = 1 + \delta_{am} e^{i(\omega t + \theta_T)} \tag{5-7}$$

$$c^*/\overline{c}^* = \sqrt{T/\overline{T}} = \sqrt{1+\delta} \approx 1 + \frac{\delta}{2} = 1 + \frac{\delta_{am} e^{i(\omega t + \theta_T)}}{2} \tag{5-8}$$

$$T_f/\overline{T}_f = (1 + T'_f/\overline{T}_f) = 1 + \delta_f = 1 + \delta_{f_{am}} e^{i(\omega t + \theta_f)} \tag{5-9}$$

式中,$\theta_{ps}$ 为相位延迟角,$\Psi_{am}$、$\alpha_{am}$、$\delta_{am}$ 分别表示有效排气面积、压力及温度小扰动的无量纲幅值。

根据瑞利准则,若燃面的燃速扰动和声压振荡同相位或具有相同的分量,燃面向声腔的质量加入可引起放大声压振荡的作用,则

$$r_b/\overline{r}_b = 1 + r'_b/\overline{r}_b = 1 + \beta = 1 + \beta_{am} e^{i(\omega t + \theta_{ps})} = 1 + (\beta_{am}/\alpha_{am})\alpha \tag{5-10}$$

联立公式(5-1)~(5-10)及气体状态方程后,进行线性化处理并忽略高阶小量影响,化简可得

$$\frac{\beta}{\alpha} + \frac{\delta}{\alpha} = \frac{\Psi_{am}}{\alpha_{am}} e^{i(-\theta_{ps})} + \frac{\gamma-1}{2\gamma} + \frac{\Omega}{\gamma} i + 1 \tag{5-11}$$

式中,$\Omega$ 为燃烧室压力振荡的无量纲,由下式定义:

$$\Omega = \omega \frac{V_c \overline{c}^*}{\overline{T} R_M \overline{S}_{out}} \tag{5-12}$$

　　压力耦合响应函数可定义为质量燃速的相对波动量与压力相对波动量的比值：

$$R_p = \frac{\dot{m}'}{\overline{\dot{m}}} \Big/ \frac{p'}{\overline{p}} \tag{5-13}$$

式中，$\dot{m}'$ 与 $p'$ 分别为质量燃速和压力的波动值，$\overline{\dot{m}}$ 与 $\overline{p}$ 分别为平均质量燃速和平均压力。

　　因为燃烧室内压力为周期性振荡，则内腔气体介质进行等熵膨胀和压缩时，必定存在熵的周期性变化，即熵波响应，这会导致火焰温度扰动量增加。此时，压力耦合响应的表达式需考虑温度波动的影响，故公式(5-13)变为

$$R_p = \left( \frac{\dot{m_b}'}{\overline{\dot{m}_b}} + \frac{T'}{\overline{T}} \right) \Big/ \frac{p'}{\overline{p}} = \frac{\beta}{\alpha} + \frac{\delta}{\alpha} \tag{5-14}$$

　　对公式(5-14)分离实部和虚部，可得压力耦合响应函数：

$$\begin{cases} R_p^{(\mathrm{Re})} = 1 + \dfrac{\gamma-1}{2\gamma} + \dfrac{\Psi_{\mathrm{am}}}{\alpha_{\mathrm{am}}}\cos\theta_{\mathrm{ps}} \\[2mm] R_p^{(\mathrm{Im})} = \dfrac{\Omega}{\gamma} - \dfrac{\Psi_{\mathrm{am}}}{\alpha_{\mathrm{am}}}\sin\theta_{\mathrm{ps}} \end{cases} \tag{5-15}$$

式中，$\alpha_{\mathrm{am}}$，$\Psi_{\mathrm{am}}$ 分别表示压力和次级排气通道有效排气面积的振幅值；$\Omega$ 为压力振荡的无量纲频率；$\gamma$ 为燃气比热比；$\theta_{\mathrm{ps}}$ 为压力相对面积变化的相位延迟角。

　　固体推进剂压力耦合响应函数的实部用于表征固体推进剂燃烧稳定性，其数值越大则发动机出现燃烧不稳定的可能性越高。由公式(5-15)可知，响应函数实部大小由 $\gamma$，$\alpha_{\mathrm{am}}$，$\Psi_{\mathrm{am}}$ 及 $\theta_{\mathrm{ps}}$ 共同决定，其中，$\gamma$ 可由热力学软件(如 NASA-CEA)计算获取，$\alpha_{\mathrm{am}}$ 可由压力传感器获取，$\Psi_{\mathrm{am}}$ 可根据次级排气通道的"开—闭"规律计算获取，而 $\theta_{\mathrm{ps}}$ 只能通过实验测量获取。因此，响应函数的误差主要来源于相位延迟角测量误差，但随着测量次数的增加可减少此误差。

　　固体推进剂压力耦合响应函数是关于振荡频率的函数，同时也受工作压力的影响。对于旋转阀法而言，压力振荡频率由转子转速控制，工作压力由主喷管维持。因此，可通过控制转子转速和主喷管喉部面积的方式，研究固体推进剂在不同振荡频率和工作压力下的压力耦合响应特性，具体测试方案如图 5-4 所示。

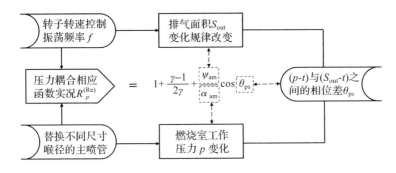

图 5-4　旋转阀测试研究方案

#### 5.1.2.2　次级排气面积求解模型

在旋转阀转动过程中(图 5-5),RED 与 SED 之间会形成周期性的"开—闭"次级排气通道,该通道的型面[图 5-1(b)]重叠部分构成了次级排气区域(图 5-6),其大小即为次级排气面积。当次级排气面积大于零时,次级排气通道处于打开状态,反之则处于关闭状态。旋转阀排气面积 $S$ 由主喷管面积 $S_1$ 和次级排气面积 $S_2$ 组成,前者为常数,而后者处于动态变化状态。同时,次级排气面积变化将直接影响燃烧室压力振荡规律以及相位延迟角的获取。因此,本小节对旋转阀转动过程进行理论分析,建立了次级排气面积变化与实验获取的栅格信号点之间的求解方程,并进一步构建了次级排气面积变化与燃烧压力振荡之间的理论模型。

旋转阀转动如图 5-5 所示,其中 RED 由 $A_1$ 转至 $A_5$ 位置为一个完整排气周期,$A_1$ 和 $A_5$ 分别为一个完整排气周期的开始位置和结束位置,$A_2$、$A_3$、$A_4$ 为排气过程的典型位置,弧长 $\overset{\frown}{A_1A_5}$ 为一个排气周期的行程长。RED 处于 $A_1$ 和 $A_5$ 位置时,次级排气通道处于关闭[图 5-5(a)]状态,无气体从 RED 排出。当 RED 处于 $A_1$ 和 $A_5$ 之间时,次级排气通道处于局部[图 5-5(b),图 5-5(d)]或完全打开[图 5-5(c)]状态,发动机燃烧室内部的高压气体可经次级排气通道进入 RED,然后由转子轴中心孔排出。由几何关系可知,$\overset{\frown}{A_1A_5}$ 对应弧长为 10.10mm,约等于 $4R_0(10\mathrm{mm})$。因此,在建立次级排气面积求解模型时,可将 $\overset{\frown}{A_1A_5}$ 近似处理为长度为 $4R_0$ 的直线,则一个排气周期内的次级排气区域变化如图 5-6 所示,其中,$t_0$ 为任意一个排气周期的开始时刻,$v_r$ 为转子外径线速度,可由下式定义:

$$v_r = \omega \frac{D_r}{2} \tag{5-16}$$

式中,$\omega = 2\pi r$ 为角速度,$r$ 为转速(r/min),$D_r$ 为转子外径(mm)。

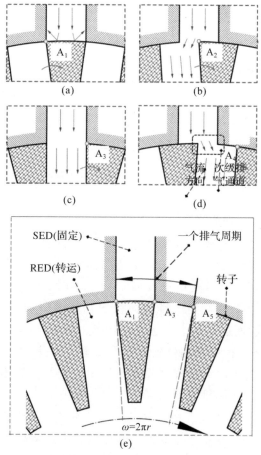

图 5-5  旋转阀转动示意
图中涉及的所有 RED 均沿顺时针方向转动

由图 5-6 可知,次级排气区域的大小随 RED 转动呈周期性变化。在一个排气周期内,次级排气面积逐渐由 $A_1$ 位置的零值,经 $A_2$ 转动至 $A_3$ 位置的最大值,而后再经 $A_4$ 转动至 $A_5$ 位置的零值。其中,RED 转动至 $A_2$ 和 $A_4$ 位置时,次级排气面积均为最大值的一半。本实验方案在转子周向等间距设计了 23 个 RED,每一个 RED 均由 $A_1$ 到 $A_5$ 完成一次排气。故多个 RED 连续周期性排气将引发燃烧室内压力周期性的振荡,振荡频率满足

$$f = n_R r \tag{5-17}$$

式中,$n_R$ 为 RED 个数。

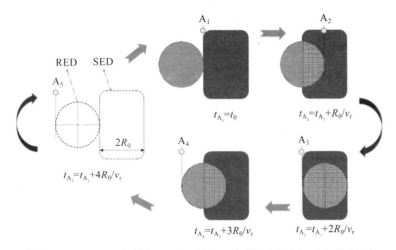

$t_{A_1}=t_0$

$t_{A_2}=t_{A_1}+R_0/v_r$

$t_{A_5}=t_{A_1}+4R_0/v_r$

$t_{A_4}=t_{A_1}+3R_0/v_r$

$t_{A_3}=t_{A_1}+2R_0/v_r$

■ SED的非排气区域　■ RED的非排气区域　▦ 次级排气区域(重叠部分)

图 5-6　次级排气区域随时间变换示意

　　结合图 5-5 和图 5-6 可知,次级排气面积 $S_2$ 随转子呈周期性变化,在一个排气周期内,$S_2$ 的数值由 RED 所处的位置决定,其求解如图 5-7 所示,其中,$\Delta x$ 表示 RED 经 $A_1$ 位置转过的弧线距离。

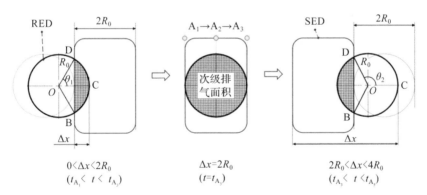

$0<\Delta x<2R_0$
($t_{A_1}< t < t_{A_2}$)

$\Delta x=2R_0$
($t=t_{A_3}$)

$2R_0<\Delta x<4R_0$
($t_{A_3}< t <t_{A_5}$)

图 5-7　次级排气面积求解示意

　　在 $\Delta x$ 介于 $0\sim2R_0$,即 $t_{A_1}<t<t_{A_3}$ 时,次级排气面积 $S_2$ 由零逐渐增加至最大值,并按等式(5-18)变化:

$$S_2=\theta_1 R_0^2-(R_0-\Delta x)R_0\sin\theta_1 \tag{5-18}$$

式中,$R_0$ 为 RED 半径,$\theta_1$ 为 $\overset{\frown}{CD}$ 对应的圆心角,可由下式定义:

$$\theta_1=\arccos(1-\Delta x/R_0) \tag{5-19}$$

结合图 5-6 和图 5-7 可知,当 RED 转至 $A_3$ 位置时,次级面积 $S_2$ 最大,随后逐渐减小至 $A_5$ 位置的零值。因此,当 $\Delta x$ 介于 $2R_0 \sim 4R_0$,即 $t_{A_3} < t < t_{A_5}$ 时,次级面积 $S_2$ 按公式(5-20)变化:

$$S_2 = (\pi - \theta_2)R_0^2 + (3R_0 - \Delta x)R_0 \sin\theta_2 \qquad (5\text{-}20)$$

式中,$\theta_2$ 为 $\overset{\frown}{CD}$ 对应圆心角,由下式定义:

$$\theta_2 = \arccos(3 - \Delta x / R_0) \qquad (5\text{-}21)$$

在实验设计与安装中,圆光栅定位组件的光栅零点与一个 RED 的中心位置对正,当该 RED 处于 $A_3$ 位置[图 5-5(c)]时,读数头获取的栅格信号数 $N_c = 0$,此时 $S_2$ 最大。一个排气周期对应的栅格信号总数为 $N_{c0} = 1565$,令 $N_{c1} = (N_c - 783)$,则当 $N_{c1} = 0$ 时,RED 处于 $A_1$ 位置,此时 $S_2 = 0$。因此,$\Delta x$ 与 $N_{c1}$ 满足

$$\Delta x = \frac{\pi D_r}{2n_R} \cdot \frac{N_{c1}}{N_{c0}} \qquad (5\text{-}22)$$

在旋转阀转动期间,转子上的 23 个 RED 与 SED 形成周期性的"开—闭"排气通道,结合公式(5-18)~(5-22)可推导出栅格信号数 $N_{c1}$ 与次级排气面积 $S_2$($N_{c1}$)之间的关系为

$$S_2(N_{c1}) = \begin{cases} \theta_{1n}R_0^2 - \left[R_0 - \dfrac{\pi D_r}{2n_R} \cdot \dfrac{(N_{c1} - nN_{c0})}{N_{c0}}\right]R_0 \sin\theta_{1n}, \\ \qquad N_{c1} \in [nN_{c0}, nN_{c0} + 783] \\ (\pi - \theta_{2n})R_0^2 + \left[3R_0 - \dfrac{\pi D_R}{2n_R} \cdot \dfrac{(N_{c1} - nN_{c0} - 783)}{N_{c0}}\right]R_0 \sin\theta_{2n}, \\ \qquad N_{c1} \in [nN_{c0} + 783, (n+1)N_{c0}] \end{cases} \qquad (5\text{-}23)$$

$$\theta_{1n} = \arccos\left[1 - \frac{\pi D_r}{2n_R} \cdot \frac{(N_{c1} - nN_{c0})}{N_{c0}} \frac{1}{R_0}\right]$$

$$\theta_{2n} = \arccos\left[3 - \frac{\pi D_r}{2n_R} \cdot \frac{(N_{c1} - nN_{c0} - 783)}{N_{c0}} \frac{1}{R_0}\right] \qquad (5\text{-}24)$$

式中,$n$ 为已完成的排气周期个数。

实验中,将圆光栅组件获取的栅格信号数据代入式(5-24),即可获取次级排气面积变化规律,为进一步获取相位延迟角奠定了基础。

### 5.1.3　推进剂点火实验

#### 5.1.3.1　固体推进剂参数

王宁飞课题组基于图 5-2 的实验装置开展了不同振荡频率的固体推进剂点火实验,用于验证实验测试系统在高温高压环境下的可靠性。对于初次点火实验,

课题组选用了密度为 $1.62\mathrm{g/cm^3}$ 的不含铝且稳定性高的双基推进剂,其配方参数、燃速特性分别如表 5-2 和表 5-3 所示。由表 5-3 可知,选用的推进剂燃速对压力敏感度较低,在不同工作压力($4\sim8\mathrm{MPa}$)环境下基本维持在 $10\mathrm{mm/s}$。

表 5-2　推进剂配方参数

| 成分 | 硝化纤维素(NC) | 硝化甘油(NG) | 增塑剂 | 其他 |
|---|---|---|---|---|
| 含量/% | 56 | 27 | 9.4 | 7.6 |

表 5-3　推进剂燃速(20℃)

| $p$/MPa | 4 | 5 | 6 | 7 | 8 |
|---|---|---|---|---|---|
| $r_\mathrm{b}$/(mm/s) | 10.26 | 10.54 | 10.63 | 9.90 | 9.68 |

实验中的固体推进剂为端燃药型,其尺寸参数和装药实物如图 5-8 所示。实际装药燃面直径为 72mm,装药长度为 35mm,包覆层厚度为 2mm。其中,点火药包为 2 号小粒黑,药量为 5g。

王宁飞课题组基于图 5-2 装置和图 5-8 推进剂装药开展了振荡频率为 23Hz、46Hz、69Hz、115Hz 和 138Hz 的点火实验,具体点火实验工况如表 5-4 所示。其中,23Hz 频率点开展了两发实验(含一发测试工况),其余四个频率点均为一发实验。

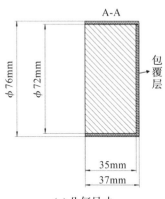

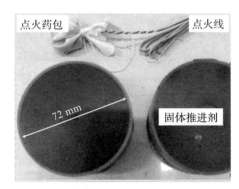

(a) 几何尺寸　　　　　(b) 固体推进剂及点火药

图 5-8　推进剂装药

表 5-4　推进剂点火实验工况

| 工况 | $r$/rpm | $f$/Hz | 工况 | $r$/rpm | $f$/Hz |
|---|---|---|---|---|---|
| 实验 1 | 60 | 23 | 实验 4 | 300 | 115 |
| 实验 2 | 120 | 46 | 实验 5 | 360 | 138 |
| 实验 3 | 180 | 69 | 测试 | 60 | 23 |

### 5.1.3.2 实验结果及分析

推进剂点火实验获取了燃烧室内的压力振荡数据,以 23Hz、69Hz、115Hz 和 138Hz 为例,其燃烧室压力随时间的变化如图 5-9 所示。由图 5-9(a)可知,在 $t=$ 0.16s 时,燃烧室内的瞬时点火压力峰值达到 10MPa,随后在旋转阀间歇排气作用下,燃烧室压力在 2.9MPa 附近呈周期性振荡。由局部视图可知,喷管段(1♯)和燃烧室(2♯)压力均呈正弦振荡且变化规律一致,这印证了燃烧室压力处于整体振荡状态的假设。由于 1♯处传感器未进行二次标定,导致前者测量的压力数据比后者高出约 0.16MPa,故后续将采用 2♯处的压力数据开展分析研究。

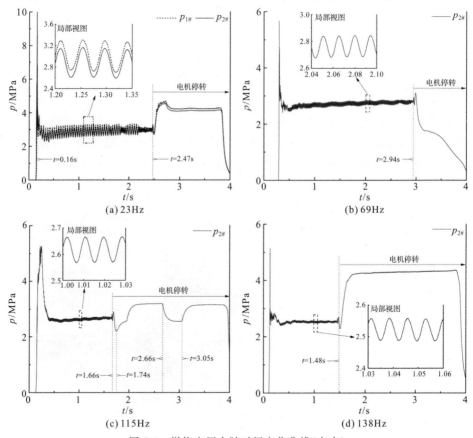

图 5-9　燃烧室压力随时间变化曲线(点火)

实验选用的伺服电机功率为 2kW,额定扭矩为 9.55N·m。由于高温高压燃气持续周期性的经次级排气通道从中空转子轴排出,故气流经过定子、转子及转子轴时受热膨胀,导致转子与定子、转子与旋转阀体内壁之间的摩擦阻力增大。

当旋转阀转动所需的扭矩持续大于电机额定扭矩时,电机将发生停转,燃烧室压力不再呈周期性振荡。如 23Hz 工况下的 2.47s 处[图 5-9(a)],69Hz 工况下的 2.94s 处[图 5-9(b)],115Hz 工况下的 1.66s 处[图 5-9(c)]及 138Hz 工况下的 1.48s 处[图 5-9(d)]均出现了电机停转现象,且随着伺服电机转速的增加,电机提供的转矩逐渐减小,故电机停转发生的时间距初始点火时刻的时间间隔越来越短。以 23Hz 工况为例,旋转阀工作过程中,典型时刻对应的瞬态画面如图 5-10 所示。在点火药包被引燃前[$t=0$s,图 5-10(a)],伺服电机按预设转速高速转动。在点火瞬间[$t=0.16$s,图 5-10(b)],高温高压气体携带固体颗粒从主喷管和中空转子轴排出,安全阀(压力设计阈值 15MPa)芯极(ABS 材质)被点亮。旋转工作一定时间后[$t=1.20$s,图 5-10(c)],推进剂燃烧生成的烟气环绕于旋转阀附近,固相颗粒(绝热套被高温燃气冲刷、烧蚀产生的固相成分)持续排出旋转阀。当发动机持续工作至 $t=1.47$s 时[图 5-10(d)]电机停转,旋转阀转子被局部烧红。

对于固体推进剂压力耦合响应函数,实际所需的有效数据段为 3～5 个振荡周期,如图 5-9 中各频率点的局部视图所示。因此,电机停转对响应函数测试结果没有影响。但为避免旋转阀装置由于伺服电机停转而发生长时间的局部烧蚀,未来可考虑使用大功率电机提供大扭矩支持伺服电机持续、稳定运转,或缩短推进剂装药长度以减少发动机不必要的工作时长。

(a) $t=0$s

(b) $t=0.16$s

(c) $t=1.20$s

(d) $t=1.47$s

图 5-10　旋转阀工作过程的瞬态画面

结合图 5-9 绘制 69 Hz 和 138 Hz 两种典型工况下燃烧室压力和旋转阀随时间变化曲线,如图 5-11 所示。

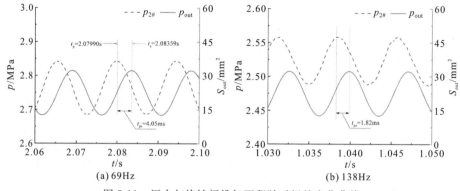

图 5-11　压力与旋转阀排气面积随时间的变化曲线

为进一步获取压力相对于旋转阀排气面积变化的相位延迟角,定义压力延迟时间 $t_{ps}$ 为

$$t_{ps} = t_s - t_p \tag{5-25}$$

式中,$t_s$ 为次级排气面积最大值时刻;$t_p$ 为燃烧室压力最大值时刻,且与 $t_s$ 同属于一个排气周期,如图 5-11(a)所示。

因为燃烧室压力按照正弦规律做周期性振荡,故相位延迟角可由下式获取:

$$\theta_{ps} = 2\pi f t_{ps} \tag{5-26}$$

参考图 5-11 的处理方法,对五组频率点实验(实验 1~5)对应的燃烧室压力及次级排气面积数据进行处理,获得燃烧室平均压力 $\overline{p}$、压力波动幅值 $p'$、压力波动无量纲幅值 $\alpha_a$、相位延迟角 $\theta_{ps}$ 等压力振荡表征参数,如表 5-5 所示,并进一步绘制了 $\overline{p}$ 和 $p'_a$ 及 $\alpha_a$ 和 $\theta_{ps}$ 随振荡频率变化的曲线,如图 5-12 所示。

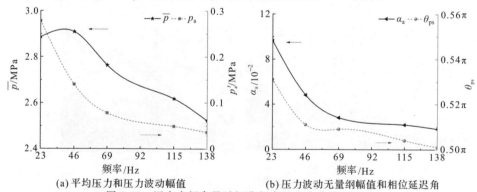

图 5-12　压力表征量随振荡频率的变化曲线(点火)

由表 5-5 可知,23Hz 和 46Hz 两个频率点的燃烧室平均压力 $\bar{p}$ 维持在 2.9MPa附近,余下三组随着频率的增加,平均压力由 69Hz 的 2.764MPa 降低至 138Hz 的 2.523MPa。而压力波动幅值 $p'_a$ 则随着频率的增加逐渐由 23Hz 的 0.278MPa降低至 138Hz 的 0.036MPa,故振荡频率会影响燃烧室平均压力和压力波动幅值,两者随振荡频率变化曲线如图 5-12(a)所示。同样地,压力波动无量纲幅值 $\alpha_a$ 和相位延迟角 $\theta_{ps}$ 也随着频率的增加逐渐减小[图 5-12(b)],分别由 23Hz 的0.0963和0.531π 降低至 138Hz 的 0.0143 和 0.501π。

**表 5-5　压力振荡表征参数**

| 工况 | $f/Hz$ | $\bar{p}/MPa$ | $p'_a/MPa$ | $\alpha_a/10^{-2}$ | $t_{ps}/ms$ | $\theta_{ps}$ |
|---|---|---|---|---|---|---|
| 实验 1 | 23 | 2.886 | 0.278 | 9.63 | 11.54 | 0.531π |
| 实验 2 | 46 | 2.909 | 0.140 | 4.81 | 5.55 | 0.511π |
| 实验 3 | 69 | 2.764 | 0.078 | 2.82 | 3.69 | 0.509π |
| 实验 4 | 115 | 2.618 | 0.049 | 1.87 | 2.19 | 0.504π |
| 实验 5 | 138 | 2.523 | 0.036 | 1.43 | 1.82 | 0.501π |

### 5.1.3.3　压力耦合响应函数求解

在固体推进剂点火实验中,五组振荡频率点对应的 RED 半径均为 2.5mm,故排气面积波动幅值 $S'_a$ 和排气面积平均值 $\bar{S}$ 均相同,分别为 9.82mm² 和 22.39mm²,对应排气面积波动无量纲幅值 $\Psi_a$ 为 0.439。推进剂燃烧产物的物性参数与推进剂燃烧状态有关,譬如工作压力、温度等,本实验工作压力处于 3MPa 左右,故基于 NASA-CEA 和推进剂配方参数(表 5-2)计算可得燃烧产物的燃气比热比 $\gamma$、绝热温度 $T_{ad}$ 等物性参数,如表 5-6 所示。

**表 5-6　燃烧产物物性参数(3MPa)**

| 名称 | 数值 | 单位 | 名称 | 数值 | 单位 |
|---|---|---|---|---|---|
| $T_{ad}$ | 1947.43 | K | $C_p$ | 1.774 | kJ/(kg · K) |
| $\rho_g$ | 4.282 | g/cm³ | $\gamma$ | 1.259 | — |
| $\bar{M}$ | 22.807 | g/mol | $v_s$ | 945.5 | m/s |

由表 5-6 可知,燃气比热比 $\gamma$ 为 1.259(3MPa),结合表 5-5 中的压力波动无量纲幅值 $\alpha_a$、相位延迟角 $\theta_{ps}$ 及式(5-15),可获取实验推进剂的压力耦合响应实部与频率的对应关系,如图 5-13 所示。在振荡频率为 23～138Hz 时,推进剂压力耦合响应函数数值偏小,且稳定在 0.8±0.12,这表明使用该推进剂的发动机在工作过程中出现燃烧不稳定的可能性较低,与实际应用结果相符。

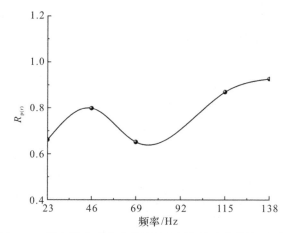

图 5-13　压力耦合响应函数随振荡频率的变化曲线(点火)

## 5.2　T 型燃烧器实验技术

　　T 型燃烧器是一种固体推进剂燃烧不稳定测试装置,可研究推进剂表面对声振的燃烧响应。其结构简单,且在较宽的频率和压力范围内都能够激发推进剂的燃烧不稳定现象[23]。因而自 20 世纪 60 年代以来,它被各个国家和机构广泛应用于固体推进剂的压力耦合响应函数测量和燃烧不稳定的预估。

### 5.2.1　T 型燃烧器简介

　　T 型燃烧器是一种结构特殊的圆管形燃烧器,其特点为中间开口、两端封闭,因形状似字母 T 而得名。待测装药通常置于燃烧室两端,燃气经中间的喷管排出。由于结构的特殊性,T 型燃烧器内部能够有效地反射声波,形成声腔。装药燃烧的位置处于两端的压力波腹上,这能够有效地激发驻波、放大声能,为声振系统提供增益;喷管排气位置处于中间位置的压力波节上,排气方向与纵波运动方向垂直,使声能损失最小化。由瑞利准则可知,T 型燃烧器极易造成自激振荡,这种细长管主要产生纵向振型的声振,其一阶声压和速度分布如图 5-14 所示。

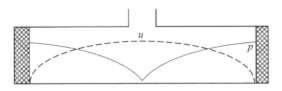

图 5-14　T 型燃烧器中的声压与速度分布

作为一个由声腔与推进剂组成的自激声振系统，T 型燃烧器内产生纵向振型的声振频率可利用下式计算：

$$f = \frac{na}{2L} = \frac{n}{2L}\sqrt{\gamma R T} \tag{5-27}$$

式中，$f$ 为声振频率，$n$ 为振荡阶数，$a$ 为平均声速，$L$ 为燃烧室的长度。根据公式可知，声振频率主要取决于 T 型燃烧器的长度，同时也与燃烧室内燃气的声速有关，声速主要取决于待测推进剂的燃温。

值得注意的是，由于 T 型燃烧器的长度可达数米，壁面的热损失等会使燃烧室内轴向的温度分布不均匀，因而燃气的声速也不是定值，这种轴向的温度差异有时会引起一定的测量误差。在初步估计频率或所需长度进行 T 型燃烧器设计时，复合推进剂燃气中的声速一般可取 $\tilde{a} \approx 1000 \mathrm{m/s}^{[24]}$。

### 5.2.1.1　T 型燃烧器的一般结构

典型的 T 型燃烧器的主体包括燃烧室、装药组件、压力控制组件等几大部分。燃烧室一般是分段结构，在侧壁上的不同位置会开有测压孔、脉冲器连接孔。为保证高压测试安全，有的燃烧室还设置有泄压阀等安全装置。由于需要保证测试时压力恒定，用于 T 型燃烧器的装药一般为等燃面燃烧的柱型、圆盘型装药，在燃烧室空腔较大时，为了能迅速达到测试压力，可以使用杯型装药来增大初始燃面。药柱一般利用药筒或夹具进行固定，且在燃烧时应确保流道仍为等直径圆柱，避免出现台阶引起阻尼突增。在进行压力耦合响应实验时，待测推进剂药柱置于 T 型燃烧器两端；进行速度耦合响应实验时，药柱置于 T 型燃烧器 1/4 和 3/4 长度的位置[29]。

由式(5-27)可以看出，通过调整 T 型燃烧器长度可以改变它的声振频率，下面对相应频率下的压力耦合响应实验开展研究。为了方便研究不同频率下的压力耦合响应，T 型燃烧器常被设计为分段式结构，即由一个带喷管的主体和两端若干段连接段组成，段与段之间使用法兰或螺纹连接，通过增减连接段的数量即可改变燃烧器的长度(图 5-15)[25]。

图 5-15    使用法兰连接的分段式 T 型燃烧器

目前,T 型燃烧器在进行压力耦合响应实验时大多采用双脉冲法,这种方法需要在推进剂正常工作时和燃烧结束瞬间分别施加两次压力脉冲以激发燃烧室的压力耦合振荡。因此脉冲器和脉冲控制系统的设计同样是 T 型燃烧器的一个重点。

### 5.2.1.2    几种不同的 T 型燃烧器实验装置

保证实验过程中燃烧室平均压力不变是开展压力耦合响应函数测试的前提。T 型燃烧器采用的压力控制组件有很多种,根据保持燃烧室平均压力不变的不同方式,T 型燃烧器分为喷管调压式、反压控制式、气罐调压式三大类。

(1)喷管调压式

通过使用亚声速喷管或超声速喷管,合理设计喷喉直径和装药结构来获得试验所需的内弹道曲线是最简便的一种控制燃烧室压力的方法。这种方法的优点在于,T 型燃烧器结构非常简单,不需要外加的复杂调压控制结构;缺点是如果想要改变工作压力,在改变喷喉直径的同时,药柱结构也需要进行重新设计,且推进剂初温、生产批次、喷管在使用过程中因烧蚀或凝相沉积引起的喉径微小变化等都会使得内弹道曲线偏离设计值,数据重复性稍差。T 型燃烧器可选择的耐烧蚀喷管材料包括石墨、钼等,每次实验后需要对喷管进行更换。

(2)反压控制式

反压控制式 T 型燃烧器是在 T 型燃烧器的基础上发展的一种实验装置[26],如图 5-16 所示[26]。其特点是去掉了 T 型燃烧器的超声速喷管,安装了一个可以控制排气流量的控制器。反压控制燃烧器由燃烧室、控制器和高压气源及其调节系统三大部分组成。其基本结构就是在 T 型燃烧器的排气出口外安装一个阀门调节系统,用以平衡燃烧室内的压力,不需要连接庞大的恒压罐。试验前可用调压减压器预调燃烧室的压力,耗气量小、成本低。燃烧室工作完毕后没有冷气回流,声振频率和声速不受影响。控制压力一旦调定,多次实验的工作压力基本保持不变,数据重复性较好。

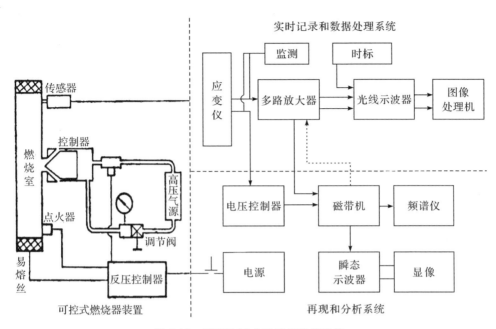

图 5-16　反压控制式 T 型燃烧器系统

（3）气罐调压式

要想更严格地控制平均工作压力，可使用刚性短管将 T 型燃烧器的亚声速排气孔与一个巨大的稳压罐连通，并用氮气将全系统加压到预定值（图 5-17）[27]。只要稳压罐容积足够大，实验过程中工作压力的变化就不会太大。虽然使用冷却装置将排入稳压罐的燃气进行冷却，可以减小稳压罐的容积，但是推进剂药柱的大小和工作时间仍有很大的限制。在设计时还需注意燃烧室和稳压罐之间不能发生声学耦合，应保证两者在声学上是隔离的。总体而言，这种方式结构复杂、占地面积庞大、成本高、保养维护比较麻烦。

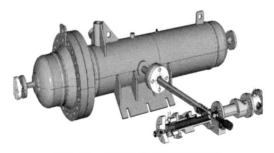

图 5-17　气罐调压式 T 型燃烧器

### 5.2.1.3 测量压力耦合响应函数的双脉冲法

早期使用 T 型燃烧器开展的固体推进剂燃烧不稳定研究主要针对含金属推进剂与改性双基推进剂,这些推进剂阻尼项较小,在 T 型燃烧器中较容易引发自激振荡,无须施加外部激励。基于这一特点,发展出了自然振荡法、变燃面法和倍燃面二次衰减法[28]等实验方法。

近些年来,出现燃烧不稳定现象的固体火箭发动机大多采用了高能复合推进剂,这些推进剂中一般含有大量铝粉,燃烧产物中的 $Al_2O_3$ 微粒对声振荡有相当大的阻尼。因而在研究这些含铝推进剂时,T 型燃烧器中很难发生自激燃烧不稳定。针对这一特点,目前采用较为广泛的实验方法是双脉冲法。

双脉冲法的工作原理就是在推进剂装药的燃烧过程中和燃烧刚刚结束时,各施加一次脉冲。由于推进剂燃烧产生的增益小于阻尼,两次脉冲所激发的振荡均按指数规律衰减。第一个脉冲的衰减系数包含燃面增益和声腔阻尼,第二个脉冲只含有阻尼。假定燃烧期间和燃烧结束后的瞬间阻尼是相同的,则燃面的增益系数可以通过两次脉冲的衰减系数计算得出。

根据燃烧不稳定的线性理论,T 型燃烧器内燃烧的推进剂装药受到压力脉冲激励后,在系统阻尼和增益作用下,压力振荡将会以指数形式衰减。燃烧器两端的动态压力可用下式表示:

$$p = Re\{p_0 e^{i\omega t + \alpha t}\} \tag{5-28}$$

式中,$p_0$ 为振荡压力幅值,$\omega$ 为角频率,$\alpha$ 为衰减系数。需要注意该衰减系数包括了系统阻尼系数 $\alpha_d$ 与推进剂燃面增益系数 $\alpha_g$。

对公式(5-28)求导,并在压力衰减段积分,可求得衰减系数为

$$\alpha = \frac{\ln p_2 - \ln p_1}{t_2 - t_1} \tag{5-29}$$

假设 T 型燃烧器内的气体为理想气体,燃面附近气体的压缩与膨胀都是等熵过程,结合压力耦合响应函数 $R_{pc}$ 和声导纳函数 $A_b$ 的定义式,并取其实部,可得

$$\gamma \overline{M}_b R_{pc}^{(r)} = A_b^{(r)} + \overline{M}_b \tag{5-30}$$

$$\gamma = \frac{\dot{r} \rho_p \bar{a}}{\overline{M}_b \bar{p}} \tag{5-31}$$

式中,$\overline{M}_b$ 为燃面平均气流马赫数,$A_b^{(r)}$ 为推进剂声导纳实部,$\gamma$ 为比热比,$\dot{r}$ 为推进剂燃速,$\rho_p$ 为推进剂密度,$\bar{p}$ 为 T 型燃烧器平均压力。$A_b^{(r)} + \overline{M}_b$ 可作为衡量推进剂燃烧响应特性的参数,但该参数不能直接通过实验测量。本实验使用双脉冲

法,通过两次脉冲后 T 型燃烧器系统内的衰减系数来间接地表征推进剂燃烧响应特性,最终获得其压力耦合响应函数值。两次脉冲后压力衰减过程及数据处理原理如图 5-18 所示。

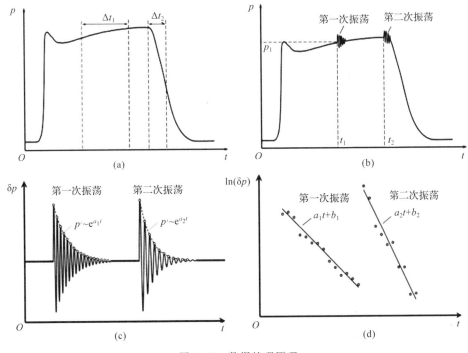

图 5-18　数据处理原理

令 $S_b$ 为试件的总燃烧面积,当两端均为等面燃烧时,$S_b = 2S_{b1}$,其中,$S_{b1}$ 为试件一端燃面面积。当第一次脉冲被激发时,T 型燃烧器两端都有燃面燃烧,因此,第一次脉冲后压力振荡衰减系数为[24]

$$\alpha_1 = \alpha_g + \alpha_d = 4f \frac{\bar{a}}{a_b} \frac{S_{b1}}{S_c} [A_b^{(r)} + \overline{M}_b] + \alpha_d \tag{5-32}$$

式中,$\alpha_1$ 为第一次脉冲后的衰减系数,包括两端燃面的增益系数 $\alpha_g$ 与系统阻尼系数 $\alpha_d$;$A_b^{(r)} + \overline{M}_b$ 为推进剂燃烧响应,$a_b$ 为实测声速,$a_b = 2Lf$,其中,$L$ 为 T 型燃烧器长度,$f$ 为振荡频率;$\bar{a}$ 为理论平均声速;$S_c$ 为燃烧室通气面积,T 型燃烧器中通气面积 $S_c$ 与其中一端装药燃面面积基本一致。因此有 $S_{b1}/S_c = 1$,该参数定义为 T 型燃烧器面通比。

当第二次脉冲被激发时,T 型燃烧器内两端的推进剂装药恰好燃烧结束,燃

面面积为 0，因此，第二次脉冲后压力振荡衰减系数为

$$\alpha_2 = \alpha_d \tag{5-33}$$

式中，$\alpha_2$ 为第二次脉冲后的衰减系数，仅包含系统阻尼 $\alpha_d$，假设两次脉冲时刻的系统阻尼不受燃面变化的影响，即 $\alpha_d$ 保持不变。由式(5-32)减去式(5-33)，即得到燃面为 $S_{b1}$ 时推进剂的声导纳，即

$$A_b^{(r)} + \overline{M}_b = \frac{1}{4f}(\alpha_1 - \alpha_2)\frac{S_c}{S_{b1}}\frac{a_b}{\overline{a}} \tag{5-34}$$

获得两次脉冲得到的衰减系数后，就可由式(5-30)与式(5-31)，并结合式(5-34)进一步推导出推进剂压力耦合响应函数的表达式：

$$R_{pc}^{(r)} = \frac{1}{4f}(\alpha_1 - \alpha_2)\frac{S_c}{S_{b1}}\frac{a_b}{\overline{a}}\frac{\overline{p}}{r\rho_p\overline{a}} \tag{5-35}$$

如果进一步考虑两次脉冲后燃烧室内频率变化的影响，上式可修正为

$$R_{pc}^{(r)} = \frac{1}{4}\left(\frac{\alpha_1}{f_1} - \frac{\alpha_2}{f_2}\right)\frac{S_c}{S_{b1}}\frac{a_b}{\overline{a}}\frac{\overline{p}}{r\rho_p\overline{a}} \tag{5-36}$$

式中，$f_1$ 和 $f_2$ 分别为前后两次脉冲后燃烧室内的固有声振频率。

经上述变换和分析，可用可测量参数来表征推进剂压力耦合响应函数。

### 5.2.1.4　T型燃烧器上的脉冲装置与传感器

使用双脉冲法测定压力响应函数，需要在 T 型燃烧器上安装两个脉冲器。脉冲器是一个装有少量火药的装置，其结构形式多种多样，如爆炸弹、小型发动机、脉冲枪、活塞式脉冲器等，一般安装在 T 型燃烧器两端，即声腔轴向声波的波腹位置。

双脉冲法对于脉冲施加时间的严格要求使得需要设计专门的程序或仪器对脉冲器的点火时刻进行控制。也可以对装药结构进行特殊设计，使其能够在规定的时刻自发产生压力振荡，例如分别在 T 型燃烧器其中一端的装药中间位置与末端埋放等量的黑火药，作为两次脉冲的激励源，另一端仅为待测推进剂。两种脉冲装置如图 5-19 所示[33]。

由于需要测量温度较高的燃气压力波动，故传感器宜选用水冷高频压力传感器或采取其他冷却方式确保传感器不被烧坏，在实验前需要对传感器进行标定。数据采集系统的采样频率应为 T 型燃烧器一次谐波频率的 10 倍以上，以确保信号无失真。

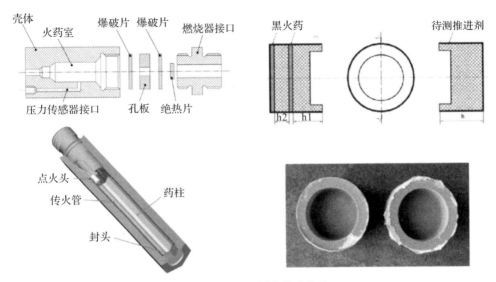

图 5-19　两种不同的脉冲装置

## 5.2.2　脉冲激励 T 型燃烧器

### 5.2.2.1　倍燃面二次脉冲法

在双脉冲法中,第一次脉冲触发时燃烧室内充满推进剂产生的高温燃气,而第二次脉冲发生在推进剂燃烧结束之后。由于此时喷管仍然在排气,燃烧室温度、压力都会有所下降,这将导致阻尼值产生变化,从而带来一定的测量误差。

与双脉冲法相同的是,倍燃面二次脉冲法在实验过程中同样含有两次脉冲触发。不同之处是,第一次脉冲触发时,T 型燃烧室的两端都有推进剂在燃烧;第二次脉冲触发时,T 型燃烧器一端的推进剂已燃尽,只剩下一端的推进剂仍在燃烧。正常情况下,T 型燃烧器两端待测推进剂的燃面都是相等的。因此,第一次脉冲触发时的推进剂燃面面积即为第二次脉冲触发时推进剂燃面面积的 2 倍。倍燃面二次脉冲法的原理如图 5-20 所示。

两次脉冲之后的压力衰减系数与燃烧室的阻尼和燃面的压力耦合响应增益系数的关系可分别表示为

$$\alpha_1 = \alpha_{g1} + \alpha_d = 2f\frac{\bar{a}}{a_b}\frac{S_b}{S_c}[A_b^{(r)} + \bar{M}_b] + \alpha_d \tag{5-37}$$

$$\alpha_2 = \alpha_{g2} + \alpha_d = 2f\frac{\bar{a}}{a_b}\frac{S_{b1}}{S_c}[A_b^{(r)} + \bar{M}_b] + \alpha_d \tag{5-38}$$

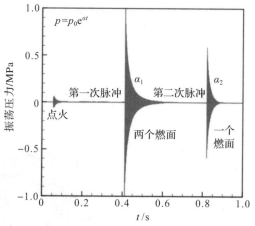

图 5-20　倍燃面二次脉冲法原理

式中，$\alpha_1$ 为第一次脉冲后的衰减系数，包括两端燃面的增益系数 $\alpha_{g1}$ 与系统阻尼系数 $\alpha_d$；$\alpha_2$ 为第二次脉冲后的衰减系数，包括一端燃面的增益系数 $\alpha_{g2}$ 与系统阻尼系数 $\alpha_d$。由式（5-37）减去式（5-38）即为燃面为 $S_{b1}$ 时推进剂的声导纳，结合式（5-30）和式（5-31），考虑到两次脉冲后燃烧室内频率变化的影响，即可推导出推进剂压力耦合响应函数的表达式为

$$R_{pc}^{(r)} = \frac{\overline{p}}{2\overline{r}\rho_p a}\left(\frac{\alpha_1}{f_1} - \frac{\alpha_2}{f_2}\right)\frac{S_c}{S_{b1}}\frac{a_b}{\overline{a}} \tag{5-39}$$

式中，$f_1$ 和 $f_2$ 分别为第一次脉冲和第二次脉冲后燃烧室内的压力振荡频率。

### 5.2.2.2　T 型燃烧器实验系统

（1）实验系统总体

T 型燃烧器测试系统由电源、数据采集系统、点火系统、T 型燃烧器以及显示记录系统等构成。整个测试系统如图 5-21 所示。

试验台及 T 型燃烧器结构如图 5-22 所示。沿着 T 型燃烧器轴向方向，分别在 0、$L/4$、$2L/4$、$3L/4$、$L$（$L$ 为 T 型燃烧器总长）处安装 5 个压力传感器，记录 T 型燃烧器工作过程中压力的变化，分别命名为 0♯、1♯、2♯、3♯、4♯。

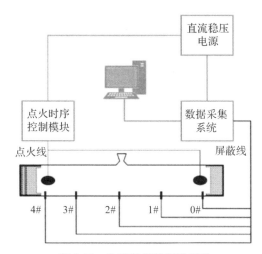

图 5-21　T 型燃烧器测试系统

图 5-22　实验台 T 型燃烧器

（2）T 型燃烧器结构

为了模拟固体火箭发动机的工作情况，对 T 型燃烧器的尺寸做了相应的设计。在保证推进剂燃面以及建压时间一定的前提下，为了实验的便捷性以及减小实验成本，设计时采用较小的燃烧室直径。T 型燃烧器装配如图 5-23 所示。T 型燃烧器主要由燃烧器主体、外接燃烧室、外接喷管组件、堵头和端盖组成。在 T 型燃烧器壁面上分布有等间距的压力传感器接口，用来测试燃烧室内部的压力振荡曲线。燃烧器的设计工作时间为 3～5s，实验数据采集有效时间为 1～3s。由于燃烧器的工作时间短，故热防护结构的设计可以省略。燃烧器的结构简单，还可重复使用。

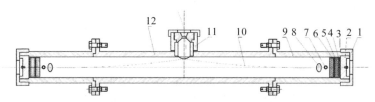

1—端盖;2—堵头;3—试件包覆层;4—二次脉冲药;5—待测推进剂;6——次脉冲药;7—压力传感器;8—点火药包;9—外接燃烧室;10—点火线;11—外接喷管组件;12—燃烧器主体

图 5-23　Ｔ型燃烧器装配示意

　　Ｔ型燃烧器的测量频率由燃烧器的长度和燃烧器内的气体温度所决定。为了让Ｔ型燃烧器有更宽的测量频率范围,本实验将Ｔ型燃烧室的燃烧室分为三个部分,即中间的燃烧器主体和两端的外接燃烧室。其中,位于中间的燃烧器主体的长度固定,设定为1m;两端的外接燃烧室长度可变,变化范围为 0～1m。假设实验测量时Ｔ型燃烧器内气体的温度为 2800K,则Ｔ型燃烧器的测量频率范围大致为 100～500Hz。Ｔ型燃烧器的测量压力由推进剂燃面面积、推进剂燃速和喷管喉部面积决定。在推进剂燃面面积一定的情况下,一般通过控制喷喉面积来控制燃烧室压力。为了让Ｔ型燃烧器能够有更宽的压力适用范围,可将Ｔ型燃烧器的外接喷管部件中的喷管喉部设计为可拆卸、可替换的单独部件。设计的实验压力范围为 5～15MPa。

　　(3)装药设计

　　在推进剂压力耦合响应函数的测试中,压力是一个很重要的参数。为了保证实验结果的准确性,减少实验误差,Ｔ型燃烧器的内弹道曲线要尽量平直。为了简化Ｔ型燃烧器的热防护以及保证Ｔ型燃烧器可重复使用,燃烧器的工作时间不能太长。因此,测试推进剂装药设计的重点是缩短燃烧室建压时间以及保证测试段的压力平直稳定。待测推进剂的主要参数如表 5-7 所示。

表 5-7　待测推进剂的主要参数

| 密度 | 燃速(11.5MPa) | 特征速度 | 绝热火焰温度 | 实测燃气温度 |
| --- | --- | --- | --- | --- |
| 1800kg/m³ | 7.5mm/s | 1580m/s | ～3500K | 2600～2800K |

　　为了达到燃烧室快速建压的目的,选择杯型装药作为Ｔ型燃烧器的基本药型,以增大推进剂的初始燃面。在建压完成之后,推进剂以端燃的形式燃烧,为推进剂压力耦合响应函数的测试提供平稳的压力。在推进剂压力耦合响应函数的

测量实验中,T 型燃烧器两端的装药分别为有激励的装药和没有激励的装药。没有激励的装药全部由待测推进剂加工而成,没有激励的装药则由待测推进剂和脉冲药堆叠加工而成。推进剂装药结构如图 5-24 所示。

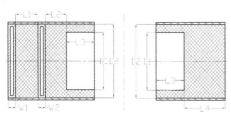

(a) 推进剂装药结构

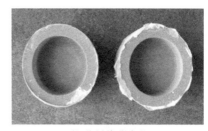

(b) 推进剂装药实物

图 5-24　推进剂装药结构

其中,W2 和 W1 分别为第一次脉冲药和第二次脉冲药的填充厚度;L2 为首层端燃药的厚度;L1 为第一次脉冲之后的第二层端燃药的厚度;L 为杯型装药的深度;D2 为杯型装药的外径;D1 为杯型装药的内径;且杯状端无包覆层。装药的几何参数值如表 5-8 所示。

表 5-8　实验装药的部分几何参数

（单位：mm）

| W1 | W2 | L1 | L2 | L | D1 | D2 |
|----|----|----|----|----|----|----|
| 2 | 2 | 15 | 20 | 23 | 70 | 84 |

实验选用复合推进剂牌号为 R7C23N,相应理论内弹道曲线如图 5-25 所示。

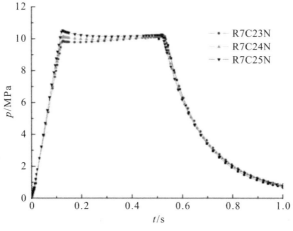

图 5-25　理论 p-t 曲线

(4)数据采集系统

数据采集系统包括压力传感器、信号采集卡、工控机、标定机、屏蔽线等。

本研究采用 PTS503 型非水冷式和 PTS701 型水冷式两种类型的压力传感器（图 5-26）。由于 PTS503 型非水冷式压力传感器置于高温高压的 T 型燃烧器内，故在传感器头部需浇灌隔热油（本研究中采用癸二酸二酯），并在末端涂抹通用锂基润滑脂，以防止传感器烧坏。PTS701 型水冷式压力传感器在高温环境下测试压力具有独特的优势，该传感器采用隔离式膜片设计、水循环冷却方式，能够测试较高介质温度下的压力信号。

(a) PTS503 型非水冷式压强传感器　　(b) PTS701 型水冷式压强传感器

图 5-26　实验所用压力传感器

本实验中，为了比较两类传感器所测信号的差异，0♯～2♯采用 PTS503 型非水冷式压力传感器，3♯～4♯采用 PTS701 水冷式压力传感器。

数据采集卡通过计算机局部总线与计算机通信，实现数据传输。被测推进剂需在较大的频率范围内（100～1000Hz）进行测量。为保证压力信号不失真，单路压力传感器采样频率不低于 2000Hz。由于一共有 6 路要采集，所以至少需要 12KS/s的采样频率。因此，采用瞬态测试性能比较好的 PCI8602 数据采集卡进行数据采集，实验共设 6 个通道，其中包括 5 路压力传感器信号以及 1 路点火电路信号。数据采集卡采样频率为 50kHz，量程范围匹配压力传感器，设置为 ±5000mV，采用 AD 双端输入连接方式。

数据采集程序以及压力传感器标定程序通过 LabVIEW 编程实现。数据采集系统如图 5-27 所示。

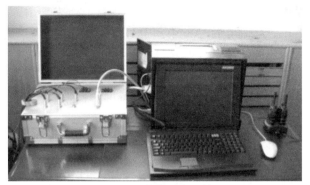

图 5-27　数据采集系统

### 5.2.2.3　实验平均压力与波动压力特性

　　燃烧室平均压力对推进剂压力耦合响应函数的计算有重要影响,为保证计算结果的准确性,需在燃烧室平均压力变化不大的条件下测取不同燃面下的压力衰减系数。通过固定喷喉面积、合理设计燃面及脉冲药埋放位置,可以在两次脉冲后计算压力衰减时 T 型燃烧器内的平均压力在较小范围内的变化。从图 5-28 所示的 T 型燃烧器实验过程中燃烧室内平均压力的变化可以看出,两次脉冲时燃烧室内的平均压力相差 0.5MPa ,约占平均压力的 4.2% 。文献[18]及[26]研究表明,当平均压力变化不超过 10% 时,所测压力耦合响应函数较为准确。本实验两次脉冲过程平均压力变化约为 4.2% ,故可认为实验是在平均压力变化不大的范围内测取了两次脉冲后的压力衰减系数,实验测得的压力耦合响应函数值是可信的。

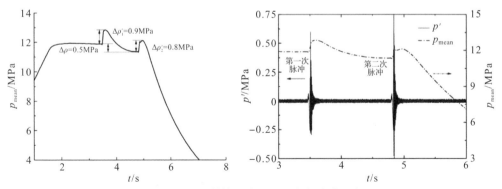

图 5-28　T 型燃烧器内平均压力与波动压力

为了激发压力振荡,在推进剂燃烧中间时刻及工作末期引入两次脉冲。实践证明,脉冲在本 T 型燃烧器系统中能够引起 $0.8\sim0.9$MPa 的压力突变,约占平均压力的 8%。当脉冲压力占平均压力的 $10\%\sim15\%$ 时,就能有效地在一个稳定的发动机内激发出轴向声模态的压力振荡[10]。在本实验中,脉冲压力占平均压力的 8%,不但成功地激发了燃烧室内轴向声模态的压力振荡,并且对平均压力产生的影响控制在允许范围之内。

从图 5-28 波动曲线还可以看出,在两次脉冲后,T 型燃烧器内出现了明显的压力振荡,并且以指数形式快速衰减。两次脉冲后的压力振荡均在平衡压力附近,通过对压力振荡数据进行 FFT,可获得 T 型燃烧器内的压力振荡频率。第一次脉冲后,一阶压力振荡频率为 137Hz;第二次脉冲后,一阶压力振荡频率为 130Hz。根据公式 $f=a/(2L)$,可计算得到 T 型燃烧器空腔内的实测声速约为 907m/s,对应平均燃气温度为 2047K。由于燃烧器壁厚、长度长,热损失非常严重,平均燃气温度与复合推进剂理论燃气温度有较大的差别,理论上复合推进剂火焰温度可达 3500K。

### 5.2.2.4　压力耦合响应函数与振荡衰减分析

在两次脉冲后,T 型燃烧器内的压力振荡将以指数形式快速衰减,两次脉冲后波动压力局部放大图如图 5-29 所示。

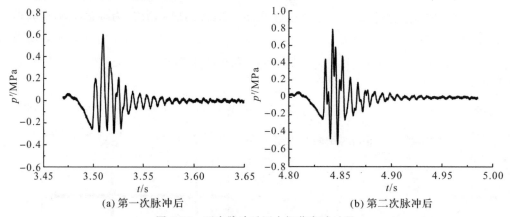

(a) 第一次脉冲后　　　　　　　　(b) 第二次脉冲后

图 5-29　两次脉冲后压力振荡衰减过程

脉冲后 T 型燃烧器内的压力振荡振幅以指数规律衰减,可表示为公式(5-28),对其求导,并在压力衰减段积分,即可求得衰减系数。将两次脉冲后的 $p'$-$t$ 曲线关系绘制在半对数坐标系内,并进行线性拟合,得到一条直线,斜率即为所求的压力衰减系数,可得 $\alpha_1=-50.8$,$\alpha_2=-55.8$,如图 5-30 所示。

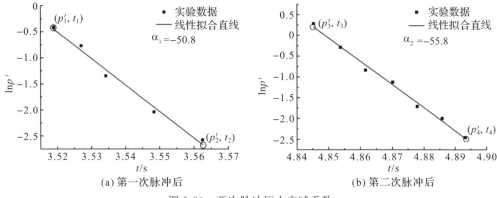

(a) 第一次脉冲后　　　　　　　　(b) 第二次脉冲后

图 5-30　两次脉冲压力衰减系数

两次脉冲后系统的阻尼系数与燃面大小无关。本次实验中,平均压力在 11.5MPa 附近,在计算响应函数时,平均压力为 11.5MPa,对应推进剂燃速为 7.5mm/s,两次脉冲对应的振荡频率分别为 137Hz 和 130Hz,推进剂密度取 1800kg/m³,推进剂燃面与通气面积基本相等,因此,$S_{b1}/S_c$ 近似为 1。理论声速 $\bar{a} = 1186$m/s,实测声速 $a_b = 2fL = 907$m/s。将以上参数代入式(5-36),可以求得测试推进剂的响应函数 $R_{pc}^{(r)} = 16.05$。

采用该推进剂的大长径比固体火箭发动机在工作末期出现了比较严重的燃烧不稳定现象,在排除了众多燃烧不稳定诱发因素后,初步判断该燃烧不稳定现象是由推进剂压力耦合响应函数过高引起的。T 型燃烧器实验结果表明,该发动机采用的推进剂在高压(~11.5MPa)低频(~140Hz)条件下确实具有较高的压力耦合响应函数,在工作过程中容易出现燃烧不稳定现象。因此,在发动机设计过程中,需根据发动机实际的长度及工作压力,慎重选择推进剂,尽可能避开推进剂响应函数峰值区间,降低出现燃烧不稳定的可能性。

#### 5.2.2.5　燃烧器内压力振荡相位特性及分布

发动机内压力振荡相位特性及分布也是燃烧不稳定研究领域内重点关注的对象。从声学角度出发,固体火箭发动机或者 T 型燃烧器均可被视为两端封闭的空腔。在理想情况下,燃烧室两端是一阶轴向声振型的波腹位置,对压力振荡最为敏感,两端压力振荡相位相差 180°;中间位置是一阶轴向声振型的波节位置,对压力振荡最不敏感。在本研究中,0♯与 4♯传感器位于 T 型燃烧器的两端,2♯传感器位于 T 型燃烧器中间喷管位置,1♯与 3♯传感器介于一阶振型波节与波腹之间。以 0♯和 4♯传感器为例,脉冲后压力振荡相位关系如图 5-31 所示。在一个压力振荡周期 T 内,0♯传感器压力峰值先于 4♯传感器 $\Delta T$,而 $\Delta T$ 恰好为半个压力振荡周期。由此可知,0♯与4♯传感器具有相反的相位,相位差为$180°$,实验所得相位分布与理论分布完全一致。

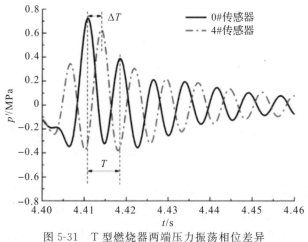

图 5-31  T型燃烧器两端压力振荡相位差异

为了获得T型燃烧器内声压振幅的分布特性,分别对0♯~4♯传感器压力振荡数据进行FFT分析,5个传感器所得的一阶轴向振频对应的压力振幅分布如图 5-32 所示。可以看出,实验结果分布与理论结果分布一致。T型燃烧器两端压力振荡最为严重,而中间位置压力振荡最不明显,1♯与3♯传感器位于T型燃烧器波腹与波节之间,压力振幅介于最大值与最小值之间。

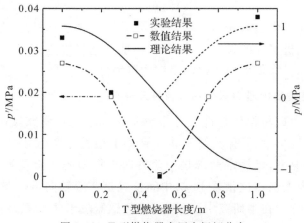

图 5-32  T型燃烧器内压力振幅分布

　　掌握燃烧室内的声压分布对于工程上抑制燃烧不稳定有一定的指导作用。工程实践表明,在声压波腹位置,特别是头部声压波腹位置,修改装药形状有助于抑制燃烧不稳定现象。关于声学系统中声能的被动抑制方案,研究人员开展了大量的研究工作[30]。然而,固体火箭发动机燃烧室内是高温高压环境,众多被动抑制方案难以应用于固体火箭发动机中。从根本上抑制燃烧不稳定现象需要系统地揭示燃烧不稳定产生的机理,从源头上切断引起燃烧不稳定的因素,并尽可能增大发动机的系统总阻尼,提高发动机的鲁棒性。

### 5.2.3　压力可控 T 型燃烧器

#### 5.2.3.1　压力可控 T 型燃烧器工作原理

　　压力可控 T 型燃烧器克服了传统 T 型燃烧器的缺点,具有调压精确和使用简便的特点,其结构组成以及工作原理如图 5-33 所示。压力可控 T 型燃烧器由燃烧室、压力控制阀、高压气源及其调节系统三部分组成,燃烧室是内径为 50mm、壁厚为 10mm 的不锈钢管,喷管开在中央处。

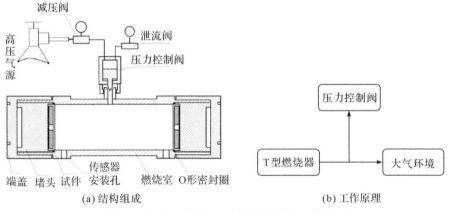

(a) 结构组成　　　　　　　(b) 工作原理

图 5-33　压力可控的 T 型燃烧器结构和工作原理

　　首先,打开高压气体气瓶,开启调压稳压阀门,使压力控制器处在一个稳态的控制压力之下,此时锥状阀芯和喷喉表面闭合;点火之后,燃烧室内燃气压力增大,当控制压力通过活塞给阀芯施加的轴向动力小于燃气动力时,阀芯向后退移,开度增大,燃气泄流量相应增大。此时阀芯开度增大,阀芯—喷喉缝隙之间分流的燃气流量加大,燃烧器内压力降低,从而将燃气发生器内部压力稳定在一个数值附近,经过一系列动态响应过程,最终达到一个平衡状态,燃气流量也稳定在一个范围之内。在这个稳定的压力区间,通过对压力振荡信号特征的分析处理,就可以实现对压力耦合响应函数的分析和测定。

在压力可控 T 型燃烧器的工作过程中,系统需要保持良好的性能就必须满足以下几方面的功能特点[34]:①气源、管路及其调节系统使用简便可靠,调节阀门必须具备优良的性能,调压稳压精确持久,管路连接简洁紧凑,无气体泄漏;②汽缸—活塞结构要满足密封好、阻尼小、响应快等性能需求;③阀芯和喷喉型面能够经受一定的高温烧蚀影响且具有良好的流动特性,以利于长期重复性的试验操作;④T 型燃烧器燃烧室需要满足传感器安装、装药、点火以及声学振荡等各方面的需求。

### 5.2.3.2 压力控制功能设计

压力控制功能模块包括调压稳压气动管路系统和压力控制阀两个部分,压力控制阀是延伸了气缸功能的气动元件,两者实际上组成了一个特殊的气压传动系统。在实际应用中,气体介质选用高压氮气,气源由高达 15MPa 的气瓶提供,调节控制阀门把高压气体转换为稳压输出,给定压力控制器稳态的控制压力。

调节管路需要把气源中 8~15MPa 的高压气体转换为 0.1~1.5MPa 的稳态压力输出。目前还没有能够直接实现该功能的减压稳压调节阀门,故只能采用"一级减压+二级调压"的调节方案,即将气瓶出口接驳高性能减压阀,连接到压力控制器的入口,同时在压力控制器的出口连接一个减压器作为减压放气阀,从而在一个动态的放气过程中控制压力的稳定输出,其组成如图 5-34 所示。

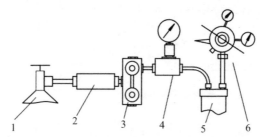

1—氮气瓶;2—过滤器;3—减压阀;4—压力表接头;
5—压力控制器;6—减压放气阀

图 5-34 调压稳压管路设计

压力控制阀的功能类似于一个双作用气缸,其原理如图 5-35 所示。调压稳压气路输出一定的控制压力后,锥状阀芯与喷喉抵合,形成密封效应;试件点火之后,燃烧室内压力上升到一定程度,活塞—阀芯在燃气冲击力下退移,导致燃气泄流和燃烧室压力降低,从而在动态条件下对燃烧室压力进行控制。该机构的活塞与缸筒壁面既要有良好的密封性能,又要有较低的阻尼。可参考通用气缸的结构进行设计,结构包括活塞、阀芯、喷喉等部件。

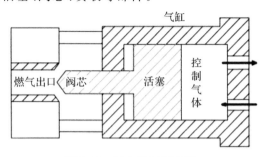

图 5-35 压力控制阀原理

密封是防止流体或固体微粒从相邻结合面泄漏,以及防止外界杂质如灰尘与水分等侵入机器设备内部零部件,压力控制器的密封包括活塞与缸筒内表面之间的动密封以及阀芯与活塞之间的静密封。在活塞与缸筒之间采用两道专用密封圈动密封,密封圈的材质为橡胶,与镀铬缸筒内表面滑动密封;阀芯内孔螺纹与螺母连接,通过嵌入活塞肩部的密封垫圈实现挤压静密封,防止控制气体在缝隙中泄漏。活塞部件及密封原理如图 5-36 所示。

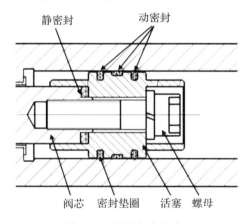

图 5-36 密封方案设计

在各种调节流体运动的阀门机构中,喷喉—阀芯结构是机构中机械运动和气体流动变化为剧烈的部位。在压力可控 T 型燃烧器中,阀芯是一个针栓运动机件,喷喉在装置中固定,其扩张段几何尺寸与阀芯的外部型面吻合,阀芯在控制压力的作用下,在一个动态过程中实现控制燃烧室燃气泄流的作用。鉴于该机构工况的特殊性,两个部件均采用抗烧蚀的钨渗铜材料制造。

### 5.2.3.3 T 型燃烧器设计

T 型燃烧器的设计目的在于测定不同推进剂的相对稳定性特性以及测定发动机稳定性分析所需要的响应函数和阻尼值。其由燃烧室和位于燃烧室中央的声速喷喉组成,最大特点是排气口位于基频声振压力波节、速度波腹处时声能损失最小。推进剂试件位于压力波腹处,提供的声能最强,整个燃烧室表面径处于均匀的声学环境,容易激发纵向基频振荡,有利于声导纳的定量测量。所以燃烧器的内表面不但要保持很高的光洁度,同时还要满足振荡频率的要求,为了在不同振荡频率下测定推进剂的响应特性,设计燃烧器需具备四种不同频率(800Hz、1200Hz、1800Hz、2200Hz),燃烧器大承压能力为 15MPa。经过计算,与四种频率对应的燃烧室长度规格如表 5-9 所示。

**表 5-9　振荡频率与燃烧室长度规格**

| 振荡频率/Hz | 800 | 1200 | 1800 | 2200 |
|---|---|---|---|---|
| 燃烧室长度/mm | 510 | 350 | 255 | 200 |

设计完成的压力可控 T 型燃烧器总体组成如图 5-37 所示。在该装置中,长尾管与燃烧室配合焊接,其余连接处均采用螺纹旋合装配。由于大部分零件为旋转体,故可以采用统一的旋合工装机具,有利于装配和维护。安装试件的堵头背部也添加了旋合螺栓,便于在实验之后取出药杯。该设计充分考虑了操作性和维护性,在对装置进行总装配时,采取自上而下、自内而外的装配方法。

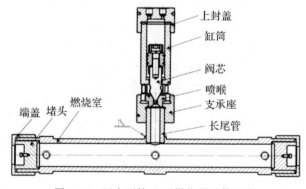

图 5-37　压力可控 T 型燃烧器总体组成

### 5.2.3.4 点火实验

实验系统由高压气源及其调节管路系统、压力可控 T 型燃烧器、传感器、点火控制线路和数据采集系统组成。图 5-38 所示的是压力可控 T 型燃烧器进行实验准备的情况,燃烧室两端分别安装直径为 50mm,厚度为 6mm 和 9mm 的圆盘状推进剂试件,点火使用硝化棉盒,内装有实验成分相同的推进剂粉末,用电阻丝加热点燃。通过安装在燃烧器壁面的压力传感器测得压力振荡信号,再通过对压力信号曲线分析,确定试件的燃烧性能和压力可控 T 型燃烧器的压力控制功能。

图 5-38　压力可控 T 型燃烧器实验装置安装

试件采用 SDP-10 双基推进剂,其密度为 $1.65 g/cm^3$;理论定压燃烧温度为 2233K;在压力为 7MPa,初温为 20℃时,燃速为 8.68mm/s;理论比冲为 2106N·s/kg;燃气平均相对分子质量为 23.9,燃气比热比为 1.25。

图 5-39 是燃烧器在 0.1s、0.15s、0.2s 以及 1s 的焰区图像。图 5-39(a)所示的是点火药包点燃之后的燃烧器焰区图,可见在点火峰压力的作用下,控制阀阀芯退移,燃气少量泄流。从图 5-39(b)中可以看到,点火峰压力之后和推进剂试件尚未全部点燃之前,由于阀芯退移燃气泄流,燃烧器内压力突然下降,阀芯在控制压力的作用下抵合喷喉,燃气泄流有了一个短暂的间歇。图 5-39(c)所示的是推进剂试件全部点燃之后,燃烧室稳态压力建立,燃气大量平稳泄流的阶段。图 5-39(d)所示的是推进剂燃烧接近完成时的焰区,此时燃气的泄流量很快减少,阀芯闭合。

某次实验的压力振荡曲线以及燃烧室平均压力和采样滤波曲线如图 5-40所示。

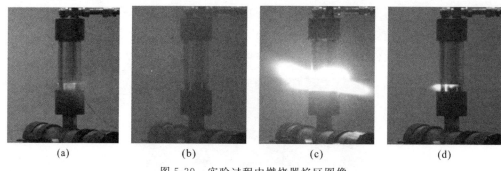

图 5-39　实验过程中燃烧器焰区图像

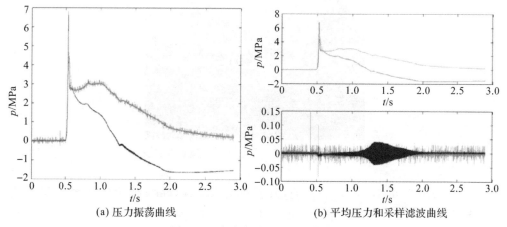

图 5-40　点火实验压力振荡信号

　　通过对实验结果进行数据处理,发现推进剂在 T 型燃烧器中产生了振荡燃烧,压力耦合响应函数得到了测定,T 型燃烧室的平均压力有了一段较为平稳的区间,但是存在着平稳段时间较短、泄压过快等现象。其原因在于控制器活塞所采用的密封结构阻尼过大,点火峰压力推开针阀后,针阀处于高位状态,无法及时在给定的控制压力下向下作动,导致控制间隙过大、燃气泄流量增长过快,这使平均压力不稳定且呈快速下降趋势,未完全达到预期的稳压调压性能。

　　其中的几发点火实验采用压电传感器和应变式压力传感器同步进行压力信号采集,由数据曲线可知,两者对比测试的差距较大,压电传感器测得的曲线始终不归零,反而在负值停留,而应变式压力传感测量的结果存在较大的噪声干扰,这在一定程度上影响了测试结果乃至系统性能的判定。

#### 5.2.3.5　实验结果分析

经过数发的实验可以看出,燃烧室具备基本的稳压区段,但是压力平稳功能还不具备较高的重复性。在前述章节,我们已经对压力耦合响应函数的原理和数据处理方法做了详细分析。测定压力耦合响应函数必须控制三个参数:平均压力、频率和推进剂试件初温。采用倍燃面二次衰减法进行数据处理,燃烧室长度为 350mm。实验总体情况如表 5-10 所示。

表 5-10　实验总体情况

| 编号 | 初温/℃ | 控制压力/MPa | 平衡压力/MPa | 响应函数 $R_p^{(r)}$ |
|---|---|---|---|---|
| 1 | 26 | 0.1 | 1.1 | 0.22 |
| 2 | 26 | 0.2 | 不明显 | 1.28 |
| 3 | 15 | 0.2 | 2.12 | 未起振 |
| 4 | 26 | 0.3 | 3.15 | 1.52 |
| 5 | 15 | 0.3 | 2.93 | 未起振 |
| 6 | 26 | 0.2 | 不明显 | 1.19 |
| 7 | 15 | 0.3 | 3.05 | 1.63 |

### 5.2.4　T 型燃烧器存在的一些问题

T 型燃烧器具有结构简单、使用方便、成本低的优点,但如何提高数据重复性是挑战。一方面,实验过程中喷管和燃烧表面等的随机变化使燃烧室平均压力的预估值与重复性很难控制;另一方面,温度分布不均匀导致声速和压力波传播的变化;此外,T 型燃烧器实验当中某些假设(如双脉冲法中假设两次脉冲时的阻尼相同)与实际情况也不完全相符。这些因素最终导致 T 型燃烧器实验数据相对比较分散,不同实验室的数据之间难以比较。

## 参考文献

[1] Fred B. Lessons Learned in Solid Rocket Combustion Instability[C]//43rd AIAA/ASME/SAE/ASEE Joint Propulsion Conference and Exhibit,2007.

[2] 刘佩进,何国强. 固体火箭发动机燃烧不稳定及控制技术[M]. 西安:西北工业大学出版社,2015.

[3] Andrepont W,Schoner R. The T-Burner Test Method for Determining the Combustion Response of Solid Propellants[C]// 8th Joint Propulsion Specialist Conference:American Institute of Aeronautics and Astronautics,1972.

[4] Su W X,Wang N F,Li J W,et al. Improved Method of Measuring Pressure Coupled Response for Composite Solid Propellants[J]. Journal of Sound and Vibration,2014,333(8):2226-2240.

[5] Culick F E C. Interactions Between the Flow Field Combustion and Wave Motions in Rocket Motors, NWC TP 5349 [R]. Naval Weapons Center, China Lake, California: DTIC, June 1972.

[6] Micheli P L. Evaluation of Pulsed T-Burner for Metallized Propellants, No. 191[R]. Sacramento, California: C. P. I. A. Publication, 1973.

[7] Brown R S, Erickson J E, Babcock W R. Combustion Response Function Measurements by the Rotating Valve Method[J]. AIAA Journal, 1974, 12(11): 1502-1510.

[8] Brown R, Willoughby P, Kelley V. Rotating Valve for Velocity Coupled Combustion Response Studies[C]// 13th Joint Propulsion Specialist Conference: American Institute of Aeronautics and Astronautics, 1977.

[9] Brown R S, Kelly V L. Rotating Valve for Velocity Coupled Combustion Response Studies[C]. Proceeding of the 13th Propulsion Conference. Orlando, FL, USA: American Institute of Aeronautics and Astronautics, 1977.

[10] Golafshani M, Farshchi M, Ghassemi H. Effects of Grain Geometry on Pulse-Triggered Combustion Instability in Rocket Motors[J]. Journal of Propulsion and Power, 2002, 18(1): 123-130.

[11] Brewster M Q, Saarloos B. Unsteady Stolid Propellant Pressure Combustion Responses Using a Piston Burner[J]. Journal of Propulsion and Power, 2004, 20(1): 127-134.

[12] Strand L D, Magiawala K R, Mcnamara R P. Microwave Measurement of the Solid-Propellant Pressure-Coupled Response Function[J]. Journal of Spacecraft and Rockets, 1980, 17(6): 483-488.

[13] Wilson J R, Micci M M. Direct Measurement of High Frequency, Solid Propellant, Pressure-Coupled Admittances[J]. Journal of Propulsion and Power, 1987, 3(4): 296-302.

[14] Micci M. Magnetic Flowmeter Burner Measurement of A Solid Propellant Pressure-Coupled Imaginary Response[J]. Journal of Propulsion and Power, 2008, (24): 149-150.

[15] Hafenrichter T J, Murphy J J, Krier H. Ultrasonic Measurement of the Pressure-Coupled Response Function for Composite Solid Propellants[J]. Journal of Propulsion and Power, 2004, 20(1): 110-119.

[16] Strand L, Dab R S. Laboratory Test Methods for Combustion-Stability Properties of Solid Propellants[J]. AIAA, 1992, 17: 689-718.

[17] Crocco L, Sirignano W A. Behavior of Supercritical Nozzles under Three-Dimensional Oscillatory Conditions[R]. Advisory Group for Aerospace Research and Development Paris, 1967.

[18] 赵崇信,王宁飞.固体推进剂压力耦合响应函数手册[M]. 北京:兵器工业出版社,1994.

[19] Wang K, Fan W, Yan Y, et al. Operation of A Rotary-Valved Pulse Detonation Rocket Engine Utilizing Liquid kerosene and Oxygen[J]. Chinese Journal of Aeronautics, 2011, 24(6): 726-733.

[20] Barooah P, Anderson T, Cohen J. Active Combustion Instability Control with Spinning Valve

Actuator[J]. Journal of Engineering for Gas Turbines and Power,2002(2):197-207.

[21] Kuentzmann P, Nadaud L. Réponse des Propergols Solides aux Oscillations de Pression et de Vitesse[J]. Combustion Science and Technology, 1975,11(3-4):119-139.

[22] Kathiravan B, Rajak R, Senthilkumar C, et al. Oscillatory Pressure Effect on Mean Burning Rates of Solid Propellant Combustion at Low Frequency Conditions[J]. Propellants, Explosives, Pyrotechnics,2019,44(3):369-378.

[23] Culick F E C. T-Burner Testing of Metalized Solid Propellants[M]. AFRPL-TR-74-28, Air Force Rocket Propulsion Laboratory. CA,1974.

[24] 孙维申.固体火箭发动机燃烧不稳定[M].北京:北京工业学院出版社,1987.

[25] Куроедов А А. Определение Акустической Проводимости Зоны Горения Безметальных и Металлизированных Энергетических Конденсированных Систем[J]. Труды МАИ. Выпуск № 98 УДК 533.2, 2018.

[26] 孙维申,方继明,张训文,等.压力可控式燃烧器[J].兵工学报,1987(3):57-65.

[27] Gallier S. Briquet B. Aluminum Combustion Can Drive Instabilities in Solid Rocket Motors: T-Burner Study[J]. Journal of Propulsion and Power, 2019(35):159-172.

[28] 孙维申,胡竟岩,眭英,等.测定固体推进剂声导纳的倍燃面二次衰减法[J].兵工学报,1988(4) 14-19.

[29] 金秉宁,刘佩进,Rezaiguia H,等.固体推进剂速度耦合响应函数测量实验方法研究[J]. 推进技术,2019,40(1):192-198.

[30] Zhao D. A Real-Time Plane-Wave Decomposition Algorithm for Characterizing Perforated Liners Damping at Multiple Mode Frequencies[J]. Journal of the Acoustical Society of America, 2011, 129(3):1084-1192.

[31] Zhao D, Morgans A S. Tuned Passive Control of Combustion Instabilities Using Multiple Helmholtz Resonators[J]. Journal of Sound and Vibration, 2009, 320(4-5):744-757.

[32] Anthoine J, Mettenleiter M. Influence of Adaptive Control on Vortex-Driven Instabilities in a Scaled Model of Solid Propellant Motors[J]. Journal of Sound and Vibration, 2003, 262(5): 1009-1046.

[33] Taherinezhad R, Zarepour G. Investigation of a Novel Pyrogenic Pulser in a Laboratory Motor [J]. Chinese Journal of Aeronautics, 2020,33(01):134-148.

[34] 何衍庆.控制阀工程设计与应用[M].北京:化学工业出版社,2005.

# 第6章 固体火箭发动机结构
## 对燃烧不稳定的影响

热声振荡燃烧是推进系统中经常遇到的现象,它是脉冲放热和压力波动相互耦合导致系统压力振荡的过程。该现象一旦发生在动力推进系统中,即使是1%的放热率变化也可能引起较大的压力波动,对系统安全运行有极大危害[1-2]。在固体火箭发动机中经常出现这种燃烧不稳定,并且产生的压力波动更大,甚至会引起发动机的爆炸。但固体火箭发动机工作过程有燃面退移、装药结构动态变化,发动机声腔结构动态变化等特点,这使得声腔模态瞬态变化,导致热声之间的耦合作用也逐渐改变,增加了热声振荡燃烧的研究难度。大量的实验数据表明,燃烧不稳定振荡特性往往出现在发动机工作过程的局部时段,与燃烧室结构、装药结构和燃面位置有很大的关系。如 Hu 等[3]在一些高装填、大长径比、翼柱型装药固体火箭发动机的研究中发现,在工作末期会出现比较严重的压力振荡。由此也可以体现出声腔模态变化对这种燃烧不稳定的产生有相当大的促进作用。

因此,为了解不同结构对热声燃烧不稳定的影响规律,以达到预测发动机工作稳定性的效果。本章节主要分为三部分:①从燃烧室声模态分析和简化热声实验装置出发,为实际发动机稳定性分析以及试验台设计和构建提供指导方向;②从实际发动机模型出发,研究喷管结构的阻尼效果;③从实际发动机的装药结构出发,研究发动机声模动态变化过程的阻尼和耦合效果。

## 6.1 燃烧室热声振荡研究

实际固体火箭发动机燃烧系统中,压力脉冲扰动会引起推进剂燃速波动,产生放热率振荡再传递到声场中,当燃烧室是无阻尼或者弱阻尼系统时,则会产生热声耦合压力波动。然而在装药结构和喷管结构的阻尼作用下,实际的燃烧系统是一个大阻尼系统,因此,热声耦合并不一定导致燃烧不稳定。图 6-1 总结了热声不稳定性自激发生的条件,图中上部分显示的是一个不稳定的燃烧室,反应物从左端进入,燃烧产物从右端流出,燃烧室的某个声学模态与热释放率振荡之间会相互作用传递或相互作用抵消。可以证明,如果图中的积分值(通常称为瑞利积分)为正(负)的话,燃烧过程会局部地从声波振荡中增加(消除)能量。该积分的符号取决于热释放率振荡和压力振荡之间的相位差,当相位差小于(大于)90°时为正(负)。如图 6-1 所示,只有当推进剂燃烧过程提供给声场的能量超过能量损失时[如来自燃烧室的声能辐射和对流(通过喷管、黏性耗散和热传递)],才会发生热声燃烧不稳定。因此,只要激励增益的幅度超过阻尼过程的幅度,模态能量就会随着时间而增加。在这种情况下,振荡的振幅最初随时间呈指数增长,直到在非线性作用下,形成极限环振幅。当这种情况发生时,激励增益和阻尼过程的能量时间平均值相等,并且振荡模态净能量为零。

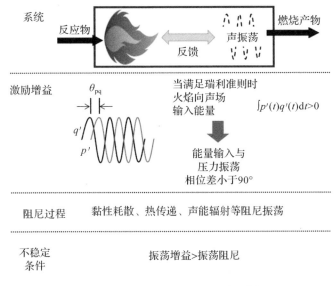

图 6-1　产生热声振荡燃烧的条件[4]

当燃烧发生在封闭空间(比如燃烧室)时,扰动声波就会受到边界的反射,进而与燃烧过程相互作用,产生燃烧不稳定。由推进剂燃烧机理可知,固体推进剂在熔化、蒸发和分解过程中受到压力和温度的影响,因此燃烧室内压力和温度等小扰动会导致推进剂燃速的波动,从而引起热释放率的波动,而热释放率的波动又会在推进剂燃烧表面产生压力波动,并以声速传播至整个燃烧室,引起压力波动,经过燃烧室边界的反射,压力振荡继续反作用于推进剂燃烧过程,由此形成一个反馈闭环。如果燃烧过程发生在自由空间,则声能会全部辐射完。因此,研究热声耦合问题时,除了要关注燃烧过程波动,更需要关注系统的声学模态,这是研究热释放率与压力波动的基础。

### 6.1.1 燃烧室声学特性

压力波在有限边界内(例如燃烧室)传播时会产生反射波,并向上游传播,引起整个流场中压力的振荡,从而在推进剂燃烧表面处形成周期性压力波动。本节根据声波传播过程的物理性质,建立压力随空间位置和时间变化的关系,还考虑了声传播耗散作用,即声衰减波动方程。为了简化问题,必须对介质和声波传播过程做出一些假设,并考虑其主要因素:

①认为固体火箭发动机燃烧室内是均匀介质,暂且不考虑燃烧室内的两相流情况和平均流动,即流动速度 $U=0$。

②声传播过程中,介质的膨胀和压缩过程是绝热的,即不会由声传播过程引起温度差而产生热交换。

③介质中传播的是小振幅声波。

④介质对声传播过程具有吸收作用,暂不考虑两相流产生的阻尼,仅考虑黏滞性吸收作用。

基于线性理论,由外部添加的阻尼装置或者系统结构本身产生的阻尼均满足叠加原理。

#### 6.1.1.1 燃烧室固有模态

显然,燃烧室内的流动过程符合连续介质假设,且由于燃烧室模态不考虑温度梯度和热源项,故可以应用流体的连续性方程和动量方程,结合气体状态方程和声波的等熵压缩条件建立起模态方程。

(1)连续性方程

$$\frac{\partial \rho}{\partial t}+\frac{\partial(\rho v)}{\partial x}=0 \tag{6-1}$$

(2)运动方程

$$\rho \frac{\mathrm{d}v}{\mathrm{d}t}=-\frac{\partial p}{\partial x}+\eta \frac{\partial v}{\partial x} \tag{6-2}$$

式中,等号右端第一项是压力梯度产生的力,第二项是介质的黏滞力。$\eta$ 为黏滞系数。

（3）状态方程

$$dp = \left(\frac{dp}{d\rho}\right)_s d\rho \tag{6-3}$$

忽略二阶以上的微量，得黏滞流体媒介中的波动方程为

$$\rho \frac{\partial^2 p}{\partial t^2} = K_s \frac{\partial^2 p}{\partial x^2} + \rho \frac{\partial^3 p}{\partial x^2 \partial t} \tag{6-4}$$

对于理想介质的波动方程，忽略黏滞作用，则可简化为

$$\frac{\partial^2 p}{\partial t^2} - c^2 \frac{\partial^2 p}{\partial x^2} = 0 \tag{6-5}$$

对于简谐声波有 $p(x,t) = p_1(x)e^{j\omega t}$，其中，$\omega$ 为简谐振动的角频率，将其代入式（6-5），即可得到关于空间模态方程 $p(x)$ 的常微分方程：

$$\frac{d^2 p(x)}{dx^2} + k^2 p(x) = 0 \tag{6-6}$$

式中，$k = \frac{\omega}{c}$ 为波数。

常微分方程的一般解可以取正弦、余弦的组合，也可以取复数组合。对于讨论声波向无限空间传播的情形，取复数的解更为适宜，即

$$p(x,t) = Ae^{j(\omega t - kx)} + Be^{j(\omega t + kx)} \tag{6-7}$$

式中，等号右端第一项代表沿 $x$ 轴正方向行进的波，第二项代表沿 $x$ 轴负方向行进的波。对于有限区域内（如燃烧室）平面波的传播，若正反方向的波相互叠加，则会形成驻波，即几何构型的自然模态。

声波传播过程中，遇到介质物理性质变化或者管道截面变化，均会产生反射波 $p_r$，还有一部分声波会透过介质或者界面传播出去，称为透射波 $p_t$，如图 6-2 所示，而入射波、反射波以及透射波三者之间的关系可以通过反射系数和透射系数联系起来。根据波的小振幅线性假设，波可以表示为谐波，则入射波振幅为 $p_{ai}$，反射波振幅为 $p_{ar}$，透射波振幅为 $p_{at}$。

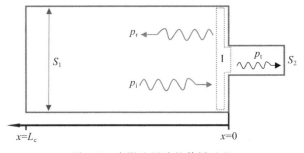

图 6-2　有限边界波的传播过程

由此可以写出入射波、反射波和透射波的声压表达形式以及质点表达形式:

$$\begin{cases} p_i = p_{ai} e^{j(\omega t - kx)} \\ p_r = p_{ar} e^{j(\omega t + kx)} \\ p_t = p_{at} e^{j(\omega t - kx)} \end{cases} \qquad \begin{cases} v_i = \dfrac{p_{ai}}{\rho_0 c_0} e^{j(\omega t - kx)} \\ v_r = -\dfrac{p_{ar}}{\rho_0 c_0} e^{j(\omega t + kx)} \\ v_t = \dfrac{p_{at}}{\rho_0 c_0} e^{j(\omega t - kx)} \end{cases} \qquad (6\text{-}8)$$

根据边界条件可知,在 $x=0$ 处,声压连续且体积流量不变:

$$(p_{ai} + p_{ar})(1-\zeta) = p_{at}$$
$$S_1(v_i + v_r) = S_2 v_t \qquad (6\text{-}9)$$

式中,$\zeta$ 为总压损失系数(为了方便起见,使用了这个系数,实际过程可以利用流动情况和不同边界的特点建立精确的边界条件)。

在 $x=L_c$ 处,质点振动速度为 0。

$$v = v_i + v_r = 0 \qquad (6\text{-}10)$$

由此可得反射系数 $r_p$ 为

$$r_p = \frac{p_{ar}}{p_{ai}} = \frac{S_{21} - (1-\zeta)}{S_{21} + (1-\zeta)} \Rightarrow \begin{cases} r_p = 1, & \zeta = 1 \\ r_p = \dfrac{(S_{21}-1)}{(S_{21}+1)}, & \zeta = 0 \end{cases} \qquad (6\text{-}11)$$

式中,$S_{21} = S_1/S_2$,根据 $x=L_c$ 的边界条件可得

$$\frac{e^{j(\omega t - kL_c)}}{e^{j(\omega t + kL_c)}} = r_p \Rightarrow e^{j(-2kL_c)} = r_p \Rightarrow \cos(2kL_c) = r_p \qquad (6\text{-}12)$$

由此可得燃烧室纵向固有振频 $f_c$ 为

$$f_c = \frac{c_0}{4L_c} \frac{\arccos(r_p)}{\pi} \qquad (6\text{-}13)$$

以简单几何构型为例,两端封闭管道如图 6-3(a)所示,即 $S_{21}=1$,$\zeta=1$,此时 $r_p=1$。一端开口、一端封闭的管道如图 6-3(b)所示,$S_2$ 趋向 $\infty$,即 $S_{21}=0$,$\zeta=0$,此时 $r_p=-1$。由此可得纵向固有频率分别为

$$f = \frac{c_0}{4L_c} \frac{\arccos(r_p)}{\pi} = \frac{nc}{2L_c} \qquad f = \frac{c_0}{4L_c} \frac{\arccos(r_p)}{\pi} = \frac{nc}{4L_c} \qquad (6\text{-}14)$$

在管道长径比比较小或者出口与管道直径比较小的情况下,还会存在亥姆霍兹固有模态。出口管径中的气体块如同振子,管道容积如同弹簧,此时系统可以认为是集中参数系统,如图 6-4 所示。其中,$V_i$ 为振子体积(虚线围成的体积),$V$ 为燃烧室体积,$d_t$ 为喉部直径,$A_t$ 为喉部横截面积,$\lambda$ 为波长,$c_0$ 为声速。

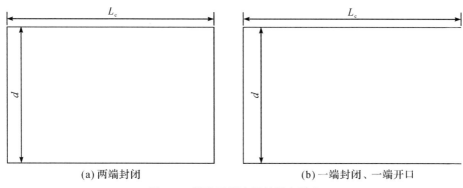

(a) 两端封闭　　　　　　　　　(b) 一端封闭、一端开口

图 6-3　管道不同边界的纵向模态

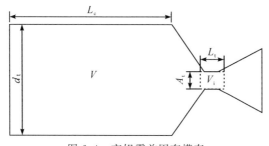

图 6-4　亥姆霍兹固有模态

对于亥姆霍兹振型的假设如下：

①燃烧室容积长度尺度远小于波长，即 $\delta = \dfrac{\sqrt[3]{V}}{\lambda} \ll 1$；

②振子体积远小于燃烧室体积，即 $\beta = \dfrac{V_i}{V} \ll 1$。

此时，燃烧室的振荡模式可视为亥姆霍兹振荡模式，其振荡频率如下：

$$f_H = \frac{c_0}{2\pi} \sqrt{\frac{A_t}{VL_t}} = \frac{c_0}{2\pi} \frac{d_t}{d} \sqrt{\frac{1}{L_c L_t}} \tag{6-15}$$

#### 6.1.1.2　压力波衰减系数

由上节可以计算得到几何构型较为简单的声学模态，对于几何构型较复杂以及介质不均匀的情况，需数值求解波动方程，获得声模态。然而对于热声耦合，燃烧室固有声模态是满足热释放率波动与压力波动同相的基础。但是，压力与热释放率波动同相使得压力可以获得持续振荡的能量，但同时声波传播过程以及边界位置的耗散作用使得压力波动能量不断损失，当热释放率输入的能量与耗散的能量平衡时，压力波动幅值保持不变。因此，为体现出压力波能量耗散特性，下面继续推导声波传播过程的衰减系数。

对于简谐声波有 $p(x,t)=p_1(x)e^{j\omega t}$,将其代入公式(6-4),可以得到

$$p=(Ae^{-jk'x}+Be^{jk'x})=Ae^{-\alpha_\eta x}e^{-j\omega(t-\frac{x}{c})}+Be^{\alpha_\eta x}e^{-j\omega(t+\frac{x}{c})} \tag{6-16}$$

即简谐声波以角频率 $\omega$、声速 $c$ 传播,其振幅为 $Ae^{-\alpha_\eta x}$。压力波在传播过程中,其波动幅值随距离指数衰减,其中声衰减系数为

$$\alpha_\eta = w\sqrt{\frac{\rho_0}{K_s}}\sqrt{\frac{(\sqrt{1+w^2H^2}-1)}{2(1+w^2H^2)}} \tag{6-17}$$

而其他阻尼对声波产生的衰减效应,均可归结为一种衰减系数,可通过叠加原理直接整合在声波衰减方程的衰减相中。

仅考虑黏性阻尼情况,衰减系数随声振荡频率的变化情况如图 6-5 所示。可以看出,衰减系数与频率呈线性关系,即频率越大,衰减系数越大,压力波衰减得越快,传播的距离越短。图 6-6 也可以印证,随着频率的增加,压力波传播距离快速下降,这主要是因为声传播过程中相邻空气质点由于运动速度不同会产生黏滞力,使得声能转化为热能,而波动频率越高,则单位时间内黏滞力做功越多,声波衰减越快,这与实际过程很相符。

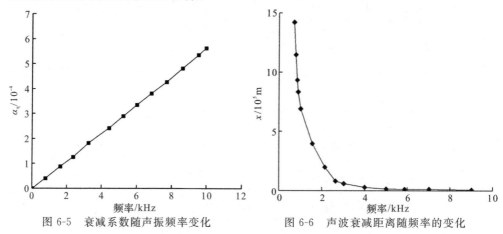

图 6-5　衰减系数随声振频率变化　　　　图 6-6　声波衰减距离随频率的变化

### 6.1.2　热声振荡的实验研究

以上理论分析都是基于稳态声波的传播衰减过程,未涉及声波与燃烧之间的耦合作用。因此,为了研究燃烧与压力波之间相互耦合的过程和固体火箭发动机热声耦合过程,我们专门设计了一种热源位置可调节的分段燃烧室实验装置,如图 6-7 所示,通过模拟固体火箭发动机的工作过程,探究燃面位置(燃面位置变化)

和混合比(模拟不同推进剂燃烧时的平均放热功率)情况下的热声振荡范围。

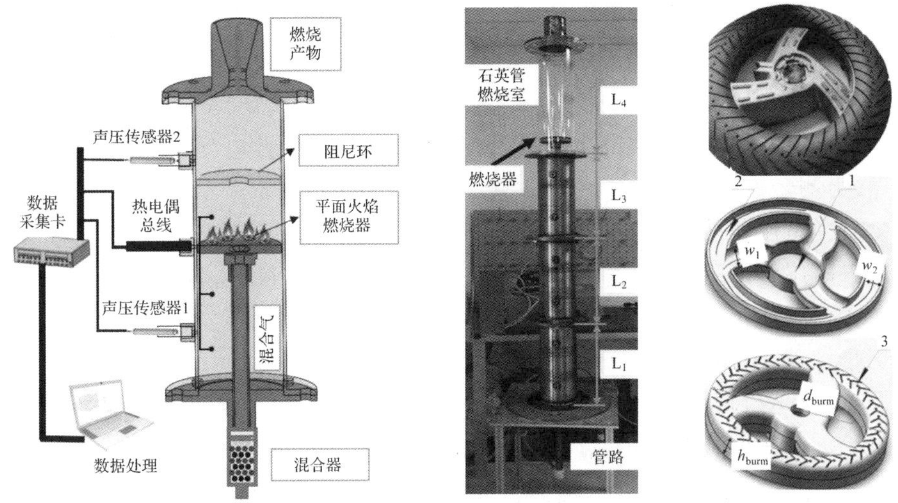

(a)实验系统　　　　　　　(b)燃烧室结构　　　　(c)燃烧器结构

图 6-7　平面燃烧实验装置

　　实验系统主要由燃料供给、燃烧装置和数据采集三部分组成,此实验装置能够在常规条件下开展实验,有效避免了实际发动机的恶劣工作环境。其中,燃料为液化石油气(丁烷 75%＋丙烷 25%),通过浮子流量计(LZB-3,量程 0.16～1.6L/min,温度范围-20～70℃,精度±4%)控制流量,氧化剂采用压缩空气,通过浮子流量计(LZB-10,量程 4～40L/min,温度范围-20～70℃,精度±4%)控制流量。燃料和氧化剂经过减压阀与液化石油气在三通阀和混合器中形成完全预混合气,最终由燃烧室内的调节杆输运至平面燃烧器燃烧提供热源。

　　燃烧室结构如图 6-7(b)所示,其内径为 150mm,总长度为 1700mm,并由一个 500mm 长的透明燃烧室、三个 400mm 长的钢制分段燃烧室组成。当研究热声耦合过程时,采用 500mm 长的燃烧室;当研究结构阻尼时,采用 1700mm 长的燃烧室。分段燃烧室均通过法兰连接固定,以便调节阻尼环和燃烧器位置,也可以研究燃烧室长度对压力振荡的影响。燃烧室内的调节杆是一根空心的螺杆,内径为 20mm,外径是 M30 的螺纹,与燃烧室底座啮合,可以调节平面燃烧器在燃烧室内的位置。由于燃烧室的分段需要以及有效调节平面燃烧器的需要,调节杆也分为三段,通过定制螺栓连接固定。

　　平面燃烧器是由上下两部分组成的圆环,如图 6-7(c)所示,径向有三个偏转角为 30°的流道,以便产生一定旋流的混合气。燃烧器表面稳定燃烧的排气流道由"人"字形缝隙组成,其宽度为 1mm,总共 38 个且均匀分布在燃烧器表面。燃烧器外径 $d_{burn}=149$mm,厚度 $h_{burn}=25$mm,径向流道宽度 $w_1=30$mm,环形流道宽度 $w_2=20$mm,流道深度为 15mm。阻尼环结构如图 6-8(b)所示,外径 $d_{in}=149$mm(便于安装),中心孔内径 $d_{er}=33$mm,厚度 $h_{in}=5$mm。燃烧室封闭端提供了隔音的封闭边界,燃烧室中安装的阻尼环和出口处的缩放喷管边界提供了一个声音开放边界,为测量燃烧室内热声压力振荡提供了一个明确的声学边界条件。数据采集主要通过声压传感器(BSWA MPA416,灵敏度 43.3mV/Pa,量程 0~130dB)测量燃烧室声压波动,采集卡为 NI 采集卡(采样频率 20kHz),热电偶(K 型 MT-K-08F,基本误差 ±0.4%t,响应时间小于 1s)可测量燃烧室轴向温度变化。

实验过程中,声压传感器、热电偶和阻尼环位置如图 6-8(a)所示。其中坐标系原点在燃烧室封闭端,燃烧室轴向为 $x$ 轴,径向为 $y$ 轴。声压传感器 P₁ 和 P₂ 安装在距燃烧室侧壁外部 50mm(即 $y=135$mm,通过绝缘管与燃烧室内部连通)的径向位置,以防高温燃气损坏,轴向位置分别为 $x=100$mm 和 $x=1450$mm。热电偶 T₁、T₂、T₃ 安装在距燃烧室内壁 15mm(即 $y=60$mm)的径向位置,测量的温度近似燃烧室中心轴向温度,轴向位置分别 $x=300$mm、700mm 和 1300mm 处。图中,$x_H$ 是平面燃烧器在燃烧室中的位置,$L_p$ 是阻尼环位置。其中,平面燃烧器位置通过旋转调节杆即可改变。而阻尼环端面设计有 2mm 内孔以连接金属丝(直径为 0.5mm,尽可能降低对声波传播和流动的影响),并固定在燃烧室法兰位置,通过改变金属丝固定位置和长度可以实现阻尼环在燃烧室内位置的调节。阻尼环和各传感器位置分别指阻尼环、平面燃烧器和传感器中心点至坐标轴原点(发动机封闭端)的距离,即坐标轴 $x$ 位置。实验过程混合气流量固定在设定工况下,可通过调节阻尼环及其位置,获得不同情况下的压力和温度波动数据。

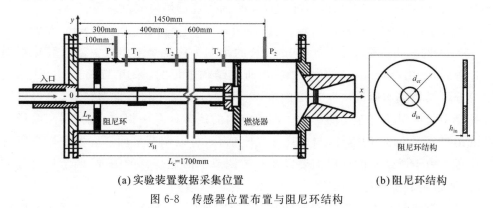

(a)实验装置数据采集位置　　　　　　(b)阻尼环结构

图 6-8　传感器位置布置与阻尼环结构

在开展实验之前,首先对燃烧室的声模态进行了计算。由于燃烧室结构较为简单,可根据式(6-14)获得常温条件下燃烧室的纵向声学模式中的一阶固有频率($f_1$),根据式(6-15)获得亥姆霍兹振型的固有频率($f_H$)。由于温度对声速的影响,随着燃烧室中气体温度的升高,固有频率也会随之增大。因此,压力振荡频率会随着燃烧室整体温度的增加而增加,如图 6-9 所示。

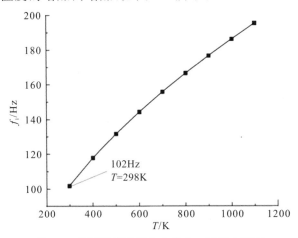

图 6-9　不同温度下燃烧室纵向一阶固有频率

### 6.1.2.1　激发热声振荡研究

为研究燃烧系统内的热声振荡情况,首先需要在燃烧系统中激发出热声振荡,然后通过开展不同工况下的实验来获得不同因素对热声振荡的影响规律为热声振荡的抑制研究奠定基础。由于开展大量的推进剂燃烧耗时又耗力,因此采用了常见的气体燃料。可通过改变燃料的当量比来改变燃烧器的放热功率,模拟固体推进剂的燃烧放热,研究不同工况下的热声振荡范围。

(1)冷热态压力波动情况

一方面,考虑到环境背景噪声的影响,在同一工况下测量点火前后的压力波动,可以证明是否激发出了热声压力振荡;另一方面,通过频谱分析可以区别出热声压力振荡中掺杂的通气噪声,可探究燃烧对噪声与热声振荡的影响。

a.冷态压力波动

由于实验过程中会掺杂通气等环境噪声,因此为了确保测量数据的有效性,且能与热流态下的热声振荡进行对比,首先需对通气和环境噪声进行测量,得到其频谱图。通过噪声频谱图的对比和分析,可以从声压测量数据中区分出噪声干扰,得到有效的实验数据。

图 6-10 是燃烧室中通入混合气且在未点火之时的 $P_2$ 位置噪声频谱图。可以看出,噪声压力波动幅值低于 53dB,波动频率在 $0\sim50$Hz,波动主频为 30.1Hz。这是由背景环境和通气过程引起的,它会始终伴随在压力振荡数据采集中,难以避免。燃烧室安装的声压传感器分别采集了两次声压数据,第一时段采集(着火后开始采集,$\Delta t_1=20$s)和第二时段采集(待燃烧一分钟后采集,$\Delta t_2=20$s),以此说明压力振荡数据随时间的波动性和误差带分析,提高测量数据的普适性和有效性。

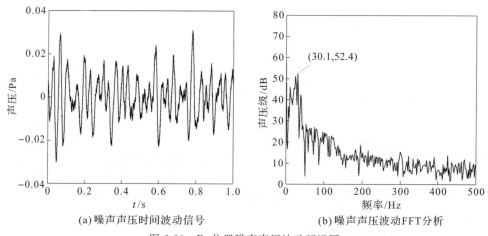

(a) 噪声声压时间波动信号　　　　(b) 噪声声压波动FFT分析

图 6-10　$P_2$ 位置噪声声压波动频谱图

b. 热态流动噪声

保持流量和燃烧器位置不变,点燃混合气,可测量燃烧室的压力波动。图 6-11 是 $x_H/L_c=0.24$ 时,$P_2$ 位置声压随时间变化的波动图。从图 6-11(a)可以看出,燃烧室内产生了周期性的压力波动,压力波动幅值约为 20Pa,明显大于噪声压力波动幅值。对其进行 FFT 分析,得到了频谱曲线,如图 6-11(b)所示。可以看出,燃烧室内主要形成了 31Hz 和 115.8Hz 的压力振荡。与冷态流动噪声频谱图对比可知,31Hz 为噪声频段,而 115.8Hz 频段的压力振荡是燃烧室内的轴向驻波形态,下文会详细分析此频率的压力振荡。这也说明燃烧系统能够激发出较为强烈的热声振荡。

此外,32Hz 噪声频段的频率大小与冷态情况下采集的噪声频率基本相一致,但此时的振荡幅值为 91dB,与图 6-13(b)中的冷态(点火前)噪声幅值(52.4dB)相比,增加了约 42%,这说明燃烧会对流动噪声进行放大。因此,对于后面的频谱图中在 32Hz 左右范围内的压力波动同样认为是环境噪声,不予对比分析。

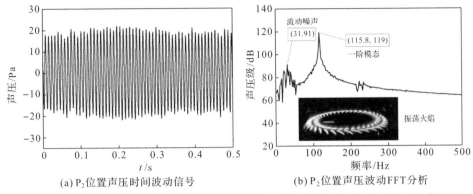

(a) P₂位置声压时间波动信号　　　(b) P₂位置声压波动FFT分析

图 6-11　无阻尼环时,P₂ 位置频率和波动幅值随时间变化的波动图以及误差带

（2）当量比对热声振荡的影响

首先测量燃烧室长度 $L_c=500\mathrm{mm}$,燃烧器位置 $x_H/L_c=0.26$ 时,当量比 $\varphi$ 为 1.0~1.5 范围内的声压波动数据,如图 6-12 所示。

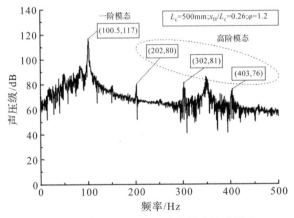

图 6-12　当量比 $\varphi=1.2$ 时的压力波动频谱

不同当量比下的压力振荡曲线相似,故以 $L_c=500\mathrm{mm}$,$x_H/L_c=0.26$,$\varphi=1.2$ 工况为例。从图 6-12 中可以看出,燃烧室内振荡的主要频率为 100.5Hz,振荡幅值为 117dB,还伴随着二阶（202Hz）、三阶（320Hz）、四阶（403Hz）的高阶振荡,且振荡幅值基本一致。

取不同当量比下的纵向一阶频率和振幅,如图 6-13 所示。从图 6-13（a）可以看出,随着当量比（平均放热功率）的增加,振荡频率基本先增加,后稳定,最后快速下降,并且燃烧器位置越靠近出口边界,频率稳定范围越宽。从振幅变化可知,燃烧器不同位置的一阶振荡幅值随当量比先增加后减小,振荡幅值对应的当量比大小不同,但基本都在 1.2～1.3 范围内;并且一阶振荡幅值大小和范围随燃烧器位置的改变而不同,$x_H/L_c$ 越小,振荡范围越大,与频率变化一致。这主要是因为当量比在 1.2～1.3 内,燃烧速度波动对当量比较为敏感,更易引起热释放率的波动,引起燃烧不稳定。

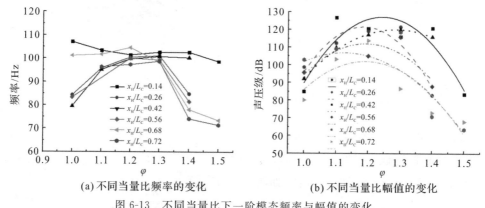

(a)不同当量比频率的变化　　　　(b)不同当量比幅值的变化

图 6-13　不同当量比下一阶模态频率与幅值的变化

(3)燃烧器位置对热声振荡的影响

根据以上实验可知,当量比在 1.2～1.3 范围内更易引起强烈的热声振荡(即推进剂较大的放热功率更容易与压力波产生耦合)。为了模拟推进剂燃面的退移过程,需不断调节燃烧器位置,即热源位置,以研究推进剂燃面变化情况下的热声耦合情况,进一步研究热源位置对热声振荡的影响。

当量比为 1.2 时,热源不同位置下纵向一阶频率和振幅如图 6-14 所示。图中实点是实验数据,曲线是根据实验数据拟合的曲线。由频率曲线(浅色)可以看出,燃烧器不同位置下均能激发出压力振荡,但一阶振荡频率略有波动,基本维持在 100Hz 左右。这种变化由燃烧室温度引起,并且较大 $x_H/L_c$ 对应的振荡频率略大于较小 $x_H/L_c$ 对应的频率,这是由于随着 $x_H/L_c$ 的增大,高温燃气在燃烧室内的加热区域也变大,这使燃烧室内的平均温度增加,从而振荡频率略有增加。由振荡幅值曲线可以看出,声压级随 $x_H/L_c$ 先降低后增加,在 $x_H/L_c=0.65$ 左右压力振荡最弱,可认为 $x_H/L_c=0.6$ 是燃烧室内的压力波节,热声耦合作用较小,在 $x_H/L_c=0.6$ 的两侧压力较大,热声的耦合作用较强烈,所以会有这种先降低后增加的趋势。由频率曲线(深色)可以看出,声压级随 $x_H/L_c$ 的增加整体呈线性下降趋势,在 $x_H/L_c$ 较小位置压力振荡最强烈。

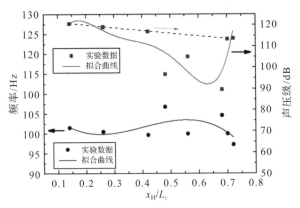

图 6-14　一阶模态频率和振幅随燃烧器位置的变化($L_c = 500\text{mm}, \varphi = 1.2$)

热源位置接近燃烧室出口位置和燃烧室底部时更容易激发出热声振荡,即推进剂燃面在燃烧初期和燃烧后期更容易产生振荡,而实际过程中,发动机主要在工作末期发生强烈的燃烧不稳定,这种差异主要来源于燃烧室声腔的变化。燃烧初期,装药结构较为完整,由边缘产生的声波耗散在燃烧室内产生较大的阻尼,导致燃烧不稳定不易产生,后期过程阻尼主要来源于喷管部分,系统阻尼降低,从而导致系统燃烧不稳定的产生。

### 6.1.2.2　热声振荡抑制研究

由热声振荡产生范围实验可知,当燃烧器位置 $x_H/L_c$ 位于 0.1～0.3(对应于燃烧初期和末期,由于实际发动机声腔结构的变化会导致初期和末期引起热声不稳定程度的差异),当量比在 1.2～1.3 内时(推进剂平均放热率在最大值附近时)会产生强烈的热声振荡。这为初步研究对热声不稳定振荡的控制,为固体火箭发动机中的热声不稳定产生机理与控制提供了指导方向。以阻尼环为例,研究阻尼环对热声振荡的抑制机理以及不同位置处的抑制效果可以阐释控制热声振荡的基本路径或思路。

本节主要从宏观角度出发,研究阻尼环和阻尼环空间位置对热声振荡的抑制规律,燃烧过程使用液化石油气和压缩空气,体积流量分别选定为 1.17L/min 和 29.2L/min,此工况下燃烧室内平均流速为 0.0286m/s,当量比为 1.2,燃烧效率为 0.9,绝热燃烧温度为 2039K,燃烧放热功率为 1.586kW。主要从以下几方面开展实验:①根据设定工况,燃烧器调节至 $x_H/L_c = 0.24$ 位置,在燃烧室中实现稳定的平面火焰,并激励出热声振荡(通过压力频谱确定),然后在燃烧室中 $L_p = 400\text{mm}$ 位置安装阻尼环,再次测量压力波动数据,以研究有无阻尼环对燃烧室热声振荡的影响；②把燃烧器调节至 $x_H/L_c=0$ 位置（相比于 $x_H/L_c=0.24$ 位置，也能产生较弱的热声振荡），调节阻尼环位置（250mm、400mm、800mm 和 1200mm），以研究阻尼环不同位置时燃烧室内热声振荡的衰减情况。

（1）阻尼环抑制作用

为验证阻尼环对压力振荡的抑制作用，需在上述燃烧室中放置阻尼环，开展实验研究。燃烧室长度 $L_c=1700mm$，燃烧器位置 $x_H/L_c=0.24$，阻尼环位置 $L_p=400mm$，声压传感器置于 $L_m=250mm$ 处，当量比 $\varphi=1.2$。分别测量了有无阻尼环情况下的声压波动数据，保持其他条件不变，采集到的有阻尼环时 $P_2$ 位置的压力波动数据如图 6-15(a)所示。

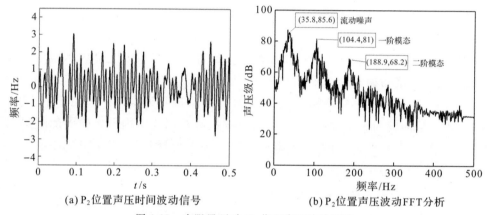

(a) $P_2$位置声压时间波动信号　　　　　　(b) $P_2$位置声压波动FFT分析

图 6-15　有阻尼环时 $P_2$ 位置声压波动频谱

从图 6-15(b)中可以看出，安装阻尼环之后，燃烧室内仍存在周期性的压力波动，波动幅值约为 81dB，相比于无阻尼环时（压力振荡幅值 119dB）降低了 38dB。但压力波动幅值变化较大，且没有明显的波动主频。再对其进行 FFT 分析，如图 6-15(b)所示，可以看出压力振荡主要有三种频率，且波动幅值相差较小。通过频率特性可知 35.8Hz 为流动噪声，104.4Hz 的压力振荡为燃烧室内纵向一阶固有振频（计算值 119Hz），188.9Hz 为燃烧室内纵向二阶固有振频（计算值 238Hz），但振荡幅值低于一阶压力振荡，即压力振荡主要部分是流动噪声和一阶模态声振荡。

根据多次测量的实验数据，并分别进行 FFT 分析，获得燃烧室内有无阻尼环时的纵向一阶模态的频率和振幅大小。由图 6-16(a)，无阻尼环时，产生的热声振荡纵向一阶模态频率基本不变，平均值为 115.8Hz，而幅值略有变化，平均值为 116.7dB；增加阻尼环之后，纵向一阶模态振荡频率平均值为 104.7Hz，相比于无阻尼环情况略有降低,减小约 11Hz,主要由温度引起的变化(安装阻尼环过程使得两次实验前后的燃烧室内温度场产生变化),而振幅平均值为 79.1dB,相比于无阻尼环情况明显降低,衰减了约 32%。由图 6-16(b)可知,相比于无阻尼环情况,热声压力振荡还激发出了高阶的纵向固有振频(二阶振频)。因此,安装阻尼环能够明显抑制燃烧室内的热声压力振荡,但是也激发出了压力振荡的高频成分。

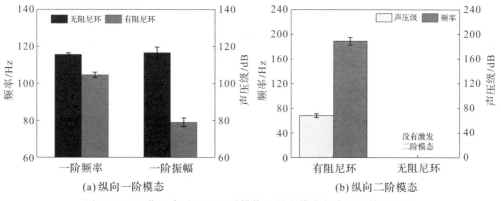

(a) 纵向一阶模态　　　　　　　　(b) 纵向二阶模态

图 6-16　$P_2$ 位置有无阻尼环时燃烧室纵向模态频率和幅值的对比

(2)阻尼环不同位置抑制作用

a. 阻尼作用

为了进一步研究阻尼环不同位置对压力振荡的影响,下面继续开展阻尼环不同位置处的热声振荡实验。为保证阻尼环多次调节而不改变燃烧器状态,将燃烧器调整至 $x_H/L_c=0$(燃烧室封闭端)处,并再次进行无阻尼环时的实验工况,以作参照。燃烧器位于 $x_H/L_c=0$ 时的压力振荡如图 6-17 所示。

图 6-17(a)为采集总时长数据以及间隔 0.5s 数据进行 FFT 后,得到的压力波动过程一阶纵向频率和幅值的变化图。可以看出,在压力振荡过程中,开始阶段的频率和幅值变化较为明显,约 2.5s 之后,频率和幅值基本稳定,且此时热声振荡强度较弱。从图 6-17(b)中可以看出,燃烧器调整至 $x_H/L_c=0$,激发的纵向一阶固有振频为 120.3Hz,振幅为 87.1dB,与燃烧器位于 $x_H/L_c=0.24$ 位置时燃烧室压力振荡幅值(119dB)相比明显降低,且此时的主频信号强度也减弱,这说明火焰位置对压力振荡有一定的抑制作用。

然后保持其他条件不变,调节阻尼环位置。对阻尼环在 250mm、400mm、800mm 和 1200mm 四个位置分别进行实验。

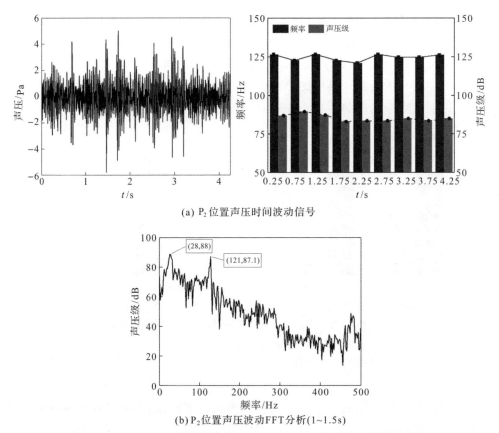

(a) P₂位置声压时间波动信号

(b) P₂位置声压波动FFT分析(1~1.5s)

图 6-17　无阻尼环且燃烧器位置 $x_H/L_c=0$ 时 P₂ 位置的声压波动频谱

　　阻尼环不同位置处的声压力波动情况如图 6-18 所示,由于阻尼环每个位置处的压力频谱图基本类似,因此只在 $L_p=1200\mathrm{mm}$ 位置处示意出各节振荡模态。图 6-18(a)是声压传感器采集的压力随时间的波动图,可以看出,阻尼环在不同位置时 P₂ 位置的压力均产生周期性波动,并伴随着高频信号。为了进一步获得不同频率压力的波动情况,还对阻尼环每个位置的压力波动数据进行了 FFT 分析,如图 6-18(b)所示,可以看出,29Hz 处的噪声始终在 90dB 处上下波动,在压力振荡中占主要部分,但振荡幅值与图 6-17(b)中无阻尼环时的幅值(88dB)基本一致,这说明阻尼环对噪声频段压力波动没有明显的衰减效果。同时,燃烧室安装阻尼环情况下与无阻尼环时相比,激发出了高阶模态的振荡。图 6-18(c)是阻尼环位于燃烧室不同位置时 P₂ 位置不同振荡模态的振幅变化图,可以看出,一阶压力振荡幅值始终最大,且随着阻尼环位置的增加而降低,减小了 8dB,约 13%,而高阶模态振荡幅值变化趋势则与之相反,振幅增加约 10dB,相对增加 20% 左右。

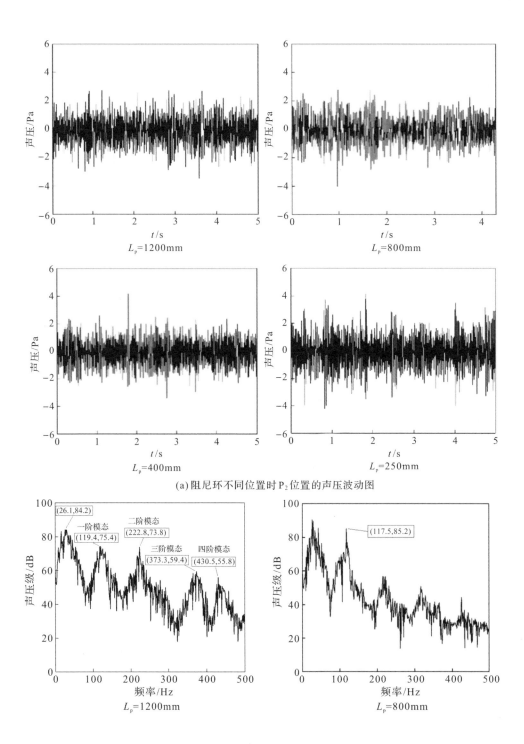

(a) 阻尼环不同位置时 $P_2$ 位置的声压波动图

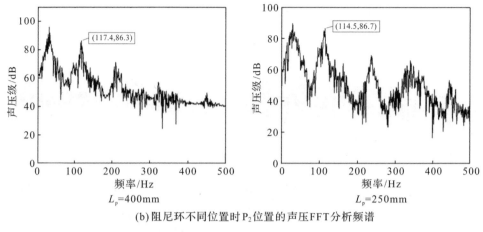

(b) 阻尼环不同位置时 P₂ 位置的声压FFT分析频谱

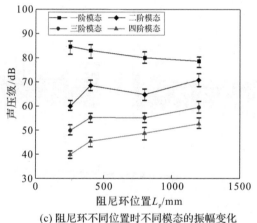

(c) 阻尼环不同位置时不同模态的振幅变化

图 6-18　阻尼环不同位置时 P₂ 位置的压力波动情况

　　综上所述,阻尼环能够有效抑制热声压力基频振荡过程,且随着阻尼环位置的增加(逐渐靠近出口边界),抑制效果更加明显;同时也激发出了高阶振荡模态,且有继续增强高阶振荡强度的趋势。

　　b. 频率波动分析

　　由上述实验结果可知,阻尼环能够有效抑制燃烧室的压力振荡,但同时也引起了压力基频振荡频率的变化。为进一步说明频率变化原因,下面根据三个热电偶在不同工况下采集的温度数据对燃烧室轴向平均温度变化进行分析。图 6-19(a)反映了阻尼环不同位置处燃烧室内轴向温度变化情况,每个点数据是热电偶测量总时长的平均温度值,$\overline{T} = \dfrac{1}{n}\sum\limits_{i=1}^{n}T_i$。

图 6-19(b)反映了阻尼环在不同位置燃烧室整体平均温度变化情况,此温度由 $T_1$,$T_2$ 和 $T_3$ 位置的平均温度进行算术平均 $\left(\overline{T}_{\text{ol}} = \dfrac{1}{m} \sum\limits_{j=1}^{m} \overline{T}_j\right)$ 求得。由于平均温度计算的测量点较少、平均值计算粗略且存在实验调节无法定量预估的人为因素,所以分析轴向温度变化的趋势不具有普适性,但可以得出燃烧室轴向平均温度随着阻尼环位置变化而变化的结论,为初步对比轴向固有频率提供了理论计算值与实验值。把图 6-19(b)中的燃烧室平均温度代入到式(6-14)中,即可修正阻尼环不同位置的燃烧室轴向一阶固有频率值。在温度梯度较大的燃烧室内,此计算方式较为粗略,仅为说明燃烧室产生热声压力振荡提供了依据,且阻尼环位置影响了轴向平均温度变化,从而导致压力振荡频率略有波动。轴向固有频率精确值需采用传递单元或是网格离散的方式计算得到。

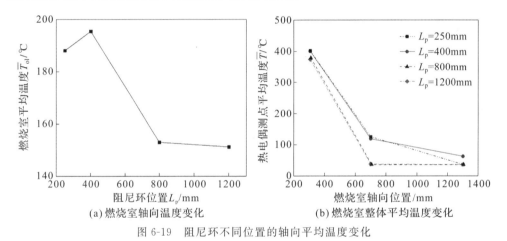

(a)燃烧室轴向温度变化　　　　(b)燃烧室整体平均温度变化

图 6-19　阻尼环不同位置的轴向平均温度变化

从图 6-20 可以看出,阻尼环不同位置的一阶和二阶纵向压力振荡频率实验值略低于修正后的理论值,但趋势与数值基本一致,且相对误差分别在 5% 和 8% 以内。这部分误差主要来源于燃烧室内的平均温度计算误差,这是由于一方面,测量点较少;另一方面,燃烧室平均温度计算方法比较粗略,最终得到的平均温度可能偏高,导致理论计算值略高。

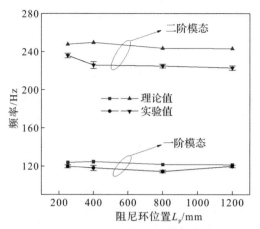

图 6-20 阻尼环不同位置时一阶和二阶频率实验值与理论值对比

c. 阻尼作用分析

燃烧室增加阻尼环后,一方面,燃烧室被阻尼环分割成两个声腔,产生了声腔阻抗 $Z_c$(需满足 $L_p \ll \lambda$)[5];另一方面,当声波和流动通过阻尼环中心孔时,会产生流动分离,对声波产生耗散[6-7],产生阻尼环中心孔阻抗 $Z_p$。因此系统阻抗由声腔阻抗和阻尼环阻抗两部分组成[8]:

$$Z_t = Z_p + Z_c = \frac{j\omega d_{er}}{(cK_R)} - j\cot(kL_p) \tag{6-18}$$

式中,$K_R$ 为孔阻尼的瑞利传导数,当不考虑阻尼环厚度时,$K_R = \frac{j\rho\omega\hat{q}(\omega)}{\hat{p}}$。

因此,安装阻尼环等效于同时在燃烧室内增加了这两部分阻尼。由声波反射系数 $R$ 与声阻抗 $Z_t$ 之间的关系,可以得到

$$R = \frac{Z_t + 1}{Z_t - 1} \tag{6-19}$$

则阻尼环对声波的吸收系数可表示为

$$\Delta = 1 - |R|^2 \tag{6-20}$$

把阻尼环参数以及流动参数代入式(6-18),并联立式(6-19)和式(6-20),计算得到安装阻尼环在阻尼环中心孔平均流速 $U = 19.7\text{mm/s}$,孔直径 $d_{er} = 33\text{mm}$ 时的吸收系数随频率变化的曲线。

阻尼环对不同频率声波的吸收系数如图 6-21 所示。当声腔体积较大时已经不能满足 $L_p \ll \lambda$,此时不必考虑声腔阻尼,因此主要计算阻尼环位置 $L_p < 400\text{mm}$ 处($\lambda$ 约为 3m)的吸收系数。可以看出,吸收系数随频率先增加后减小,在频率为

122Hz 左右达到最大值,故此频率范围内的压力波动吸收最明显,与实验结果一致(安装阻尼环后,频率 120Hz 左右的压力波动迅速衰减),并且随着阻尼环位置 $L_p$ 的增加,吸收系数最大值由 0.63 递增至 0.68,阻尼环越靠近开口边界处,纵向一阶模态振幅越小。然而在频率大于 200Hz 时,吸收系数呈相反的趋势,即吸收系数随 $L_p$ 的增加而降低,因此使得高阶模态略有增长。当燃烧室内无阻尼环时,燃烧室系统没有阻尼环能产生吸收系数,即 $\Delta=0$,此时整个系统对声波的耗散主要来自气体的黏滞阻尼,相比阻尼环系统,吸收系数 $\Delta$ 至少减少了 0.63,因此比较容易产生热声振荡燃烧。虽然阻尼环能够明显衰减基频压力振荡,但基频压力振荡始终存在,这说明阻尼环主要是对声波起耗散作用而非破坏热声耦合作用。

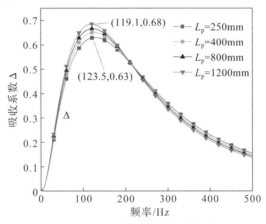

图 6-21  吸收系数随频率的变化曲线

安装阻尼环导致热声振荡压力的高阶模态产生现象,初步认为由阻尼环孔阻尼机理的副作用产生。孔边缘会生成涡来耗散声能,同时也会激发出一部分声能,因此可能是孔边缘产生的涡激发出了高阶模态的振荡。

## 6.2  喷管结构的影响

由热声耦合振荡的机理可知,要维持稳定的压力振荡,一方面,需要推进剂燃烧的热释放率波动与压力波动同相位,向压力波中输入能量,即增益过程,在 6.1 节的热声耦合实验中已得到验证,热源位置(推进剂燃面位置)及当量比(平均放热功率)对热声耦合过程影响很大;另一方面,声波在介质中传播的黏滞耗散、喷管出口边界耗散及推进剂不同结构对声波的耗散等过程,不断耗散声波能量、衰减声波振幅,其中阻尼环的阻尼作用在 6.1 节的阻尼研究中已得到验证。与黏滞耗散和阻尼环耗散类似,喷管结构、装药结构及燃烧室结构等对声波的耗散作用,同样可以用相应的衰减系数表征。

### 6.2.1 喷管衰减系数

从线性理论考虑,热声燃烧不稳定是燃烧室空腔内所有增益与阻尼综合作用的结果。通常用系数 $\alpha$ 来描述固体火箭发动机燃烧室内小振幅扰动的增长和衰减,从而评价发动机的稳定性。若 $\alpha > 0$,则小扰动有增长趋势,表现为燃烧不稳定性;若 $\alpha < 0$,则具有稳定性[9]。

$$\alpha = \alpha_{pc} + \alpha_{vc} + \alpha_{dc} + \alpha_n + \alpha_p + \alpha_\eta + \alpha_w + \alpha_{st} \tag{6-21}$$

热声耦合振荡主要包含压力耦合和分布燃烧耦合,暂时不考虑速度耦合增益;在固体火箭发动机所有阻尼因素中,起主要作用的有喷管阻尼、微粒阻尼、壁面阻尼及发动机声腔结构阻尼。其中,通过喷管损失的能量粗略估计可达系统总阻尼的 50%,增大喷管阻尼将大大提高发动机的工作稳定性。因此,计算和研究喷管阻尼对研究与抑制燃烧不稳定具有重要意义。

#### 6.2.1.1 衰减系数理论计算

喷管阻尼实际上是一种声场与平均流之间的相互作用损失。喷管进口截面恰好处于燃烧室声压波腹的位置,该位置的平均气流速度比较高,因此声能辐射和对流损失都比较大。对于纵向声波,大部分声能通过喷管排出,部分声能会被喷管反射重新回到燃烧室,这将对声场的驻波结构和声振频率产生较大的影响。

根据短喷管理论,对于纵向振型,整个喷管以辐射和对流形式造成的声能损失可表示为

$$\dot{E} = \dot{E}_r + \dot{E}_c = \frac{\int_{S_N} p_N^2 (A_N^{(r)} + \overline{Ma_N}) \, \mathrm{d}S}{2\bar{\rho}\bar{a}} \tag{6-22}$$

式中,$\dot{E}_r$、$\dot{E}_c$ 分别为喷管以辐射和对流方式的声能损失率;$S_N$ 为喷喉面积,$\overline{Ma_N}$ 是喷管进口处的平均气流马赫数,$\bar{\rho}$ 为平均声能密度,$\bar{a}$ 为平均声速,$A_N^{(r)}$ 为喷管导纳函数的实部。

进而得到相应的喷管阻尼衰减系数:

$$\alpha_N = -\frac{\dot{E}}{2E} = -\frac{\bar{a}}{2} \frac{\int_{S_N} p_N^2 (A_N^{(r)} + \overline{Ma_N}) \, \mathrm{d}S}{\int_V p_N^2 \, \mathrm{d}V} \tag{6-23}$$

进一步简化,可得到

$$\alpha_N \approx -(A_N^{(r)} + \overline{Ma_N})\frac{S_N}{S_C}\frac{\bar{a}}{L} = -\frac{\gamma+1}{2}\frac{S_N}{S_C}\frac{\bar{a}}{L}\overline{Ma_N} \tag{6-24}$$

式中,$S_C$ 为燃烧室通气面积,$S_N/S_C = J$ 为发动机喉通比,$L$ 为燃烧室头部至喷喉位置的长度,$\gamma$ 是比热比。当 $\gamma = 1.4$ 时,

$$\alpha_N = -0.696\frac{S_N}{S_C}\frac{\bar{a}}{L}\overline{Ma_N} \tag{6-25}$$

由式(6-25)知,喷管阻尼系数与发动机喉通比、平均声速、喷管进口处平均气流马赫数成正比,与燃烧室头部至喷喉位置的长度成反比。发动机工作过程中,燃气温度、压力等对平均声速及马赫数均有影响,进而影响喷管阻尼系数大小。

#### 6.2.1.2　压力衰减波处理

针对理论分析推导的喷管阻尼衰减系数,一方面可根据实验测量压力衰减数据处理获得;另一方面可根据数值仿真技术获得压力衰减数据,并通过数据处理获得喷管阻尼系数。无论是实验还是数值仿真,数据处理方式都相同。因此,进一步介绍压力衰减数据的处理方法可间接获得喷管阻尼系数。

当不考虑外部环境热源影响、忽略壁面损失和无外部能量供应,且把用于做冷流试验的空气看作理想气体时,喷管就成了影响发动机燃烧器内小扰动增长或衰减的唯一因素,此时燃烧室内小扰动随时间的动态变化规律的实数部分可用下式表示[10]:

$$p = p_0 e^{\alpha_n t} \tag{6-26}$$

式中,$p_0$ 为振荡压力幅值,$\alpha_n$ 为喷管阻尼系数,即喷管阻尼,对式(6-26)取自然对数,可求得喷管阻尼系数为

$$\alpha_n = \frac{\ln p_{02} - \ln p_{01}}{t_2 - t_1} \tag{6-27}$$

另外,总结冷流模拟试验数据,可得到工程上预估短喷管对纵向振荡的喷管阻尼系数为

$$\alpha_n \propto -\lambda \frac{\bar{a}}{L} J \tag{6-28}$$

式中,$\lambda$ 为修正系数,不同试验方法所得的修正系数不尽相同,为便于分析,取 $\lambda = 1$。

#### 6.2.1.3　不同参数对喷管阻尼的影响

当燃气流过喷管时,不同的流动参数(如燃气温度、燃气压力等)及喷管尺寸(如扩张收敛角、喷管型面等)均会引起喷管阻尼的变化,因为这些参数影响着喷管处压力波的反射过程。针对这些参数,下面开展喷管阻尼的变化规律。

（1）燃气温度的影响

为了弄清楚温度对喷管阻尼的影响，在保持发动机喉通比 $J$ 与燃烧室内压力不变的条件下进行仿真计算，详细探讨燃烧室温度对喷管阻尼的影响规律，以 300K 和 2700K 为例，其他温度下的压力衰减规律基本相似，如图 6-22 所示。随着燃气温度的升高，压力衰减速度变快。即在相同条件下，燃气温度升高会加剧声能的对流损失，从而有益于提高喷管阻尼。

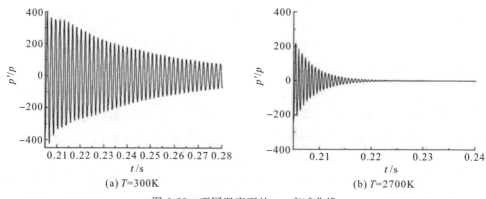

图 6-22　不同温度下的 $p$-$t$ 衰减曲线

处理压力波曲线后可获得喷管阻尼系数，如图 6-23 所示。随着燃气温度的升高，喷管阻尼衰减系数的绝对值逐渐增大。这同时说明了燃气温度对喷管阻尼衰减系数的测量结果有很大影响。

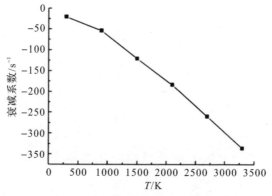

图 6-23　不同温度下的喷管阻尼衰减系数

燃气温度对发动机工作的影响主要体现在以下两方面：①直接决定发动机声腔的轴向模态（当地声速与温度直接相关）；②当地声速将直接决定发动机燃烧室

内部的气流速度(当发动机几何结构一定时,发动机内部马赫数一定,而随着燃气温度的升高,当地声速也随之增大,从而发动机内部气流速度也逐渐增大。特别是靠近喷喉时,随着燃气温度升高,气流速度急剧增大)。燃气温度升高将增加发动机内部气流的平均流速,进而有更多声能对流带出喷管,增大了对流声能损失。

从上述分析可知,燃气温度对喷管阻尼的影响主要体现在对燃烧室内气流速度的影响。燃烧室内不同的气流速度将导致通过喷管的对流声能不同,从而使得通过喷管损失的声能也不同,即喷管衰减系数不同。不同温度条件下所测得的喷管阻尼具有较大的差别,在今后的喷管阻尼试验当中,需考虑温度的影响。

(2)燃烧室压力的影响

分别对发动机燃烧室不同工作压力的工况进行数值计算,得到不同工作压力下的压力衰减数据及喷管阻尼衰减系数。从图 6-24 可以看出,随着燃烧室工作压力的逐渐升高,压力衰减速度几乎没有发生变化,燃烧室平均压力对衰减速度基本没有影响。从图 6-25 同样也可以看出,当喷喉半径固定时,工作压力的变化对喷管阻尼衰减系数几乎没有影响。

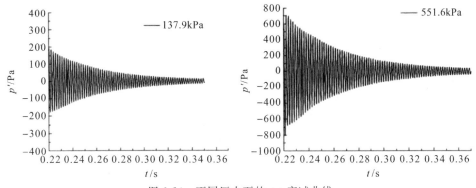

图 6-24　不同压力下的 $p$-$t$ 衰减曲线

为了解释该问题,首先应考虑燃烧室工作压力对压力振荡频率的影响。从图 6-26 可以看出,工作压力的变化对压力振荡频率几乎没有影响,当火箭发动机的几何构型一定时,若在低压时发生某种频率的压力振荡,则高压条件下也将出现几乎同样频率的压力振荡。

接下来考虑燃烧室工作压力对发动机燃烧室内气流速度的影响。当燃烧室工作压力升高时,燃烧室内气流速度几乎不变,在相同的时间内通过喷管对流和辐射损失的能量几乎相同,即不同燃烧室工作压力条件下的喷管阻尼几乎相同。另外,French[11]通过数值计算表明了当喷喉尺寸固定时,燃烧室压力变化对声速及比热不会产生影响,因而不会带来额外的喷管阻尼,该结论与本节数值计算结果完全一致。

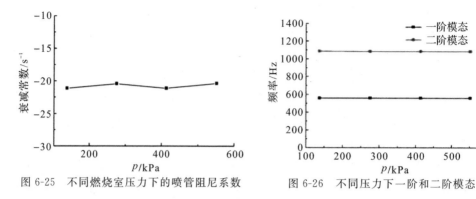

图 6-25  不同燃烧室压力下的喷管阻尼系数          图 6-26  不同压力下一阶和二阶模态

因此,燃气温度对喷管阻尼衰减系数有很大影响,其影响主要体现在对燃烧室内气流流速的影响上;而燃烧室压力变化时,燃烧室内气流速度几乎不变,不会带来额外的喷管阻尼。因此,在进行喷管阻尼测量实验时,需考虑燃气温度的影响,而测量实验中可以考虑采用低压实验代替高压复杂实验。

(3)喷管尺寸的影响

a.喷管收敛半角对发动机喷管阻尼的影响

喷管阻尼理论预估计算公式在结构上主要考虑了燃烧室长度与喉通比两个因素。事实上,喷管收敛半角对喷管阻尼也有很大的影响。不同收敛半角情况下,声能的反射与耗散情况也不尽相同。目前的理论分析及经验公式都无法解释喷管收敛半角对喷管阻尼特性的影响,主要还是通过数值计算来获得喷管收敛半角对喷管阻尼特性的影响规律[9]。

喷管阻尼系数随收敛半角的变化规律如图 6-27 所示,随着收敛半角的减小,喷管阻尼系数绝对值将随之增大。一方面,喷管收敛半角减小会导致整个燃烧室空腔体积减小,容纳的声能也会随之减小;另一方面,随着喷管收敛半角的减小,收敛段对声能的反射程度将会随之减小,增大了喷管声能损失。整体上,减小喷管收敛半角有益于喷管阻尼的提高。

在 Hu 等[3]的研究工作中,代号为 Motor-2 和 Motor-3 的固体火箭发动机在工作末期出现了较为严重的燃烧不稳定现象,为了缓解该问题,Motor-2 将收敛半角从原始设计的 75°调整为 56°;Motor-3 将收敛半角从原始设计的 59°调整为 45°。通过减小收敛半角的方式,燃烧不稳定现象得到了显著抑制。

b.喷管收敛段型面对发动机喷管阻尼系数的影响

在固体火箭发动机喷管设计中,进一步考虑了收敛段型面的影响,另外设计了两种不同的收敛段型面。凸型收敛段型面(工况 4-1)、凹型收敛段型面(工况 4-2)和锥型收敛段型面(工况 4-3),如图 6-28 所示。

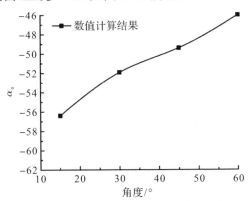

图 6-27　喷管阻尼系数随收敛半角的变化规律

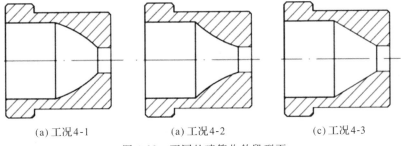

(a)工况4-1　　　　(a)工况4-2　　　　(c)工况4-3

图 6-28　不同的喷管收敛段型面

不同收敛段型面下的喷管阻尼系数如图 6-29 所示。可以看出,工况 4-1 的喷管阻尼系数最小。对比其他两种收敛段型面可知,凸型收敛段型面阻尼优于锥型收敛段型面阻尼,继而优于凹型收敛段型面阻尼,这是因为凹型收敛段型面对声能的反射强度大,不利于声能的耗散。文献[12]、[13]通过多次冷流试验得到凸型收敛段型面对发动机的稳定性要优于锥型收敛段型面的结论,本次数值计算结果也很好地验证了该结论。

综合分析温度、压力流场参数、喷管收敛半角和收敛段型面等结构参数对喷管阻尼系数的影响规律可知,在设计喷管时,减小收敛角与采用凸形收敛段型面有益于提高喷管阻尼系数。

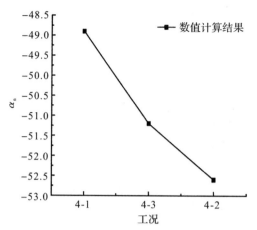

图 6-29 喷管阻尼系数随收敛段型面的变化规律

### 6.2.2 潜入式喷管的空腔阻尼

有时为了减小发动机体积,会有潜入式喷管的设计,而形成的潜入式空腔对压力振荡有十分重要的影响。图 6-30 为发动机有/无潜入式空腔的稳态速度流线图。在无潜入式空腔的情况下,挡板后方仅有一个完整的回流泡;在含有潜入式空腔的情况下,挡板后方及潜入式空腔处存在明显的回流泡,这说明空腔诱发了流动不稳定性[14]。

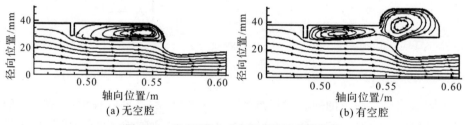

图 6-30 有/无潜入式空腔的稳态速度流线

气流流经挡板时,速度梯度将会在挡板附近产生不稳定剪切层,该剪切层将被逐渐卷吸,最终从挡板处脱落。大尺度旋涡随着主流向下游运动并与喷管碰撞、破碎。破碎后的旋涡一部分经由喷管流出,另一部分流入潜入式空腔内。对于小尺度旋涡而言,一部分会被大尺度旋涡吞并,另一部分在黏性力的作用下沿着壁面不断向下发展。在潜入式空腔入口处,剪切层会变得极其不稳定,进而形成表面旋涡脱落。周期性运动的旋涡与潜入式空腔相互作用,形成涡声耦合闭合反馈,从而激发一定程度的压力振荡。

图 6-31 是有/无潜入式空腔的压力波动频谱图。含潜入式空腔发动机内的压力振幅要显著高于无潜入式空腔发动机内的压力振幅。从频率的角度而言,不含潜入式空腔情况下,声振频率约为 479Hz,略高于含有潜入式空腔的情况,这是由不含潜入式空腔的情况下发动机有效长度减小所致。从振幅的角度而言,含潜入式空腔情况下的压力振荡幅值($p'/p=2.4\times10^{-2}$)是不含潜入式空腔情况下的振荡幅值($p'/p=6.18\times10^{-3}$)的 4 倍左右。

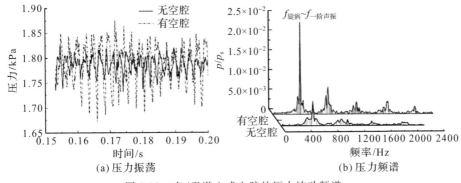

图 6-31　有/无潜入式空腔的压力波动频谱

含潜入式空腔的情况下,旋涡脱落频率与一阶固有声振频率非常接近,涡声耦合强度大,从而导致压力振幅高。潜入式空腔类似于共振器,脱落的旋涡穿越空腔入口处的声速线时将会增大声功率,进而增大压力振幅。潜入式空腔的引入会一定程度降低喷管阻尼特性,使发动机易于产生较为严重的压力振荡现象。

图 6-32 是压力波动衰减图,通过脉冲衰减法可获得空腔阻尼。在同样地脉冲激励后,无潜入式空腔的燃烧室内压力衰减速率明显快于含潜入式空腔的煅烧室,这表明无潜入喷管的阻尼要优于含潜入式喷管的阻尼,潜入式喷管严重削弱了喷管阻尼。

为了进一步研究潜入式空腔体积对喷管阻尼的影响规律,另外设计了两种潜入式空腔模型,体积为原始模型的 1/2 与 1/4。从图 6-33 可以看出($V_{submerged}$ 表示实际潜入空腔的体积,$V_{total}$ 表示完全潜入情况下空腔的体积),喷管阻尼与潜入式空腔体积近似呈线性关系,随着潜入式空腔体积的增大,喷管阻尼绝对值随之线性减小。这是由于空腔内的燃气沿着同主流相反的方向进入声场,以对流的方式为燃烧室提供声能增益,削弱了喷管的阻尼特性。潜入式空腔体积越大,腔内的旋涡强度越大,继而旋涡对燃烧室贡献的声能增益越大,喷管阻尼越小。

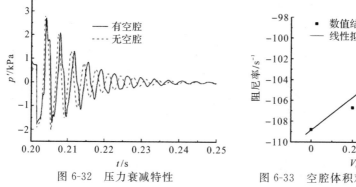
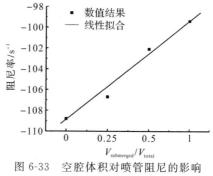

图 6-32　压力衰减特性　　　　　图 6-33　空腔体积对喷管阻尼的影响

综上可得,从增益角度而言,潜入式空腔能够加剧涡声耦合强度,继而诱发更为严重的压力振荡;从阻尼角度而言,潜入式喷管削弱了发动机的工作稳定性,无潜入式空腔的喷管阻尼比含潜入式空腔的喷管阻尼提高了 8.6% 左右,而且喷管阻尼随着潜入式空腔体积的增大而减小。

## 6.3　装药结构的影响

发动机工作过程中,装药结构会实时变化,系统声腔模态也在不断改变,压力与热释放率之间的耦合过程及声腔的结构阻尼均会发生变化。因此,获得不同时刻的装药结构声模态及声腔阻尼是研究装药结构对燃烧不稳定影响的基础。

### 6.3.1　装药复杂结构声腔模态计算

对于复杂结构,不能通过简单的固有频率计算公式获得其声模态,需要直接对声模态方程进行求解。因此,以管型装药结构为例计算其声模态,其他不同结构均采用相同的方法获得。图 6-34 所示为管型装药的固体火箭发动机及其初始时刻的声腔结构[15]。

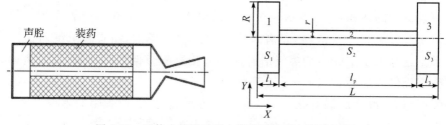

图 6-34　固体火箭发动机内燃管型装药与声腔结构

为了分析声腔几何尺寸对声模态的影响,需对各部分尺寸做无量纲处理。取燃烧室内径 $R=1$,装药初始内径 $r=0.1$,燃烧室长度 $L$ 为 $2\sim14$。定义 4 个无量纲参数:装药长度比 $\lambda_p=l_p/L$,左容腔长度比 $\lambda_1=l_1/L$,装药内外径比 $m=r/R$,燃烧室长径比 $\xi=L/2R$。

燃烧室内简谐声场可用亥姆霍兹方程描述,即式(6-6)。对于长径比较大的固体火箭发动机,燃烧室声腔前几阶纵向振型对发动机工作稳定性尤为重要。求解这些振型时,由声腔的轴对称性,可将其简化为一维轴对称模型。声腔交界面应具有压力幅值不变,容积流量相等的条件,即

$$\begin{cases} \widetilde{p}_1 \big|_{x_1=l_1} = \widetilde{p}_2 \big|_{x_2=0} \\ \widetilde{p}_2 \big|_{x_2=l_2} = \widetilde{p}_3 \big|_{x_3=0} \end{cases} \quad \begin{cases} S_1 v_1 \big|_{x_1=l_1} = S_2 v_2 \big|_{x_2=0} \\ S_2 v_2 \big|_{x_2=l_2} = S_3 v_3 \big|_{x_3=0} \end{cases} \tag{6-29}$$

边界条件为

$$\frac{\mathrm{d}\widetilde{p}_1}{\mathrm{d}x_1}\bigg|_{x_1=0} = 0 \quad \frac{\mathrm{d}\widetilde{p}_3}{\mathrm{d}x_3}\bigg|_{x_3=l_3} = 0 \tag{6-30}$$

基于有限元思想,求解声振型实质是提取声模态的过程。

令 $\xi=5$,$m$ 分别取 0.3 与 0.6,$\lambda_p$ 变化范围是 $[0,1]$。经计算,基频随 $\lambda_p$ 的变化规律如图 6-35(a)所示。从计算结果来看,$m$ 取不同的值,基频都随 $\lambda_p$ 的增大先减小后增大,以 $\lambda_p=0.5$ 对称。当 $\lambda_p=0$ 和 1 时,声腔是纯圆柱形,$f=1$。当 $\lambda_p=0.5$ 时,基频取得极小值,并且内径越小,基频减小得越多。

二阶振频随 $\lambda_p$ 的变化规律如图 6-35(b)所示。不管 $m$ 取何值,结果都呈一个周期的类正弦曲线,但并不对称。当 $\lambda_p<0.5$ 时,$f>1$;当 $\lambda_p=0.5$ 时,$f=1$;当 $\lambda_p>0.5$ 时,$f<1$。计算结果表明,$m$ 越小,由 $\lambda_p$ 改变所引起的二阶振频变化越剧烈。

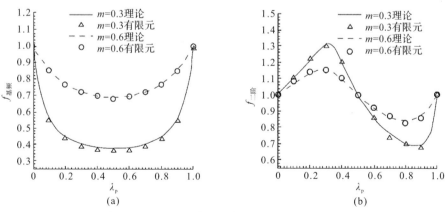

图 6-35　无量纲基频、二阶振频随 $\lambda_p$ 的变化曲线

为了探讨燃面退移过程中振频的变化规律，令 $\xi=5$，$m$ 的变化范围是 $[0.1,1]$，考虑到实际装药的装填率，故仅考虑 $\lambda_p$ 大于 0.5 的工况。经计算，基频随 $m$ 的变化规律如图 6-36(a)所示，基频初始值小于 1，在燃面退移过程中连续增加。比较不同装药长度可得，$\lambda_p$ 越小，初始基频越小，当 $\lambda_p$ 取 0.5 时达到极小值，为圆柱形声腔的 12.7%。

二阶振频随 $m$ 的变化规律如图 6-36(b)所示。计算结果表明，当 $\lambda_p<0.5$ 时，二阶振频初始值大于 1，并随燃面退移不断减小；当 $\lambda_p=0.5$ 时，二阶振频恒等于 1，说明当装药长度为燃烧室长度的一半时，二阶振频不随燃面退移而改变；当 $\lambda_p>0.5$ 时，二阶振频初始值小于 1，并随燃面退移连续递增。经比较，初始基频随 $\lambda_p$ 的增大先减小后增大，$\lambda_p$ 取 0.94 时达到极小值，为圆柱形声腔的 56%。对比图 6-36(a)可知，装药内孔的改变对基频的影响大于二阶振频。

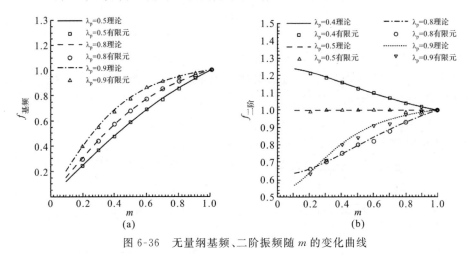

图 6-36 无量纲基频、二阶振频随 $m$ 的变化曲线

综上可知，燃烧室长径比 $\xi$ 对振荡频率影响不大；装药内外径比 $m$ 越小，由药长比 $\lambda_p$ 改变所引起的基频变化越剧烈；燃面退移过程中，初始基频小于圆柱形声腔的振频，并随退移过程增大；当装药长度等于燃烧室长度的一半时，基频变化最大。

### 6.3.2 翼柱型装药结构

国内在研的一些高装填、大长径比、翼柱型装药、高能推进剂的固体火箭发动机在试验过程中也出现了比较严重的压力振荡[8]。因此，需要继续考察更复杂的翼柱型装药结构。某固体火箭发动机工作初期燃烧室的空腔结构如图 6-37 所示，该发动机在头部和末端均采用了翼柱型装药，翼槽数为 9，长径比约为 6[16]。

图 6-37　某固体火箭发动机燃烧室空腔结构

在某固体火箭发动机飞行试验中,由遥测数据可以看出,发动机在工作末期出现了较为严重的压力振荡现象,$p$-$t$ 曲线如图 6-38 所示。某固体火箭发动机工作前 20s,$p$-$t$ 曲线比较平稳,从 30s 左右开始出现微小的压力振荡,之后压力振荡程度逐渐增大,工作至 40s 左右时出现了较为严重的低频燃烧不稳定现象,直至发动机工作结束。

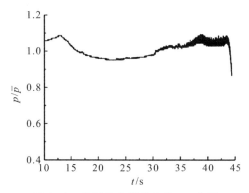

图 6-38　某固体火箭发动机 $p$-$t$ 曲线

当发动机工作至 40s 左右时,头部和末端翼柱消失,发动机空腔基本呈现圆柱形。图 6-39 所示为某固体火箭发动机工作至 40s 时空腔的前四阶轴向振型声压分布云图。空腔内声压分布连续,与纯圆柱空腔振型分布基本一致,前四阶轴向声振频率分别为 174Hz、360Hz、547Hz、739Hz,其中一阶声振频率与试验结果(177Hz)非常一致。

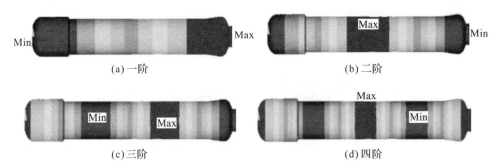

(a)一阶　　　　　　　　　　　　　　(b)二阶

(c)三阶　　　　　　　　　　　　　　(d)四阶

图 6-39　前四阶轴向振型声压分布

　　轴向一阶声振频率压力振荡是众多固体火箭发动机中容易出现的燃烧不稳定现象。燃烧室内的阻尼系数是关于空腔轴向一阶声振频率的函数。因此,通过声振频率随燃面退移的变化规律可以判断燃烧室内阻尼系数的变化规律,进而利用燃烧不稳定线性理论判断某固体火箭发动机在不同工作时刻的稳定性。

　　下面对发动机不同工作时刻的空腔结构进行有限元声模态分析。图 6-40 为前两阶轴向声振频率随燃烧时间的变化情况。随着燃面的退移,前两阶轴向声振频率呈现先减小后增大的趋势。发动机工作至 9s 左右,发动机头部翼柱基本消失,形成头部空腔,燃烧室空腔轴向一阶与轴向二阶声振频率达到最小值,分别为 135Hz 与 315Hz。直到发动机工作结束,空腔声振频率与纯圆柱声振频率基本接近。

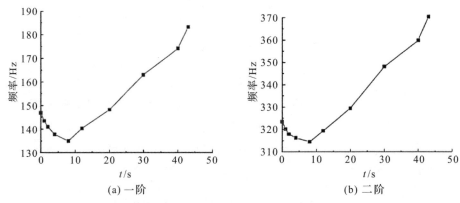

(a)一阶　　　　　　　　　　　　　　(b)二阶

图 6-40　某固体火箭发动机前两阶轴向声振频率随燃烧时间的变化

　　重点考虑喷管阻尼和壁面阻尼随燃烧时间的变化,如图 6-41 所示。可以看出,随着燃面退移,喷管阻尼和壁面阻尼迅速减小,直至 25s 左右,阻尼变化程度开始减小,此时,某固体火箭发动机由线性稳定状态变为线性不稳定状态,燃烧室内开始出现明显的压力振荡,随着燃面进一步退移,阻尼也随之减小,压力振荡愈加严重,该振荡一直持续至发动机工作结束。

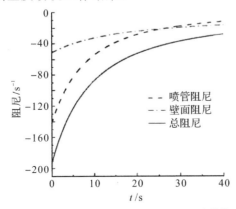

图 6-41　某固体火箭发动机喷管阻尼和壁面阻尼随燃烧时间的变化

综上所述,高装填、大长径比、翼柱型装药的固体火箭发动机压力振荡主要是以轴向一阶声振频率为主导;随着燃烧的进行,轴向一阶与二阶声振频率呈先减小后增大的趋势;由于发动机中阻尼随燃面退移不断下降,故在工作末期,发动机由线性稳定状态转向线性不稳定状态,从而出现燃烧不稳定现象,而且燃烧不稳定程度逐渐加强,直至燃烧结束。

### 6.3.3　空腔位置及结构

众多战术导弹采用大长径比、翼柱型装药结构的固体火箭发动机,该类发动机在工作过程中,随着翼面的消失在燃烧室内形成空腔结构;另外,对于分段固体火箭发动机,段与段的连接处存在狭缝结构。这种空腔会影响流动稳定,进而对发动机工作稳定性产生影响[17]。

#### 6.3.3.1　稳态流场特性

图 6-42 是不同形式空腔和不同位置空腔的稳态流场。在燃烧室内引入空腔后,均会产生明显的回流,严重时将会产生旋涡脱落现象。空腔位于不同的位置,气体回流现象将对燃烧室内的压力振荡特性产生不同的影响。从声学角度讲,头部空腔和末端空腔均处于声压波腹,是对称位置。另外,末端空腔使得通气面积增大,导致喉通比下降,这将对喷管阻尼特性产生很大的影响。中间空腔位于一阶声振型速度波腹的位置,此处速度振幅达到最大值,微弱的速度扰动极易被放

大,当旋涡脱落源位于速度波腹位置时,容易激发较严重的涡声耦合。

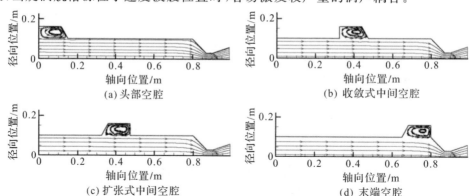

图 6-42　不同空腔位置情况下的燃烧室流场

发动机头部至末端的流动特性不尽相同,因此,在发动机不同位置的空腔产生的旋涡脱落强度也不尽相同,旋涡脱落引起的压力振荡也有所不同。此外,空腔结构不同,对旋涡的形成、碰撞及反馈也会有一定的影响,如图 6-43 所示。

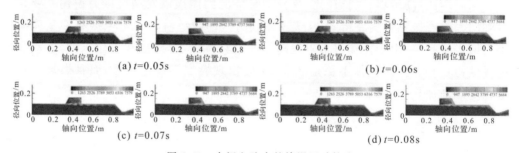

图 6-43　中间空腔内的旋涡运动轨迹

### 6.3.3.2　非稳态流场特性

对于非稳态流场,空腔内由气流产生的流动分离现象可直观地用旋涡脱落来表征,反映旋涡脱落强度的参数为涡量。在 0~0.1s,发动机头部以固定的质量流率向燃烧室注入气体;在 0.1s 时刻,质量流率突然增大,燃烧室内激发压力振荡;随后,质量流率恢复至初始值,脉冲产生的压力振荡逐渐衰减,可通过分析脉冲压力振荡幅值来评估空腔对发动机工作稳定性的影响。

(1)头部空腔脉冲压力振荡特性

图 6-44 是对含有头部空腔和不含头部空腔的模型进行数值计算后的结果。在燃烧室受到同等脉冲的激励的情况下,含头部空腔发动机内的脉冲波动压力幅

值明显低于不含空腔的发动机,这意味着头部空腔起到了一定的抑制压力振荡的作用。燃烧室受到脉冲激励后,部分声能将被空腔内的回流现象所耗散,这提高了发动机的整体稳定性。

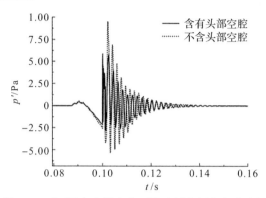

图 6-44 含/不含头部空腔下脉冲压力振荡衰减过程

(2)末端空腔脉冲压力振荡特性

图 6-45 是对含有末端空腔和不含末端空腔的模型进行数值计算后的结果。对于同等脉冲强度,含有末端空腔的发动机压力振荡幅值明显高于不含空腔的发动机;此外,含有末端空腔发动机内的压力衰减速率低于不含空腔的发动机。由于发动机末端气流处于湍流状态,故在此处引入空腔后容易在空腔开口处形成气流剪切层,该剪切层与喷管碰撞,将会进一步增强压力振荡。另外,当剪切层强度增大时,还易形成旋涡脱落现象,进而引起涡声耦合压力振荡。在末端引入空腔后,还会造成发动机喉通比减小,进而导致喷管阻尼下降。因此,从涡声耦合增益及喷管阻尼角度而言,末端空腔不利于发动机工作稳定性。

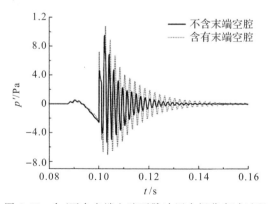

图 6-45 含/不含末端空腔下脉冲压力振荡衰减过程

(3)中间空腔脉冲压力振荡特性

图 6-46 是对含有中间空腔和不含中间空腔的模型进行数值计算后的结果。在施加脉冲激励之前(0.1s 之前),不含空腔的发动机内无压力振荡现象,发动机呈稳定的工作状态;然而,在含有中间空腔的发动机内逐步产生了压力振荡现象,在0.05s左右形成了稳定的周期性压力振荡,即所谓的极限振幅现象。这是由于在脉冲激励之前,不含空腔的发动机内不存在周期性扰动,而含空腔的发动机内存在周期性旋涡脱落现象。在图 6-43(a)中,稳定的周期性旋涡脱落现象出现在 $t=$ 0.05s左右,与形成极限振幅压力振荡的时间对应,这表明中间空腔内的压力振荡是由旋涡脱落引起的。

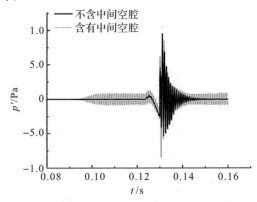

图 6-46　含/不含中间空腔下脉冲压力振荡衰减过程

脉冲激励结束以后,不含中间空腔发动机内的压力振荡逐渐衰减,最终压力振荡消失。然而,在含有中间空腔的发动机内,压力振荡衰减至一定程度后,重新以极限振幅形式振荡。这是由于脉冲激励结束后,中间空腔内依然存在稳定的旋涡脱落现象。因此,极限振幅压力振荡现象始终存在。上述分析表明,中间空腔不利于发动机工作稳定性。

综上可知,燃烧室内不同空腔位置对发动机稳定性各不相同,头部空腔能够有效地衰减脉冲波动压力,有利于提高发动机的工作稳定性;中间位置空腔内易产生旋涡脱落现象,继而诱发涡声耦合压力振荡;末端空腔一方面引起转角旋涡脱落,另一方面减小了喉通比,导致喷管阻尼急剧减小,不利于发动机工作稳定性,在工程设计中,应慎重考虑翼柱后置装药结构。

# 参考文献

[1] Huang Y，Yang V. Dynamics and Stability of Lean-Premixed Swirl-Stabilized Combustion[J]. Progress in Energy and Combustion Science，2009，35(4)：293-364.

[2] 张昊，朱民. 热声耦合振荡燃烧的实验研究与分析[J]. 推进技术，2010，31(6)：730-744.

[3] Hu D N，He G Q，Liu P J，et al. Study on Instable Combustion of Solid Rocket Motor with Finocyl Grain[J]. Journal of China Ordnance，2011，7(1)：24-28.

[4] Lieuwen T，Yang V. Combustion Instabilities in Gas Turbine Engines：Operational Experience，Fundamental Mechanisms，and Modeling[M]. Reston，USA：American Institute of Aeronautics and Astronautics Inc，2005.

[5] Jing X，Sun X. Experimental Investigations of Perforated Liners with Bias Flow[J]. The Journal of the Acoustical Society of America，1999，106(5)：2436-2441.

[6] Zhao D，Li X Y. A Review of Acoustic Dampers Applied to Combustion Chambers in Aerospace Industry[J]. Progress in Aerospace Sciences，2015，74(April)：114-130.

[7] Tam C K W，Kurbatskii K A，Ahuja K K，et al. A Numerical and Experimental Investigation of the Dissipation Mechanisms of Resonant Acoustic Liners[J]. Journal of Sound and Vibration，2001，245(3)：545-557.

[8] Ji C，Zhao D. Lattice Boltzmann Simulation of Sound Absorption of An In-Duct Orifice[J]. Proceedings of Meetings on Acoustics Acoustical Society of America，2013，19(1)：30015-30015.

[9] 孙兵兵，李军伟，苏万兴，等. 固体火箭发动机喷管阻尼特性的数值仿真[J]. 航空动力学报，2016，31(9)：2290-2297.

[10] 孙兵兵，李军伟，苏万兴，等. 温度及压力对火箭发动机喷管阻尼的影响研究[J]. 推进技术，2016，37(5)：844-851.

[11] French J C. Nozzle Acoustic Dynamics and Stability Modeling[J]. Journal of Propulsion and Power，2011，27(6)：1266-1275.

[12] Bell W A，Daniel B R，Zinn B T. Experimental and Theoretical Determination of the Admittances of A Family of Nozzles Subjected to Axial Instability[J]. Journal of Sound and Vibration，1973，30(2)：179-190.

[13] Bell W A. Damping of Axial Instability by Solid Propellant Rocket Exhaust Nozzle[D]. Atlanta，USA：Georgia Institute of Technology，1973.

[14] 苏万兴，李要建，陈升泽，等. 潜入式喷管对固体火箭发动机工作稳定性影响[J]. 推进技术，2016，(8)：1529-1534.

[15] 张峤，李军伟，王宁飞. 突变截面燃烧室声腔纵向振荡频率规律分析[J]. 航空动力学报，2010，(7)：217-222.

[16] 苏万兴，李世鹏，张峤，等. 某固体火箭发动机工作末期燃烧不稳定[J]. 航空动力学报，2013，28(10)：2376-2383.

[17] 苏万兴，王宁飞，李要建，等. 空腔位置及结构对脉冲压力振荡的影响[J]. 固体火箭技术，2015，38(6)：811-817.

# 第 7 章　飞行过载对固体火箭发动机燃烧不稳定的影响

随着地空和空空导弹的发展,导弹的机动性得到了加强,这使得固体火箭发动机将在更大的横向及轴向过载工况中工作。但过载条件下的加速度场会对燃烧过程产生较大影响,过载主要会影响推进剂的燃速及燃面面积,从而改变发动机的内弹道参数,其次会使发动机内部发生燃烧不稳定,造成局部的烧蚀。高过载工况可使推进剂的燃烧状况变得更加复杂,造成固体火箭发动机工作异常,甚至发射失败。由于过载条件下固体火箭发动机内的燃烧涉及众多复杂的物理和化学过程,且易与其他影响燃烧不稳定的因素发生耦合,因此了解过载条件对固体火箭发动机燃烧的影响问题,对解决飞行条件下固体火箭发动机的稳定性问题十分有帮助。

## 7.1　飞行过载对固体推进剂燃速的影响

### 7.1.1　过载导致燃速增加的原理

Crowe 等[1]在 1966 年提出了第一个含金属颗粒的推进剂在加速度场中燃烧的模型:滞留在燃面附近的金属颗粒的燃烧会使推进剂表面放热均匀增加,从而导致燃速增高。但实际上,推进剂表面的额外加热只是局部的,因此 Glick[2]在 1966 年提出,燃速增高是由凹坑内金属团块的燃烧及向凹坑底部表面的过量传热导致的。上述模型把加速度场中的燃速敏感性归咎于金属颗粒的燃烧放热,但其实,推进剂中的惰性添加剂在加速度场中也有着和金属同样的作用,于是 Willoughby 等[3]于 1968 年提出,位于凹坑上方的金属球团在完全燃烧区与冷推进剂表面间的热短路作用才是燃速增高的真正原因,即火焰会对燃面的热反馈增加。

Willoughby 等[3]、Northam[4]、Lucy 等[5]、Sturm 等[6] 及 Niioka 等[7] 采用照相、终止燃烧、残渣分析和发动机点火实验等方法进行研究,得出了比较一致的铝颗粒燃烧模型。而张如洲等[8]在前人成果的基础上,通过对大量数据和图像进行研究,纠正了模型中的错误假设后认为,含金属推进剂在加速度场中的燃烧过程由下面几个阶段组成:①铝滴滞留,凹坑形成,此时凹坑直径小,但分布密度大;②铝滴、凹坑生长,导致凹坑密度降低,铝滴在凹坑中深陷;③铝滴、凹坑生长变形,铝滴在凹坑中进一步深陷;④铝滴、凹坑各自联合,凹坑深度变小;⑤铝滴覆盖整个燃面,凹坑开始消失,如图 7-1(a)所示。同时推进剂燃速由 $r_a$ 增至 $r_{max}$,然后逐渐下降直至 $r_\infty$,如图 7-1(b)所示。

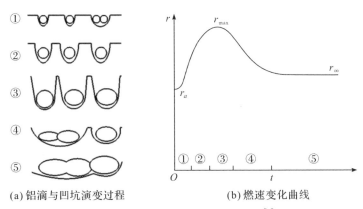

(a) 铝滴与凹坑演变过程　　　　　　　(b) 燃速变化曲线

图 7-1　张如洲等提出的物理模型[8]

## 7.1.2　过载下燃速计算公式

根据测得的燃速变化规律以及过载条件下铝粉在推进剂表面的团聚规律,Glick、Willoughby、Crowe 等人建立了多个物理模型。其中,Crowe[9]提出了含铝复合推进剂在加速度场中燃速增加的统一模型(包含瞬态和稳态时期),认为高温铝块对推进剂表面的传热导致燃速增加。该模型可以定性解释实验测得的燃速变化趋势。在瞬态时期,铝块近似球形,在稳态时期,铝块为薄片状,如图 7-2 所示。该模型的稳态燃速公式如下:

$$\frac{r_b}{r_0} = 1 + C_1 \left\{ \frac{(a_n p_c)^{1/4}}{r_0} - C_2 \right\} \tag{7-1}$$

式中,$C_1$ 和 $C_2$ 为经验常数,与复合推进剂的组分有关,需要通过实验数据求得。

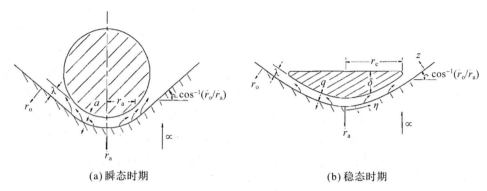

(a) 瞬态时期　　　　　　　　　　　　　(b) 稳态时期

图 7-2　Crowe 模型中不同时期铝块的形状[9]

　　而加拿大多伦多大学的 Greatrix 等[10]对纯横向过载下的推进剂燃速进行了深入研究,考虑了加速度方位角的影响,建立了参数更多的燃速增大模型,该现象学模型的基本假设是:燃速在加速度场中受到惯性压缩是燃速增加的主要机理,忽略旋流和金属滞留的影响。燃速公式为

$$r_b = \frac{\beta(r_b + G_a/\rho_s)}{\exp[C_p\delta_0(\rho_s r_b + G_a)/\kappa] - 1} \tag{7-2}$$

式中,$\beta$ 为热流系数,表达式为

$$\beta = \frac{C_p(T_F - T_S)}{C_s(T_S - T_i) - \Delta H_s} \tag{7-3}$$

式中,$G_a$ 为加速度质量流分量,$\rho_s$ 为推进剂密度,$\delta_0$ 为基础燃速时的参考能层厚度,即等效的一维火焰高度,其公式为

$$\delta_0 = X_f = \frac{\kappa}{\rho_s r_0 C_p}\ln[1 + \beta_0] \tag{7-4}$$

式中,$\kappa$ 为气体热传导系数,通过迭代即可求得过载下的燃速 $r_b$。利用该模型可以计算过载条件下柱型装药和星孔装药的 $p\text{-}t$ 曲线,计算结果与实验数据一致[11]。以复合推进剂为例,通过公式得到其燃速与加速度关系如图 7-3 所示。

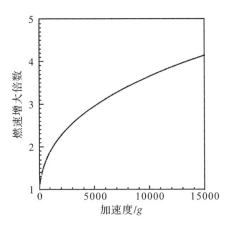

图 7-3　Greatrix 计算的复合推进剂加速度下燃速增大关系[10]

### 7.1.3　影响燃速增加率的因素

为了对比加速度对燃速的影响大小,Crowe 等[1]定义了燃速增加率($r_a/r_0$),即加速度场中燃速与静止燃速的比值。由于基础燃速与压力有关,故可将过载下测得的压力代入基础燃速公式,算出基础燃速后再计算比值。通过对比不同因素下燃速增加率的大小,控制对燃速增加率影响大的因素,即可减小过载带来的影响。

(1)过载下加速度对燃速的影响

Crowe 等[1]的研究表明,推进剂的平均燃速增加率是关于加速度的函数,随着径向加速度的增大,推进剂的平均燃速增加率增大,但在 $0 \sim 100g$ 的范围内,不含铝粉的推进剂对加速度不敏感。Northam[4]发现,加速度方位角对含铝复合推进剂燃烧影响很大,除法向加速度外,即使加速度达到 $300g$,其他方向的加速度对推进剂燃烧状态影响仍不大。Fuchs 等[13]对 HTPB 推进剂研究后发现,推进剂燃速随着加速度的增大而提高,但是加速度存在一个阈值,低于此值,加速度的影响很小,该阈值随推进剂组分的不同而不同;推进剂燃速增加率随着加速度方位角的增大而减小。

郭彤和侯晓[14]通过实验研究了加速度场中丁羟推进剂燃速的加速度敏感性。选用的推进剂在 5.5MPa 时燃速为 7.71mm/s,加速度范围是 $0 \sim 100g$,为了研究加速度方位角对推进剂燃速的影响,实验在 $70g$ 加速度中分别进行了 $0°,30°,60°,90°$,$180°$状态下的点火实验。实验结果表明,随着加速度的增大,推进剂燃速增快,燃烧室压力提高,发动机燃烧时间缩短;随着加速度方位角的增大,燃速逐渐减慢。

杨佩娟等[15]采用小型实验发动机离心试验研究了含铝 HTPB/AP 推进剂在加速度场中的燃烧特性,发现对于铝含量超过 0.5% 的含铝 HTPB/AP 推进剂,加速度阈值大于 $5g$,加速度效应随加速度的增大而增强;对于铝含量为 0.5% 的含铝 HTPB/AP 推进剂,加速度大于 $60g$ 时才会出现加速度效应。因此提出如下降低加速度敏感性的方法:增加基本燃速,使用小粒度的氧化剂和铝粉,增加固体(铝粉和氧化剂)含量,如果固体含量无法改变,则减少铝粉含量、减少 RDX 含量。

(2)过载下燃烧室压力对燃速的影响

结合各位学者的研究可以发现,过载下燃烧室压力对燃速的影响随着推进剂类型的不同而不同。Glick[2]的研究表明,加速度场既影响燃速系数,也影响压力指数,从而导致过载下燃烧室压力对燃速有不同的影响。Northam[4]发现,燃烧室压力越大,推进剂燃速对加速度载荷的敏感性越高。而 Fuchs 等[13]在研究时所采用的配方,其燃速的增加率随压力的变化很小。Bulman 等[16]使用药条发动机研究了双基推进剂燃速对加速度的敏感性。结果表明,在高加速度下,燃速随压力的增大而增大。在 3.17MPa 下,$r_a/r_0$ 随加速度缓慢增大,在 $1000g$ 时,$r_a/r_0$ 小于 1;在 6.89MPa 下,$r_a/r_0$ 在所有加速度下基本恒定。Niioka 等[17]研究了改性双基推进剂在加速度场中的燃速,加速度范围是 $0\sim350g$,燃烧室压力范围是 $2\sim 8$MPa,发现增大燃烧室压力后,改性双基推进剂的加速度敏感性降低。

万东等[18]用离心试验方法,研究了低燃速(4mm/s,4MPa)、高铝粉含量的 HTPB 复合推进剂在过载情况下的加速度敏感性,发现在同一工作压力下,在过载为 $0\sim15g$ 时,推进剂燃速与加速度近似呈线性关系;在相同加速度水平下,随着工作压力增加,推进剂加速度效应越明显。

(3)过载下基础燃速对燃速的影响

Fuchs 等[13]采用离心机进行了 9 种 HTPB/Al/AP 复合固体推进剂在加速度场中引起燃速增加的参数化研究,发现燃速增加率随着固体推进剂基础燃速的增加而减小,并且这种减小量随着加速度水平的提高而变得更加显著,即低燃速推进剂对加速度的敏感性大,高燃速推进剂对加速度的敏感性小。高燃速推进剂的燃烧用高速照相方法观察,没有发现铝粉结块,实测燃速也没有增加,或只有微小的增加。高燃速推进剂燃烧时能产生较高的气流速度,这样就为从燃面上清除熔渣提供了所需的气动阻力,而熔渣在燃面上滞留和生长是燃速增大的主要原因。因此,推进剂表面不发生铝结块,或铝结块后能迅速被清除,是高燃速推进剂对加速度敏感性小的原因。

(4)过载下推进剂配方对燃速的影响

Fuchs 等[13]对 HTPB/Al/AP 复合固体推进剂的研究表明,随着 AP 粒度增大,燃速对加速度敏感性增加。其原因是,采用粗 AP 推进剂的配方,推进剂的空隙较大,可以容纳较多的铝粉,形成较大的团聚体,从而使推进剂燃速对加速度的敏感性增大。同时,铝的含量及粒度对于推进剂燃速的加速度敏感性的影响是存在的,但是燃速随着铝粉的粒度或含量的变化规律非单调函数。例如,铝粉含量为 1% 的燃速对加速度敏感性比含铝量 8% 的大,但含铝量 15% 的加速度敏感性又比 1% 的大。此外,推进剂的加速度敏感性在给定的基础燃速下不受黏合剂和催化剂种类的影响。

## 7.2　飞行过载对固体火箭发动机内弹道及内流场的影响

### 7.2.1　飞行过载对发动机内弹道性能的影响

世界各国已经研制了近百种防空导弹,以美国的"爱国者"和俄罗斯的"S-300V"为典型代表,其采用高速、高加速、强机动的飞行方式,还具有反导的能力。几十年前,美国的"AIM-9L"格斗导弹就已经达到了机动过载 $35g$,现在,美国的"AIM-9X"、中国的"霹雳 10"等格斗导弹机动过载能力已达 $60g$[19]。过载会对固体火箭发动机中的推进剂燃速、绝热层烧蚀及燃烧室的压力产生影响。因此,过载会对固体火箭发动机内弹道和推力产生显著影响。

通常来说,需要先建立过载情况下推进剂的燃速公式,然后对特定形状的装药进行燃面退移计算,进而得出肉厚—燃面面积的变化曲线,从而实现对燃烧室压力的计算。但是,当存在过载时,在彻体力的作用下,不同位置的推进剂燃速不同,导致推进剂装药的燃烧规律发生变化,这将会破坏平行层燃烧规律,形成不对称的燃面退移,影响到肉厚—燃面面积的变化规律,进而影响固体火箭发动机的压力—时间曲线。

目前,作用在导弹上的过载分为旋转过载、横向过载和轴向过载,不同类型的过载对其内弹道的影响也会有所差别。下面对这几种过载情况进行分析。

（1）轴向过载

轴向过载通常在导弹加速飞行或发射时产生,它是指沿着发动机轴线方向的过载。由于发动机推力指向导弹飞行方向,所以轴向过载的方向从喷管指向发动机头部,如图 7-4 所示。

通常来说,轴向过载只对端面燃烧装药有影响,对侧面燃烧装药的影响几乎为零。

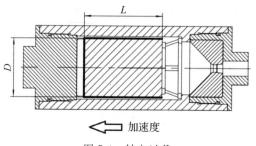

图 7-4　轴向过载

（2）旋转过载

旋转过载通常在导弹自旋时产生，过载加速度方向从装药的圆心沿着装药半径指向外侧（图 7-5）。旋转过载对整个燃烧表面的燃速都有所增加。

旋转过载对内孔燃烧的装药都会产生影响，因为旋转过载的方向不是唯一的，它始终沿着装药的半径方向。旋转会使高温燃气流在燃烧室内部及喷管内产生旋涡，这个旋涡影响燃气流在喷管内部的流动，也会对内弹道性能产生影响。但是，通常情况下，在转速没有很高时，这种影响是可以忽略不计的。

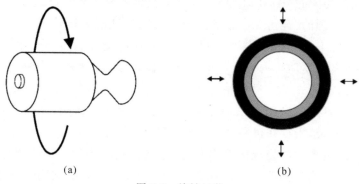

　　　　　（a）　　　　　　　　　　　　　　　　　　（b）

图 7-5　旋转过载

（3）横向过载

横向过载通常在导弹转弯时产生，横向过载方向与发动机轴线方向垂直，横向过载大小与导弹飞行速度和转弯半径有关，其方向随导弹飞行轨迹而变化。

横向过载对整个装药表面燃烧的影响比较复杂。图 7-6(b)为一个推进剂的横截面，按照横向过载的定义给定一个沿水平向右的横向过载，其推进剂的燃烧方式为内孔燃烧，由于整个燃烧表面的燃烧方向与过载方向不同，所以横向过载对整个燃烧表面的影响也是有所差别的。图 7-6(b)中的 $\theta$ 为过载与燃速的夹角，即方位角。通常来说，$\theta$ 为 $0°\sim90°$ 时，燃速是增快的，为 $90°\sim180°$ 时，燃速是减慢的。横向过载的存在会使推进剂装药在燃烧的过程中发生偏心，这是由推进剂的燃速不同导致的。燃速随方位角的变化情况大致如图 7-7 所示[20]。

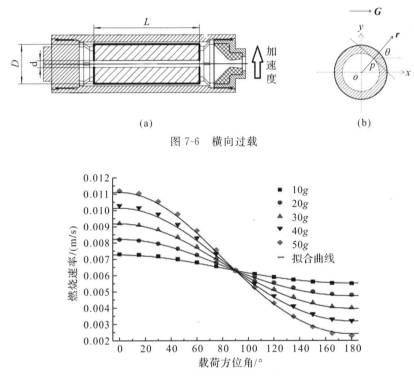

图 7-6　横向过载

图 7-7　不同过载不同方位角下的燃速示意图

#### 7.2.1.1　不同类型过载下内弹道性能的研究

燃烧室压力是一个重要参数，是保证发动机稳定工作的必要条件，会影响固体火箭发动机的推力、燃烧室内的燃烧过程以及喷管中的膨胀过程，最终影响发动机的比冲及发动机的工作时间；同时，它也是重要的设计参数，可影响发动机的结构设计。燃烧室是发动机的主要受压部位，压力的高低会影响发动机燃烧室的强度及发动机的结构重量。

固体火箭发动机的内弹道性能可以用来研究发动机燃烧室内的压力，主要研究内容包括在给定推进剂组分、装药的几何尺寸、工作环境温度、喷管喉部直径等条件下，计算发动机的工作压力随着时间和空间的变化规律。所以，燃烧室内弹道性能的计算在发动机的设计计算中是非常重要的。

根据维度的不同,固体火箭发动机内弹道计算可以分为零维、一维、二维和三维。零维内弹道即近似认为燃烧室内的压力相等;一维内弹道即近似认为燃烧室内压力沿着发动机轴线方向相等;二维、三维内弹道比较复杂,也更接近实际,即燃烧室内部各处的压力都是不等的。为了简化,这里主要介绍过载条件下零维内弹道的计算方法。

零维内弹道的基本假设[21]:

①燃烧室内的燃气流动参数取其轴线上的平均值;

②推进剂的装药燃烧完全,燃烧产物的组分不变,且燃烧温度等于推进剂的等压燃烧温度;

③燃气为完全气体,且服从完全气体方程;

④装药燃面上各点的燃速均匀一致,装药燃烧服从平行层燃烧规律,没有侵蚀燃烧的影响;

⑤燃烧室内没有热损失。

基于以上假设,对发动机的内弹道进行计算,这里通过燃气的质量守恒方程推导出燃烧室压力的计算公式为

$$\frac{V_c}{\Gamma^2 c^{*2}} \times \frac{dp_c}{dt} = \rho_p A_b r - \frac{p_c A_t}{c^*} \tag{7-5}$$

式中,$V_c$ 为燃烧室的自由容积,$\rho_p$ 为推进剂的密度,$A_b$ 为燃面面积,$c^*$ 为推进剂的特征速度,$A_t$ 为喷管的喉部面积,$\Gamma$ 为关于比热比 $k$ 的函数,$r$ 为推进剂的燃速,$\Gamma = \sqrt{k} [2/(k+1)]^{(k+1)/2 \times (k-1)}$。

过载会使推进剂的燃速增加,但是对于不同配方的推进剂,其燃速对加速度的敏感性不同,故其增加的幅值也是不同的,这会导致其在燃烧过程中有很大的差异。

这里使用的是 Greatrix[22] 总结的横向过载燃速模型。他对 $0 \sim 500g$ 下的燃速公式进行求解计算,进而通过曲线拟合获得不同过载下的推进剂燃速。

$$\frac{r_g}{r_0} = 1.28410^{-8} G^3 - 7.324 \times 10^{-6} G^2 + 2.636 \times 10^{-3} G + 1.001 \tag{7-6}$$

式中,$r_g$ 为过载下推进剂的燃速,$r_0$ 为没有过载时推进剂的燃速,$G$ 为过载的大小,单位为 $g$。其推进剂参数如表 7-1 所示[22]。

$a$ 为推进剂的燃速系数,$n$ 为推进剂的压力指数,$C_s$ 为推进剂的比热容,$T_s$ 为固体推进剂的表面温度,$T_F$ 为推进剂的绝热燃烧温度,$\mu$ 为推进剂燃烧产物的黏度系数,$Pr$ 为普朗特数。

表 7-1  推进剂参数

| 参数 | 数值 | 参数 | 数值 |
|---|---|---|---|
| $\rho_p/(kg/m^3)$ | 1740 | $C_s/[J/(kg \cdot K)]$ | 1740 |
| $k$ | 1.2 | $T_s/K$ | 950 |
| $a/[m/(s \cdot MPa^n)]$ | 4.74/1000 | $T_F/K$ | 3000 |
| $n$ | 0.32 | $\mu/(N \cdot s/m^2)$ | 8.1/100000 |
| $R/[J/(kg \cdot K)]$ | 320 | $pr$ | 0.8 |

### 7.2.1.2  轴向过载下端面燃烧的内弹道计算

假定端面燃烧装药直径为 $D$，长度为 $L$，则燃面面积为

$$A_b = (\pi/4) \times D^2 = A_{b0} \qquad (7\text{-}7)$$

端面燃烧的横向过载如图 7-8 所示，因为对端面燃烧没有影响，故在此只研究轴向过载对端面燃烧的影响。端面燃烧的燃速始终垂直于燃面，当考虑加速度时，由于加速度方向始终与燃烧方向一致，不需要考虑方位角的影响，利用式(7-6)即可计算出过载下的燃速，并且在整个横截面上各个位置的燃速是相同的。

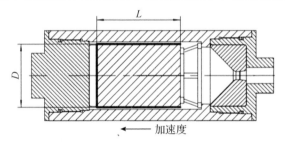

图 7-8  端面燃烧的轴向过载

虽然加速度的作用会导致燃速增快，但是由于各个位置的燃速仍然是相同的，所以并不会破坏假设的几何燃烧定律，依旧可以用它来计算整个燃烧过程中燃面面积的变化情况，整个过程依旧是恒面燃烧。

圆柱型装药尺寸：$D=66mm$，$L=48mm$。

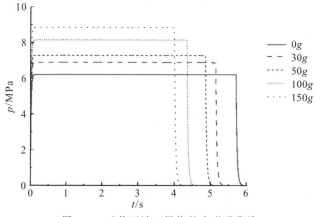

图 7-9 过载下端面燃烧的内弹道曲线

端面燃烧的内弹道情况如表 7-2 所示。利用此处所使用的过载燃速模型,端面燃烧在轴向过载下,过载每增大 10g,燃烧室的压力峰值增大 3%~4%,燃烧时间减少 2%~3%。

表 7-2 端面燃烧的内弹道情况

| 加速度 | 压力<br>峰值/MPa | 拖尾段出现<br>时间/s | 压力峰值增加<br>百分比/% | 燃烧时间减小<br>百分比/% |
|---|---|---|---|---|
| 0 | 6.19 | 5.7 | 0 | 0 |
| 30g | 6.876 | 5.138 | 11.1 | 9.86 |
| 50g | 7.275 | 4.856 | 17.53 | 14.81 |
| 100g | 8.128 | 4.344 | 32.31 | 23.79 |
| 150g | 8.834 | 3.940 | 42.71 | 30.88 |

对端燃装药进行 0g、10g 的过载实验,实验发动机的内径为 75mm,喷喉的直径为 4.4mm,实验曲线如图 7-10 所示。10g 过载实验发动机的平衡压力较低,这是因为过载方向和燃面方向相反,故装药的燃速减小,燃烧室的压力降低。而 10g 的过载工作时间很短,这是因为发动机实验过程中,安全阀被高温燃气烧坏,变成双喷管,燃烧室的压力迅速下降。实验后通过拆解发动机发现,有一半的端燃装药未燃烧。

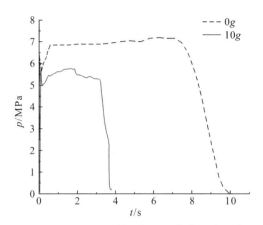

图 7-10　过载下端面燃烧推进剂装药的实验曲线

### 7.2.1.3　横向过载下内孔装药的内弹道计算

首先分析横向过载对内孔装药内弹道的影响,这里选用离散坐标的方法。装药的离散坐标计算就是将整个装药燃面离散成有限多个数据点,然后对燃面上每个数据点的退移情况进行坐标分析,得到整个燃面的退移情况。首先从简单的内孔装药出发,进而拓展到复杂的星孔装药。

先利用离散点的方法将装药的整个燃面用有限多个离散数值点来代替,然后连接这些数据点组成燃面,这样就可以将问题转化成点的问题,易于分析。将每个数据点按照一定的规律向外退移,得到新的数据点及不同位置的燃面形状。

这里假定一个常量的肉厚变化为 $\Delta e$(图 7-11),在该位置其燃烧方向(该位置的外法线方向)与水平方向的夹角为 $\beta_i$。$\beta_i$ 是根据其所在的圆弧段的外法线方向确定的[所在圆弧段的圆心坐标为 $(x_{ref}, y_{ref})$],将其中的离散数据点用下标 $i(i=1,2,3,\cdots,n)$ 来表示,共有 $n$ 个数据点,其中第 $i$ 个数据点的坐标为 $(x_i, y_i)$,则有

$$\beta_i = a\tan\frac{x_i - x_{ref}}{y_i - y_{ref}} \tag{7-8}$$

$$\Delta e_{xi} = \Delta e \times \cos\beta_i \tag{7-9}$$

$$\Delta e_{xi} = \Delta e \times \cos\beta_i \tag{7-10}$$

则在该肉厚下每个点的坐标变化为

$$x_i = x_i + \Delta e_{xi} \tag{7-11}$$

$$y_i = y_i + \Delta e_{yi} \tag{7-12}$$

这样会得到新的位置每个点的坐标,其中,点与点之间是一一对应的关系,将新的数据点连成线,即可以得到装药燃烧掉肉厚 $\Delta e$ 后的燃面形状。

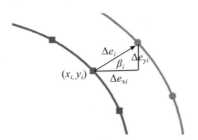

图 7-11  离散点退移示意

对于每一个位置的燃面面积和燃烧室的自由容积的计算,可以根据事先离散好的 $n$ 个数据点进行。这里将整个燃面划分成 $n-1$ 个扇形区域,然后对 $n-1$ 个扇形区域的周长和面积进行求和。

如图 7-12 所示,坐标为 $(x_i, y_i)$ 的离散点对应的扇形半径为 $R_i$,与水平轴线的夹角为 $\alpha_i$,其中,扇形的弧长和面积分别为 $l_i$、$s_i$,整个燃面的面积为 $A_b$,自由容积为 $V_c$。

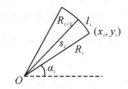

图 7-12  离散点计算示意

装药直径为 $D$,长度为 $L$,则有

$$\alpha_i = \arctan\left(\frac{y_i}{x_i}\right) \tag{7-13}$$

$$\Delta\alpha_i = \alpha_{i+1} - \alpha_i \tag{7-14}$$

$$l_i = \left(\frac{R_i + R_{i+1}}{2}\right) \times \Delta\alpha_i \tag{7-15}$$

$$s_i = \frac{1}{2} \times \left(\frac{R_i + R_{i+1}}{2}\right)^2 \times \Delta\alpha_i \tag{7-16}$$

$$A_b = L \times \sum_{i=1}^{n-1} l_i \tag{7-17}$$

$$V_c = L \times \sum_{i=1}^{n} s_i \tag{7-18}$$

但是,当存在横向过载时,不同位置的燃速存在差异。如图 7-13 所示,横向过载 $G$ 是沿着水平方向固定不变(大小、方向)的,$P$ 为燃面上任意一点,$P$ 点的燃

烧方向为 $r$，$r$ 的大小和方向随时间和 $P$ 点的位置变化，$r$ 与 $G$ 的夹角为 $\theta$。将横向过载 $G$ 沿燃烧方向和垂直燃烧方向分解，分别为 $G\cos\theta$ 和 $G\sin\theta$，其中，垂直于燃烧方向的加速度分量对燃速没有影响，故将加速度分量 $G\cos\theta$ 代入到过载燃速公式(7-6)中，得到了整个燃面在不同 $\theta$ 下的燃速变化情况，如图 7-14 所示。

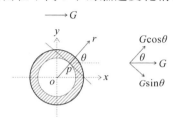

图 7-13　横向过载分解示意

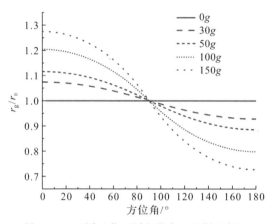

图 7-14　不同过载不同方位角下的燃速情况

内孔燃烧的管型装药由于偏心会分成两个阶段。如图 7-15(a)所示，第一个阶段为从开始燃烧到燃速最大处，这个过程为增面燃烧；图 7-15(b)为第二个阶段，偏心引起了减面燃烧。因此，计算这两种情况下的 $A_b$、$V_c$，需要分开处理。

对于图 7-15 中的第一个阶段，其处理方式与上述相同，即采用公式(7-13)～(7-18)进行求解，而图 7-15 中的第二个阶段，由于有些装药的位置已经燃烧完毕，故令燃烧完毕的区域 $l_i = 0$，并且其数据点处 $R_i = D/2$，未燃烧完的区域仍然按照与第一阶段相同的计算方法来求解。

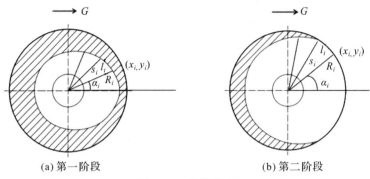

(a) 第一阶段          (b) 第二阶段

图 7-15   计算模型

    这样就可以得到整个过程中的燃面面积和燃烧室的自由容积的变化曲线,进而用内弹道计算公式求解。

    这里使用的内孔燃烧的管型装药的药柱尺寸为:装药外径 $D=50\text{mm}$,内径 $d=10\text{mm}$,长度 $L=150\text{mm}$。其燃面退移的过程如图 7-16 所示。可以发现,过载的确使燃烧过程发生了偏心,在图 7-16 的基础上,利用前面所讨论的计算公式,对每一个位置的燃面面积进行计算,得到了燃面面积—肉厚曲线(图 7-17)。

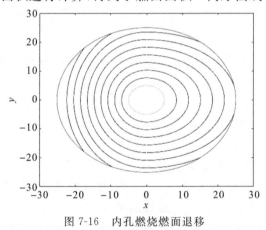

图 7-16   内孔燃烧燃面退移

    横向过载会使燃烧过程发生偏心,且随着过载的增大,偏心越来越明显,这将会导致其肉厚—燃面面积的曲线有所差异。过载可以将整个燃面的变化过程分成两个阶段,其对燃面最开始一段的影响不是很大,从曲线的对比可以看出,过载使得其燃面率先出现下降,并且存在过载的时候,其燃面面积的最大值小于无过载的时候,随着过载的增大,其燃面面积的峰值逐渐减小。过载的增大使得方位角为 0°处燃速增加的幅值变大,该位置的装药率会先燃烧完毕,从而导致其率先出现燃面下降。对于下降阶段,随着过载的增大,其下降段的时间逐渐变长。内孔装药燃烧的下降过程只有一个阶段。

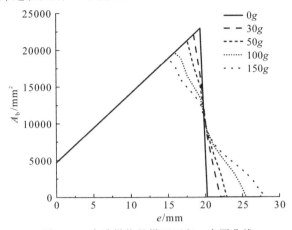

图 7-17 内孔燃烧的燃面面积—肉厚曲线

由图 7-18 所示的内弹道曲线可知,有无过载对内燃药柱内弹道曲线的起始段影响较小,而对工作段的影响很大。无过载时,燃烧的过程中燃面面积一直增大,燃烧室压力一直增加,直到推进剂燃烧完毕;存在过载时,其燃面面积的规律也会发生变化,最终使内弹道曲线的工作段分成两个部分。一部分为增面燃烧的情况,另一部分则为减面燃烧的情况。随着过载的增大,燃烧室内部的压力增加,使内弹道曲线的工作段变短,即会使拖尾段提前。过载对拖尾段的影响也很大,一方面会使拖尾段出现的时间提前,另一方面也会使拖尾段的时间变长。

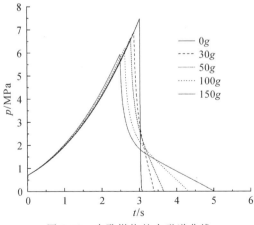

图 7-18 内孔燃烧的内弹道曲线

内孔燃烧的内弹道情况如表 7-3 所示。横向过载导致装药第一个燃烧阶段压力增大。其中,过载每增大 $10g$,拖尾段出现的时间提前 $2\%\sim3\%$,工作时间相应减少 $3\%$ 左右。

表 7-3  内孔燃烧的内弹道情况

| 过载 | 压力峰值/MPa | 压力峰值出现时间/s | 工作时间/s |
|---|---|---|---|
| 0g | 7.47(0) | 3.02(0) | 3.00(0) |
| 30g | 6.91(7.50%) | 2.87(4.97%) | 3.28(9.33%) |
| 50g | 6.64(11.11%) | 2.78(7.95%) | 3.47(15.67%) |
| 100g | 6.20(17.00%) | 2.62(13.25%) | 3.90(30.00%) |
| 150g | 5.94(20.48%) | 2.50(17.22%) | 4.31(43.67%) |

注:括号内为变化百分比。

### 7.2.1.4  横向过载下星孔装药的内弹道计算

相比于内孔燃烧,星孔药型更复杂,但其燃烧规律与内孔药型类似,过载同样会使其燃面发生偏心,因此依旧可以用内孔装药的计算方法对其分析计算。

星孔装药参数如表 7-4 和图 7-19 所示。

表 7-4  星孔装药参数

| 参数 | 数值 |
|---|---|
| $D$/mm | 64 |
| $e$/mm | 16.22 |
| $L$/mm | 100 |
| $n$ | 8 |
| $\theta$/° | 59.91 |
| $\varepsilon$ | 0.9 |
| $r$/mm | 1.57 |
| $r_1$/mm | 1.37 |

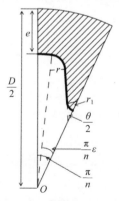

图 7-19  星孔装药参数

　　利用上述计算方法,得到了不同时刻的燃面形状及燃面面积—肉厚的曲线(图 7-20)。

　　从图 7-20 的燃面退移情况可以看出,类似于内孔燃烧,横向过载使得星孔装药在燃烧的过程中发生偏心,随着过载的增大,偏心越来越明显,整个装药表面燃烧完的时间会增加。

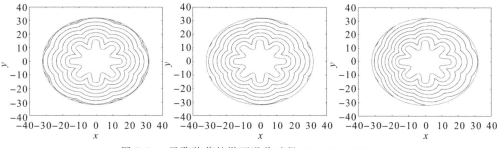

图 7-20　星孔装药的燃面退移过程（0g、30g、100g）

　　星孔装药的内弹道曲线如图 7-21 所示。一方面,在开始燃烧到分离点出现之前,其压力的变化规律是一致的,不同的是,过载使燃烧室的压力增大,并且出现峰值的时间相应提前,燃烧到达分离点后,压力下降,压力的下降段也会分成与燃面面积类似的几个部分;另一方面,从内弹道曲线可以得出,其压力的峰值点就是燃烧过程中的分离点,即方位角为 0° 处燃烧完毕,在这个点处,燃烧室的绝热层将暴露在高温的燃气流中,一直到燃烧完毕。所以,过载的存在增加了绝热层的暴露时间和燃烧室内的压力。

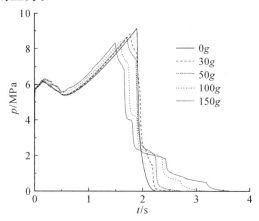

图 7-21　星孔装药的内弹道曲线

选取分段比较明显的 150g 下的内弹道曲线(图 7-22),分析其分段的产生原因。压力下降段可以分成 5 个阶段。其下降段产生分段,是因为星角的存在使得在偏心的过程中,每个星角处的余药在燃烧的过程中也会出现偏心的现象,这样就会导致每个星角处的余药不像无过载那样同时燃烧完毕,由于偏心的影响,每个星角处的余药是不同的,通常燃速大的位置余药少,故每个部分余药燃烧的时间是不同的,所以在燃面的下降阶段就会按照星角数来分成几个不同的阶段,结合图 7-23 来分析每个阶段的燃烧过程,这里将图 7-23(a)中的星孔装药的几个圆弧进行编号,便于后续分析。

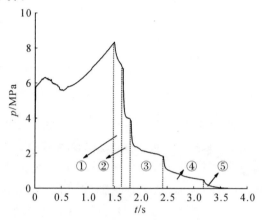

图 7-22　150g 下星孔装药的内弹道曲线

图 7-23(a)为方位角为 0° 的位置(燃速最大的位置、圆弧 1 上的某个点)燃烧完毕,是压力上升和压力下降的分离点,也是绝热层开始暴露的时间点。

图 7-23(b)对应图 7-22 中下降段的第一阶段,即从绝热层开始暴露到圆弧 2 上燃速最快的点燃烧完毕,即圆弧 1 燃烧的过程。

图 7-23(c)～(f)分别对应图 7-22 中下降段的第二到第五阶段,即圆弧 2～5 燃烧的过程。

星孔装药的内弹道情况如表 7-5 所示。横向过载导致分离点出现之前的压力增加,其中,过载每增大 10g,分离点出现时间提前 1%～2%,绝热层暴露时间增加 80%～90%,对壳体热防护提出了很高的要求。

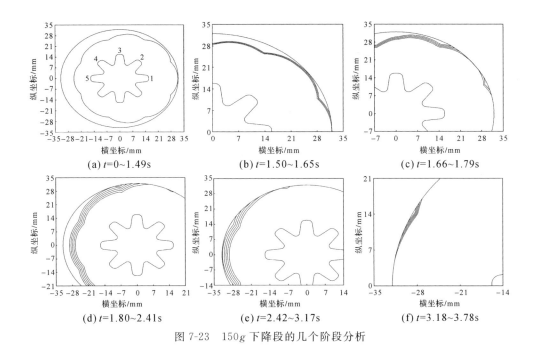

(a) $t=0\sim1.49$s　　　(b) $t=1.50\sim1.65$s　　　(c) $t=1.66\sim1.79$s

(d) $t=1.80\sim2.41$s　　　(e) $t=2.42\sim3.17$s　　　(f) $t=3.18\sim3.78$s

图 7-23　150$g$ 下降段的几个阶段分析

表 7-5　星孔燃烧的内弹道情况

| 过载 | 压力峰值/MPa | 压力峰值出现时间/s | 工作时间/s | 绝热层暴露时间/s |
|---|---|---|---|---|
| 0$g$ | 9.24(0) | 1.89(0) | 2.09(0) | 0.21 |
| 30$g$ | 8.85(4.22%) | 1.77(6.34%) | 2.19(4.78%) | 0.82 |
| 50$g$ | 8.68(6.06%) | 1.71(9.52%) | 2.26(8.13%) | 1.12 |
| 100$g$ | 8.41(8.98%) | 1.60(15.34%) | 2.40(14.83%) | 1.87 |
| 150$g$ | 8.34(9.74%) | 1.52(19.58%) | 2.70(29.19%) | 2.30 |

注:括号内为变化百分比。

### 7.2.1.5　旋转过载下内孔装药的内弹道计算

以内外燃的管型装药为例,研究旋转过载对其影响。

对于管型的内外燃,旋转过载对整个燃面都有影响,并且对整个燃面的影响是相同的,其中,旋转过载的方向是沿着半径指向外的。假设静态燃速为 $r_0$,整个装药内表面的燃速方向始终与过载方向相同(夹角为 $0°$),外表面的燃速方向始终与过载方向相反(夹角为 $180°$),如图 7-24 所示。因此旋转过载会导致内表面的燃速大于外表面,从而使其燃烧过程由原来的恒面燃烧变成增面燃烧。与轴向过载和横向过载不同的是,对于旋转过载,其大小为 $\omega^2 r$,其中 $\omega$ 为发动机的转速,$r$ 为推进剂的燃烧表面到发动机轴线上的距离,由于推进剂的燃烧,因此在整个工作过程中,发动机受到的过载大小是随着工作时间变化的。

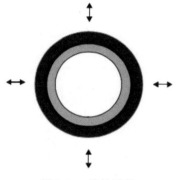

图 7-24　旋转过载

这里使用的内外燃管型装药的结构尺寸为 $D=45\text{mm}, d=8\text{mm}, L=120\text{mm}$。内弹道曲线如图 7-25 所示。

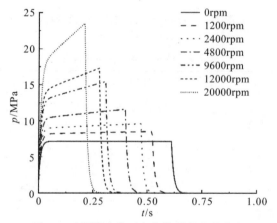

图 7-25　旋转过载下内外燃的内弹道曲线

旋转过载下内外燃的内弹道情况如表 7-6 所示。对于旋转过载下的内外燃,由于装药的内边表面的燃速变得不一致,旋转过载下整个装药燃烧的过程中不再是恒面燃烧,而是变成增面燃烧,这就导致在工作的过程中燃烧室的压力是逐渐增大的。此处,转速每增大 1000rpm,燃烧室的压力峰值增大 10%~12%,燃烧时间变化的幅度逐渐减小。

表 7-6　旋转过载下内外燃的内弹道情况

| 转速/rpm | 压力峰值/MPa | 拖尾段出现时间/s | 压力峰值增加百分比/% | 燃烧时间减小百分比/% |
|---|---|---|---|---|
| 0 | 7.17 | 0.611 | 0 | 0 |
| 1200 | 8.536 | 0.523 | 19.05 | 14.4 |
| 2400 | 9.61 | 0.470 | 34.03 | 23.08 |
| 4800 | 11.61 | 0.400 | 61.92 | 34.53 |
| 9600 | 15.43 | 0.310 | 115.20 | 49.26 |
| 12000 | 17.31 | 0.280 | 141.40 | 54.17 |
| 20000 | 23.51 | 0.211 | 227.90 | 65.47 |

## 7.2.2　过载对发动机内流场的影响

导弹高机动飞行时,过载环境不仅会影响发动机的内弹道性能,还会对发动机的内流场产生影响。已有的研究表明,横向过载对固体火箭发动机内流场可能产生的影响如下:使发动机装药燃烧速度增加,燃烧室内压力异常升高,燃烧室流场中两相粒子聚集,导致燃烧室壳体局部烧蚀、冲刷加重,严重时导致绝热层防护失效,发动机烧穿爆炸。轴向过载则会使粒子对绝热层冲蚀的最大点位置以及最大的冲击速度发生改变,而发动机旋转时,则会加强燃烧室壁面上的粒子沉积,使发动机内的粒子从轴线向壁面发生移动。此外,过载还可能破坏发动机的装药结构完整性,影响壳体的应力、应变分布而使得结构强度、刚度遭到破坏。

因此,研究过载条件对发动机内流场的影响,在固体火箭发动机的设计、热防护等方面具有重要意义,能够为工程中采取相应改善措施和提高固体火箭发动机性能提供参考,具有很高的工程价值。本节选取某小型试验发动机,对于给定的发动机模型与装药参数,建立数值仿真模型,探究固体火箭发动机在过载下的两相流场。通过对不同大小、方向过载工况下固体火箭发动机内流场的仿真计算,系统地总结出不同大小与方向的过载对固体火箭发动机两相流流场的影响规律。

### 7.2.2.1　物理模型

采用两相流模型对过载下的发动机内流场进行仿真分析,该发动机为管型装药,燃面包括内外柱面以及下游端面,发动机结构如图 7-26 所示。数值仿真选取的物理模型为该发动机装药燃烧一半时燃烧室及喷管内的流场,如图 7-27 所示。

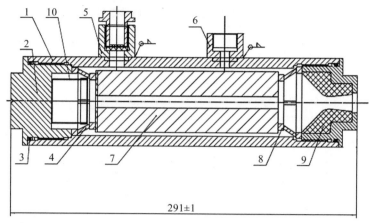

1—壳体;2—前封头;3—密封圈;4—前挡药板;5—安全爆破装置;
6—压力传感器底座;7—装药;8—后挡药板;9—喉衬;10—点火药盒

图 7-26　发动机结构

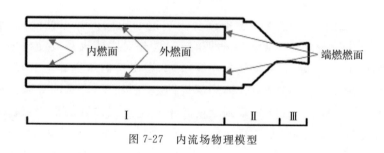

图 7-27　内流场物理模型

该模型为三维轴对称模型,模型总长 212mm,其中:

Ⅰ段为药柱段,在燃烧一半时刻,装药长度为 145mm,内径 $d=20$mm,外径 $D=40$mm;

Ⅱ段为后封头及喷管收敛段区域,总长度为 49mm,收敛半角 $\alpha=45°$;

Ⅲ段为喷管扩张段,该段长 18mm,扩张半角 $\beta=6°$。

发动机所采用的推进剂为改性双基推进剂,通过静态试验拟合得到其燃速公式 $r_0=a\times p^n$,式中 $a=6.964$,$n=0.3169$,喉部直径为 10.7mm。根据实际试验得到其内弹道曲线如图 7-28 所示。

根据图 7-28,选取装药燃烧至一半的时刻(0.4s),无过载状态下燃烧室内压力为 10MPa,燃烧室内温度 $T=3000$K,由燃速公式计算可得,此刻 $r_0=14.44$mm/s,由质量流量与燃速、燃烧面积之间的关系可求出不同入口处的总质量流量。

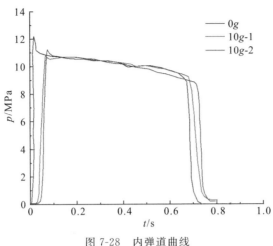

图 7-28　内弹道曲线

参考相关文献,假定改性双基推进剂中铝粉含量为 5%,离散相中粒子全为氧化铝颗粒,其密度 $\rho=2700\text{kg/m}^3$,比热 $\nu=1880\text{J/(kg·K)}$。

由推进剂中铝粉含量可求得在三个入口处铝的质量流量,由于假定离散项全为氧化铝颗粒,由铝元素守恒,可进一步求得离散项的质量流量。

对于无过载情况下的不同入口处质量流量的具体计算结果如表 7-7 所示。表中入口 1 对应内燃面,入口 2 对应外燃面,入口 3 对应端燃燃面。

**表 7-7　不同入口处质量流量**

单位:kg/s

| 入口点 | 总质量流量 | 铝的质量流量 | 离散项质量流量 | 气相质量流量 |
|---|---|---|---|---|
| 入口 1 | 0.2232 | 0.01116 | 0.02108 | 0.20212 |
| 入口 2 | 0.4464 | 0.02232 | 0.04216 | 0.40424 |
| 入口 3 | 0.0223 | 0.00111 | 0.00209 | 0.02021 |
| 合计 | 0.6919 | 0.03459 | 0.06533 | 0.62657 |

对于过载情况而言,采用式(7-6)计算不同加速度下推进剂的燃速以及质量流量。

根据简化后的模型进行网格绘制,网格数量为 93 万,对喷管喉部处的网格进行加密,具体划分结果如图 7-29 所示。

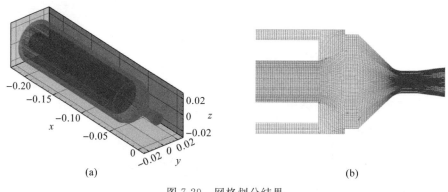

图 7-29　网格划分结果

### 7.2.2.2　数值模型及边界条件

在固体火箭发动机中,由于粒子的含量足够少,且离散相粒子密度远大于连续气相,因此粒子在流场中的体积分数往往小于 $10\%$,而对于含颗粒的燃气射流,一般采用颗粒轨迹法进行计算。当采用 DPM(离散相模型)时,把气相当作连续相,把颗粒相看成是不连续的离散相,对每个粒子或粒子群在拉格朗日坐标下进行跟踪。这样,气相采用欧拉方程,而颗粒相采用拉格朗日方程。该模型的气相控制方程包括

连续性方程方程:$\dfrac{\partial \rho}{\partial t} + \nabla(\rho V) = 0$ （7-19）

动量守恒方程:$\dfrac{\partial}{\partial t}(\rho V) + \nabla(\rho V V_i) = \nabla \tau - \nabla p + M_p$ （7-20）

能量守恒方程:$\dfrac{\partial}{\partial t}(\rho c_p T) + \nabla(\rho v_j c_p T) = \dfrac{Dp}{Dt} + \Phi + \nabla(\lambda \nabla T) + S_p$ （7-21）

式中,$\tau$ 为黏性应力张量,$p$ 为气相产物的静压,$M_p$ 为气相与凝相之间的动量交换,$\lambda$ 为气相导热系数,$S_p$ 为颗粒相对气相的能量源项,$\Phi$ 为耗散函数,

$$\Phi = \nabla(\tau \cdot V) - (\nabla \tau) \cdot V \tag{7-22}$$

该模型在离散相的计算中忽略了粒子之间的相互作用,只考虑气体的曳力作用,因此离散相的运动方程为

$$\frac{\partial V_p}{\partial t} = F_D(V - V_p) \tag{7-23}$$

式中,$V_p$ 表示粒子速度,方程右侧表示气体对粒子的曳力作用。

同时,该模型不考虑粒子的相变、蒸发、燃烧过程,仅考虑粒子与气相的对流换热,故离散项的传热方程为

$$m_p c_p \frac{\mathrm{d}T_p}{\mathrm{d}t} = h_p A_p (T - T_p) \qquad (7\text{-}24)$$

式中,$m_p$ 为离散相粒子质量,$c_p$ 为粒子比热,$T_p$ 为粒子温度,$A_p$ 为粒子表面积,$h_p$ 为粒子与气相的换热系数。

两相流模型采用颗粒轨道模型进行计算,湍流模型则选用标准 $k\text{-}\varepsilon$ 模型。模型采用基于压力的三维稳态模型,先通过对纯气相流场进行计算,待纯气相流场稳定后加入离散项,再对两相流场进行计算,连续相每计算十次进行一次颗粒计算。

边界条件设置如下:

入口边界:入口为质量流边界,入口为推进剂的燃烧表面,无过载时入口质量通量为 $20\mathrm{kg}/(\mathrm{m}^2 \cdot \mathrm{s})$。

固壁边界:固壁包含燃烧室壳体的内表面与喷管内壁,由于考虑气相燃烧产物的黏性,故壁面选用无滑移条件,离散相颗粒于壁面处反弹。

出口边界:出口边界为压力出口,离散相于喷管出口处逃逸,出口表压设置为 0。

离散相设定:离散相颗粒假定全为氧化铝颗粒,计算中氧化铝颗粒取统一粒径 50um,离散项从燃面均匀产生。

#### 7.2.2.3　横向过载下的仿真计算

针对横向过载,选择过载方向为 $Y$ 轴负方向,分别对 $0g$、$-30g$、$-60g$、$-90g$、$-120g$ 的情况进行模拟计算,假设过载条件下推进剂燃速为定值,则在不同过载工况下入口质量通量如表 7-8 所示。

表 7-8　不同过载工况下入口质量通量

单位:$\mathrm{kg}/(\mathrm{s} \cdot \mathrm{m}^2)$

| 过载水平 | 总质量通量 | 铝质量通量 | 离散项质量通量 | 气相质量通量 |
| --- | --- | --- | --- | --- |
| $-30g$ | 24.00 | 1.20 | 2.27 | 21.73 |
| $-60g$ | 24.26 | 1.21 | 2.29 | 21.97 |
| $-90g$ | 24.51 | 1.22 | 2.32 | 22.19 |
| $-120g$ | 24.77 | 1.24 | 2.34 | 22.43 |

(1)不同横向过载水平下的仿真计算云图

图 7-30 为不同横向过载水平下粒子浓度的分布云图(图中浓度单位为 $\mathrm{kg}/\mathrm{m}^3$,即单位体积内所含粒子的质量)。无过载情况下的粒子浓度分布具有对称性,粒子沿发动机的中轴线对称分布。无过载时发动机中轴线处粒子浓度明显高于其余区域,此时离散相粒子主要集中于中轴线处,且在喷管喉部附近的浓度最

大,而在外燃面两侧,粒子浓度沿着装药从前至后不断升高,由 $1.25\text{kg/m}^3$ 升高至 $40\text{kg/m}^3$。

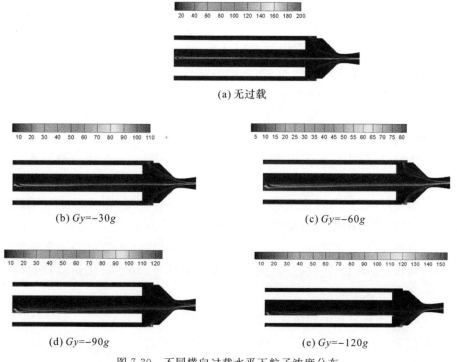

(a) 无过载

(b) $Gy=-30g$

(c) $Gy=-60g$

(d) $Gy=-90g$

(e) $Gy=-120g$

图 7-30 不同横向过载水平下粒子浓度分布

根据图 7-30 可知,在加载为 $-30g$ 的情况下,轴线附近的粒子聚集带沿过载方向略有偏移,但从整体上看仍保留有一定的对称结构,在所选取截面上,粒子浓度最高点位于燃烧室前部,即 $x=0.0027\text{m}$,$y=-0.00245\text{m}$ 处,最高浓度值约为 $118\text{kg/m}^3$;当加载至 $-60g$ 时,中部的粒子流进一步偏离轴线,同时在承载一侧的后封头附近出现了明显的粒子聚积,另一侧粒子发生了明显的偏移而使得在后封头处浓度下降,该工况下最高粒子浓度的位置横坐标依旧在 $x=0.0027\text{m}$ 处,但过载的作用使得最高浓度点纵坐标位置偏移至 $y=-0.00435\text{m}$ 处,粒子浓度也下降至 $84.6\text{kg/m}^3$;当过载水平较大时,中部的粒子带将在承载一侧的内燃面上聚集,且随着过载水平的提高,粒子在内燃面上聚集的程度越高;在过载为 $-90g$ 时,受载侧的装药内燃面上已开始出现粒子聚集,此时该截面处最高粒子浓度出现在受载侧的内燃面上,约 $x=0.0179\text{m}$ 处,最大浓度值为 $119.5\text{kg/m}^3$;加载量达到 $-120g$ 时,中部粒子带几乎全部聚集在承载一侧的内燃面上,此时粒子浓度最高点位于 $x=0.1472\text{m}$ 处,最高值为 $151.2\text{kg/m}^3$。

对于管型装药而言,在燃烧表面处,横向过载的存在将导致上侧粒子主要集中于外燃面而远离内燃面,下侧粒子主要集中于内燃面而远离外燃面。例如,在过载为 $-30g$ 时,受载方向侧(下侧)的外燃面粒子浓度约为 $3kg/m^3$,而另一侧(上侧)外燃面的平均粒子浓度在 $4kg/m^3$ 左右;当过载提高至 $-60g$ 时,外燃面处在下侧的粒子浓度减小至 $2.8\ kg/m^3$,而另一侧的平均浓度水平在 $5\ kg/m^3$ 左右;当进一步加载时,承载侧外燃面的粒子浓度将进一步降低。

（2）不同过载水平下的粒子浓度曲线图

为了比较不同过载水平对粒子浓度分布的影响,选取 $y=-0.025m$ 以及 $x=0.16m$ 这两条直线,分别对两条直线在不同工况下直线上的粒子浓度进行对比。直线 $y=-0.025m$ 为承载面母线,$x=0.16m$ 处位于后封头附近。结合计算云图知,这两条直线所在位置粒子浓度分布较大,且过载对其影响较为直观,故对这两条线上的粒子浓度进行比较。

图 7-31 为在不同横向过载水平下粒子浓度的分布曲线,其中,图 7-31(a)为无过载水平下 $y=-0.025m$ 上分布的粒子浓度,根据曲线图可看出,横向过载使得粒子向过载方向发生偏移,进而使得该直线上的粒子浓度升高,且浓度随着过载水平的提高而增大;在靠近后封头的位置(约 $x=0.16m$ 处)存在一个明显的粒子浓度峰,可推测在承载一侧的后封头附近区域粒子发生了积聚,且随着过载水平的升高,粒子在后封头处的积聚程度越显著,无过载时峰值在 $15.5\ kg/m^3$ 左右。随着过载量的加大,更多的粒子在该处堆积,过载为 $-60g$ 时,峰值浓度约为 $32\ kg/m^3$,当过载水平达到 $120g$ 时,粒子浓度已提升至约 $72kg/m^3$,如图 7-31(c)所示。

图 7-31(d)为不同横向过载下直线 $x=0.16m$ 上的粒子浓度分布,该曲线图更直观地描述出横向过载对粒子分布的影响。在无过载时,原本位于中轴线的粒子浓度峰在加速度的作用下向加载方向发生偏移,同时在加速度场的作用下,粒子的偏移使得承载方向一侧的浓度均高于另一侧,且随着过载量的增大,粒子向过载方向偏移的程度与两侧浓度差异越明显。在图 7-31(d)中,无过载时原本位于 $y=0m$ 处的浓度峰值,在加载 $-30g$ 的情况下偏移至 $y=-0.0015m$,在加载 $-60g$,$-90g$ 时发生进一步的偏移,当加载至 $120g$ 时已偏移至 $y=-0.0051m$;同时,原本位于轴线处的粒子也在过载的作用下向受载方向一侧发生偏移而导致粒子浓度下降。在加入横向过载后,原本粒子分布的对称性也遭到破坏。无过载时,$y=0.012m$ 与 $y=-0.012m$ 附近存在对称分布的粒子浓度峰,随着过载量的增大,在加载方向一侧($y=-0.012m$ 附近)浓度峰值升高,另一侧($y=0.012m$ 附近)的浓度峰值降低,当加载至 $-120g$ 时,加载方向侧的浓度峰已达到约

$16.5\mathrm{kg/m^3}$的水平,另一侧浓度仅在$1\mathrm{kg/m^3}$左右,加载方向一侧的粒子浓度水平远高于另一侧。

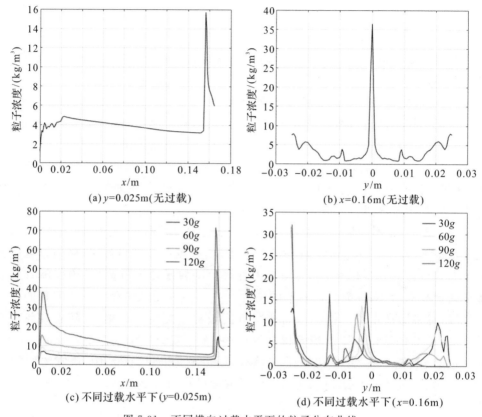

图 7-31 不同横向过载水平下的粒子分布曲线

#### 7.2.2.4 轴向过载条件下的仿真计算

针对轴向加载,选择过载方向为 $x$ 轴正向,分别对 $30g$、$60g$、$90g$、$120g$ 时的工况进行数值模拟,对计算结果云图进行分析,并对不同过载条件下发动机轴线上的粒子浓度进行对比,总结出轴向过载对管型装药发动机两相流场的影响。

(1)仿真计算结果云图

图 7-32 为管型装药发动机在不同轴向过载工况下的粒子浓度分布云图,轴向过载下粒子分布仍具有对称性。从空间上看,在发动机前端的流场区域,随着过载量的加大,粒子的分布有着向后逐渐偏移的变化趋势,即在轴向过载的作用下,流场中的离散项粒子向后发生偏移;从数值上看,随着轴向过载水平的提高,发动机内流场的粒子浓度逐渐降低。例如,在过载量为 $30g$ 时,燃烧室流场中轴线附

近的粒子浓度约在 $20\text{kg/m}^3$，浓度最高处位于喷管附近，最高可达到 $80\text{kg/m}^3$ 左右；将过载提高至 $60g$ 时，燃烧室轴线附近的粒子浓度降低至 $13\text{kg/m}^3$ 左右，而喷管处最高浓度也降低至约 $55\text{kg/m}^3$；当过载水平到 $120g$ 时，燃烧室内与喷管处的粒子浓度值都出现了明显的降低，仅在 $10\text{kg/m}^3$ 左右。

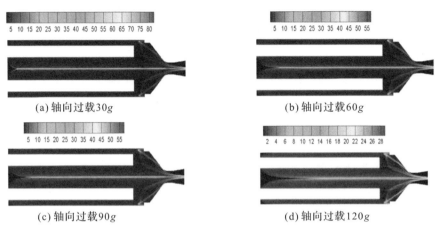

图 7-32　不同轴向过载水平下粒子浓度分布云图

（2）粒子浓度曲线图

分别取不同过载工况下发动机轴线上的粒子浓度分布，得到的结果如图 7-33 所示。

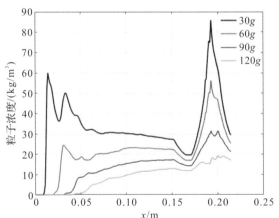

图 7-33　不同轴向过载下发动机轴线上的粒子浓度分布

　　从图中可明显地看出,在轴向过载的作用下,粒子浓度整体向后发生了偏移,且过载水平越高,偏移量越大。如在轴向过载 30g 的工况下,燃烧室内轴线上粒子的浓度在 $x=0.015$m 附近存在一个明显的浓度峰,当过载水平提升至 60g 时,该浓度峰已向后偏移至 $x=0.03$m 处。同时过载量增大,粒子浓度将出现明显的降低,可以推测此时大多数粒子已从发动机出口处离开流场,即轴向过载能够影响粒子在流畅内的停留时间,会加速粒子离开流场,从而使得流场内粒子浓度降低。

### 7.2.2.5　不同过载方向下的仿真计算

　　参考李桢[23]的研究,我们认为,当加速度与燃烧表面法向存在夹角 $\varphi$ 时,推进剂的燃烧速度与该夹角近似满足余弦关系,即有

$$\Delta r = r_a \cos\varphi \tag{7-25}$$

式中,$\Delta r$ 为过载条件下燃速相对于基础燃速的增量,$r_a$ 为当过载方向与燃烧表面法向相同时的燃速增量。

　　选取过载水平为 $-60g$,加速度方向角(即与 $x$ 轴夹角)分别为 30° 与 60° 的情况进行仿真计算,再修改过载水平为 $-90g$ 重复上述操作,不同过载工况下入口质量通量如表 7-9 所示。

表 7-9　不同过载工况下入口质量通量

| 过载水平 | 方位角/° | 离散项质量通量/[kg/(s·m²)] | 气相质量通量/[kg/(s·m²)] |
|---|---|---|---|
| $-60g$ | 30 | 2.25 | 21.61 |
| $-60g$ | 60 | 2.22 | 21.26 |
| $-90g$ | 30 | 2.30 | 21.44 |
| $-90g$ | 60 | 2.24 | 21.49 |

　　(1)仿真计算结果

　　仿真计算结果云图如图 7-34 所示。无论加载水平是 $-60g$ 还是 $-90g$,当方位角为 0° 时,在同一过载水平下,粒子偏移的程度最高,此时过载方向垂直于轴线方向,发动机前端($x=0.0027$m)存在一个粒子浓度较高的区域。当方位角变为 30° 时,相对于 0° 的情况而言,中部粒子聚集带偏离轴线的程度降低,发动机轴线前端附近在无轴向分量时,存在的粒子聚集区域的浓度降低,粒子也向后端发生偏移。当方位角提高至 60° 时,中部粒子的聚集带更靠近发动机的轴线,同时可明显看出,在燃烧室前端处粒子浓度降低,粒子向后发生偏移。

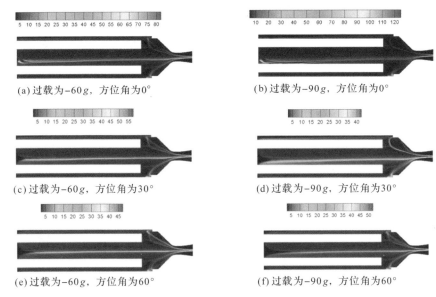

(a) 过载为-60g，方位角为0°          (b) 过载为-90g，方位角为0°

(c) 过载为-60g，方位角为30°          (d) 过载为-90g，方位角为30°

(e) 过载为-60g，方位角为60°          (f) 过载为-90g，方位角为60°

图 7-34  不同方向过载仿真计算结果云图

(2)粒子浓度曲线图

同样选取承载面母线以及 $x=0.16\text{m}$ 这两条直线上的离散相粒子浓度进行对比，图 7-35 为计算结果中粒子浓度分布的曲线。

由 $x=0.16\text{m}$ 处的浓度分布可以看到，随着加速度方位角的增大，中部的浓度峰逐渐向 $y=0$ 处靠近，粒子偏离中轴的程度下降，这是由于过载在轴向产生了一定的分量，在相同过载水平下，横向过载分量相对被削弱，如图 7-35(a)所示；从承载面母线的粒子浓度分布上看，方位角的增大削弱了粒子在承载面上的沉积程度，同时，方向角的存在使得加速度沿轴向存在分量，在相同过载水平下，方位角越大，轴向分量越大，原本位于 0°下 $x=0$ 附近的浓度峰值也随着轴向分量的增大而消失，粒子向后侧发生轻微的偏移，如图 7-35(b)所示。

可以得出，在同一过载水平下，由于方位角的存在，过载可分解为轴向与横向两个分量。方位角的增大使得轴向分量提高、横向分量削弱，导致粒子沿轴线向后发生偏移，同时也削弱了粒子向侧壁面的聚积。

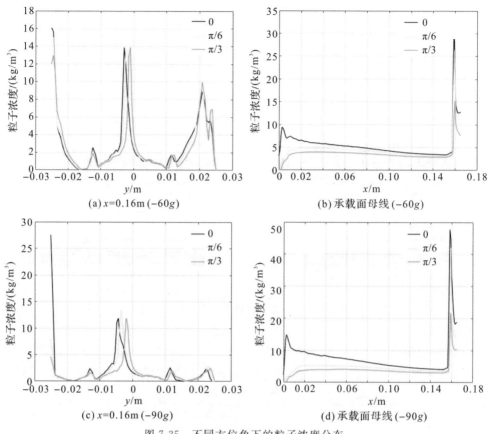

图 7-35　不同方位角下的粒子浓度分布

# 7.3　飞行过载对固体火箭发动机压力振荡的影响

## 7.3.1　过载条件下的压力振荡现象

某大长径比、复杂装药的固体火箭发动机在飞行过程中出现了末期燃烧不稳定问题,其 $p$-$t$ 无量纲曲线与发动机过载无量纲曲线分别如图 7-36 与图 7-37 所示。$t_0 \sim t_1$ 时刻属于发动机燃烧室内压力建立阶段,$t_1 \sim t_2$ 时刻属于发动机稳定工作阶段,$t_2 \sim t_3$ 时刻属于发动机末期燃烧不稳定阶段,在此阶段,发动机内监测到的 $p$-$t$ 曲线出现了比较明显的压力振荡,并伴随有平均压力上升,该现象一直存在,直至发动机工作结束。

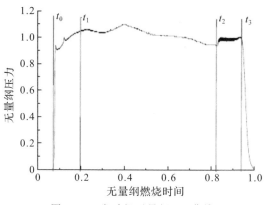

图 7-36 发动机无量纲 $p\text{-}t$ 曲线

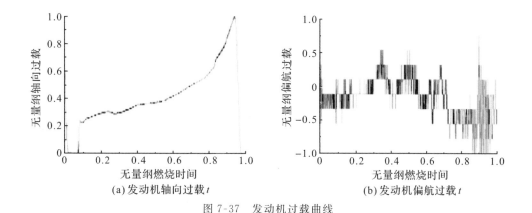

(a) 发动机轴向过载 $t$　　　　　　(b) 发动机偏航过载 $t$

图 7-37 发动机过载曲线

　　为了确定该固体火箭发动机工作末期压力振荡的振荡频率,下面对该发动机的振动曲线进行分析。在发动机工作过程中,$X$、$Y$、$Z$ 三个方向分别为发动机的轴向、偏航和俯仰方向。分析发现,在发动机出现激烈的压力振荡之前,$X$、$Y$、$Z$ 三个方向均存在一定的振荡信号,振荡信号的幅度相对较弱。当发动机在 $t_2 \sim t_3$ 工作时间段出现压力振荡问题时,$X$、$Y$、$Z$ 三个方向上的振荡现象大幅度的加强。以 $X$ 方向为例,发动机振动的无量纲曲线如图 7-38 所示。

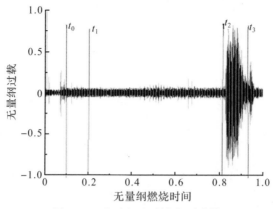

图 7-38　发动机 $X$ 方向振动曲线

对发动机 $X$、$Y$、$Z$ 三个方向上 $t_2 \sim t_3$ 工作时间段压力振荡的振荡数据进行频谱分析可以发现,当作为动力装置的固体火箭发动机出现压力振荡问题时,$X$、$Y$、$Z$ 三个方向振动信号的幅度会逐渐增大。在 $X$ 方向和 $Y$ 方向,振荡峰值主要发生在高频区,对应的频率为 $1210\text{Hz}$,且中低频区中也出现了明显的振荡峰,对应的频率为 $173\text{Hz}$ 及其整数倍。$X$ 方向的振荡幅度最大,达到平均值的 $115\%$;$Y$ 方向的最大振荡幅度为平均值的 $82\%$。在 $Z$ 方向上,在低频区和高频区均出现了明显的振荡峰值,最大振荡幅度为平均值的 $75.7\%$,对应的频率为 $1210\text{Hz}$。压力振荡曲线的振荡频率在 $X$、$Y$、$Z$ 三个方向上基本保持相同,均从 $173\text{Hz}$ 开始产生第一个振荡峰,并以 $173\text{Hz}$ 的整数倍形式出现。可以认为,$173\text{Hz}$ 为压力振荡曲线一阶振荡频率,其他各阶频率为 $173\text{Hz}$ 的整数倍。

### 7.3.2　发动机燃烧不稳定类型判断

燃烧不稳定按照产生机理可分为声燃烧不稳定和非声燃烧不稳定两大类。声燃烧不稳定是燃烧过程与发动机空腔中的声学过程相互作用的结果,其特点是压力振荡频率与燃烧室空腔内的固有声振频率接近或一致。为了确定该燃烧不稳定的类型,声振型研究与声模态分析很有必要。

当燃烧室空腔边界形状较复杂时,用解析法求解声学波动方程比较困难,须用数值计算方法确定振型和频率。假设固体火箭发动机燃烧室内:①流体可压缩,密度随压力的变化而变化;②介质为理想流体,介质中不存在黏滞性,声波在理想介质中传播时不存在能量损耗;③流体均质,各点平均密度和声压相同。根据上述假设,对燃烧室内质量守恒、动量守恒、能量守恒及物态方程进行线性化处理,燃烧室内的简谐声场可用亥姆霍兹方程描述为

$$\nabla^2 p + k_N^2 p = 0 \tag{7-26}$$

式中，$k_N$ 为复波数，为角频率与声速的比值。

采用有限元方法，对三维波动方程进行离散，得到声腔模态方程的单元矩阵形式为

$$(\boldsymbol{K}_f - \omega_N^2 \boldsymbol{M}_f) \boldsymbol{p} = 0 \tag{7-27}$$

式中，$\boldsymbol{K}_f$ 为声刚度矩阵，$\boldsymbol{M}_f$ 为声质量矩阵，使用有限元法求解得到声特征向量 $\boldsymbol{p}$ 及特征根 $\omega_N$，代入 $f_N = \omega_N/2\pi$ 即可求出声振固有频率。

试验发动机采用了翼柱型装药结构设计，翼槽数目较多，燃烧室空腔结构非常复杂，因此需通过有限元软件进行分析。由于固体火箭发动机通过超声速喷管与外界连接，喷管喉部壅塞，喷管下游扰动不影响燃烧室内压力波的传播，因此可以将喷管喉部截面视为一个声振隔离面，这样燃烧室就变成一个封闭声腔。进行声振型分析时，可忽略喷管扩张段，仅对燃烧室空腔进行有限元声振型分析即可。

图 7-39 为发动机 $t_2$ 时刻的声压振型分布云图，发动机处于燃烧稳定与燃烧不稳定的临界位置。此时发动机翼槽基本消失，逐渐向圆柱空腔靠拢，但声压分布仍不均匀。前五阶轴向声阵型频率分别为 179 Hz、370 Hz、562 Hz、745 Hz、920 Hz，变化接近倍数关系。燃烧室头部和尾部同为声压波腹，但存在一定的差异，声压分布不是很均匀，而燃烧室中间圆柱段，声压分布比较均匀。这主要是发动机头部和尾部空腔平均半径与中间管型空腔不同引起的。

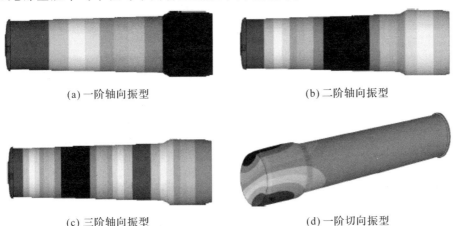

(a) 一阶轴向振型    (b) 二阶轴向振型

(c) 三阶轴向振型    (d) 一阶切向振型

图 7-39    $t_2$ 时刻声压振型分布云图

运用相同的方法，对发动机工作过程中不同时刻的声振型进行分析，得到该发动机一阶轴向声振频率随燃烧时间的变化规律，如图 7-40 所示。

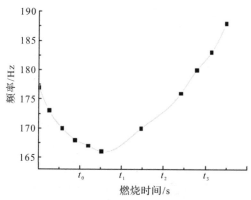

图 7-40　一阶轴向声振频率随燃烧时间的变化规律

通过实验数据与有限元分析可以得到发动机不稳燃烧的振荡频率与发动机的固有声振频率,对比发现:在出现燃烧不稳定的初始时刻 $t_2$,发动机的一阶固有声振频率为 179Hz,与该发动机实验数据分析得到的一阶振荡频率 173Hz 十分接近,且在发动机出现燃烧不稳定的 $t_2 \sim t_3$ 工作时间段内,燃烧室空腔基频变化范围为 179～188Hz,与压力振荡频率 173Hz 较为接近。因此基本上可以断定,该发动机产生的燃烧不稳定问题为轴向声燃烧不稳定。

### 7.3.3　过载触发燃烧不稳定的机理分析

#### 7.3.3.1　触发原因分析

目前引起固体火箭发动机燃烧不稳定的主要增益因素为声涡耦合现象和推进剂的燃烧响应。其中,声涡耦合是指发动机流场中的旋涡脱落频率或旋涡撞击喷管的频率与燃烧室声腔固有频率耦合,形成声反馈循环,从而产生持续的压力振荡。通过大涡模拟方法对发动机 7s 工作时刻进行非稳态数值模拟,得到旋涡脱落频率约为 100 Hz,远低于压力振荡频率 216Hz,因此可排除声涡耦合导致燃烧不稳定的产生。假定引起发动机燃烧不稳定的最主要增益因素为推进剂的燃烧响应,即压力增大导致燃速增大,从而相互耦合。根据过载对颗粒相的影响,对此提出两种触发燃烧不稳定的方式。

①凝相粒子聚集触发。过载导致凝相粒子进一步团聚,当其流过喷管喉部时,会造成瞬时排气面积减小,引起燃烧室压力扰动,即出现瞬时的高压力,从而触发压力振荡。

②粒子阻尼降低触发。在管状流情况下,粒子有效阻尼频率公式为

$$f = \frac{9\mu}{\pi\rho_p D_p^2} \tag{7-28}$$

式中，$\mu$ 为动力黏度，$\rho_p$ 为粒子浓度，$D_p$ 为粒子粒径。

在过载条件下，凝相粒子向流场一侧偏聚，粒子浓度分布不均匀，同时过载作用方向的凝相粒子碰撞概率大大增加，受黏性作用，会产生碰撞聚合过程，造成粒子粒径增加，导致粒子阻尼有效频率发生改变、粒子阻尼降低，从而改变发动机固有的稳定工作模式，诱发燃烧不稳定现象。

#### 7.3.3.2　脉冲激励试验

为验证凝相粒子聚集触发燃烧不稳定的可能性，张翔宇等[24]设计了发动机地面二次点火脉冲激励试验。他们对发动机点火器进行改进，增加二次点火药并通过单向装置进行密封，发动机在正常点火 7s 后进行二次点火，形成高温高压燃气源，模拟凝相粒子聚集导致瞬时排气面积减小的现象，试验结果如图 7-41 所示。燃烧室内瞬时激励压力约为 0.5MPa，压力峰后没有出现跃迁式的压力振荡，这表明单纯的高压激励源不能引起本发动机的燃烧不稳定现象，凝相粒子聚集触发模式引起该发动机燃烧不稳定的作用可以忽略。

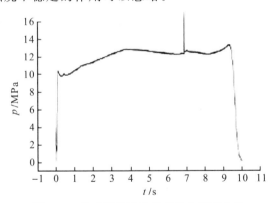

图 7-41　脉冲激励试验发动机内弹道曲线

#### 7.3.3.3　燃烧稳定性线性理论与计算

发动机燃烧不稳定线性理论仅针对纯一元问题进行分析，根据燃烧稳定性线性理论的分析，可以认为发动机的线性稳定性取决于各项增益与阻尼之和，线性稳定性判据为

$$\alpha = \sum \alpha_i \tag{7-29}$$

当 $\alpha < 0$ 时，发动机是线性稳定的；当 $\alpha > 0$ 时，则是不稳定的。

为了不使问题过分复杂,只考虑燃面响应、喷管阻尼、颗粒阻尼和气流转弯损失。于是线性稳定性判据可以写成

$$\alpha = \alpha_b + \alpha_n + \alpha_P + \alpha_{FT} \tag{7-30}$$

燃面放大系数为

$$\alpha_b = \frac{1}{2}\bar{\gamma}\bar{u}_b\left(\frac{S_b}{V}\right)R_b^{(r)} \tag{7-31}$$

式中,$\bar{u}_b$ 为燃面燃气平均速度,$\bar{\gamma}$ 为平均比热比,$S_b$ 为燃面面积,$V$ 为内腔体积,$R_b^{(r)}$ 为响应函数。

喷管阻尼系数为

$$\alpha_n = -\bar{a}\left(\frac{J}{L}\right)\left(\frac{2}{\gamma+1}\right)^{(3-\bar{\gamma})/2(\bar{\gamma}-1)} \tag{7-32}$$

式中,$\bar{a}$ 为平均音速,$J$ 为喉通比,$L$ 为燃烧室长度。

颗粒阻尼系数为

$$\alpha_P = \frac{-C_m}{2(1+C_m)}\left[\frac{\omega^2\tau_v}{1+\omega^2\tau_v^2} + (\bar{\gamma}-1)\frac{C_s}{C_p}\frac{\omega^2\tau_t}{(1+\omega^2\tau_t^2)}\right] \tag{7-33}$$

式中,$\tau_v$ 为颗粒动力松弛时间,$\tau_t$ 为热松弛时间,$C_m$ 为颗粒质量分数,$\omega$ 为声振角频率,$C_s$ 为颗粒的比热容,$C_p$ 为燃气的比热容。

气流转弯损失系数为

$$\alpha_{FT} = -\frac{1}{2}\bar{u}_b\left(\frac{S_b}{V}\right) \tag{7-34}$$

檀叶等[25]选择了一款 Φ315 发动机,用其推进剂的参数进行了计算。其理论一阶轴向声振频率为 856Hz,该发动机在无过载和过载条件下各增益阻尼系数随时间的变化关系如图 7-42 与图 7-43 所示。

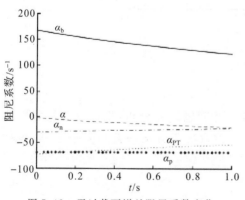

图 7-42  无过载下增益阻尼系数变化

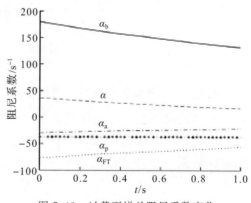

图 7-43  过载下增益阻尼系数变化

对比发现,无过载条件下,总增长系数 $\alpha$ 为负;过载条件下,总增长系数 $\alpha$ 为正,预测会出现一阶轴向燃烧不稳定。无过载条件下,颗粒阻尼系数 $\alpha_P = -67.6$;过载条件下,取过载影响区域计算,得 $\alpha_P = -37.2$,即过载导致粒子阻尼显著降低,从而诱发了燃烧不稳定现象。

#### 7.3.3.4　地面过载试验

为验证上述计算的正确性,檀叶等[25]对上述试验中的 Φ315 发动机进行地面旋转过载试验,通过改变转速实现与数值模拟中相近的工况,试验结果如图 7-44 所示。

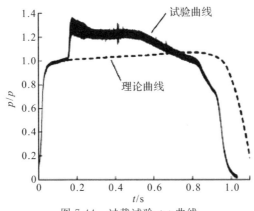

图 7-44　过载试验 $p$-$t$ 曲线

从试验结果可以发现,发动机在试验过程中出现了燃烧不稳定现象,造成平均压力大幅度上升,产生了严重的压力振荡。对压力振荡数据进行 FFT 分析后发现,其主频为 $850\,\mathrm{Hz}$,与理论一阶轴向声振频率($856\,\mathrm{Hz}$)接近,说明过载试验中该发动机出现了轴向燃烧不稳定现象,这与线性理论评估结果一致。

## 参考文献

[1] Crowe C T,Willoughby P. Effect of Spin on the Internal Ballistics of a Solid Propellant Motor [C]// Aerospace Sciences Meeting,1966.

[2] Glick R L. An Analytical Study of the Effects of Radial Acceleration Upon the Combustion Mechanism of Solid Propellant Final Report,19 Aug. 1965-18 Aug. 1966[J]. NASA(non Center Specific),1966:1-115.

[3] Baker K L,Crowe C T,Willoughby P G. A Photographic and Analytic Study of Composite Propellant Combustionin An Acceleration Field[J]. Journal of Spacecraft and Rockets,1971,8(4): 310-317.

[4] Northam G B. Effects of Steady-State Acceleration on Combustion Characteristics of an Aluminized Composite Solid Propellant[J]. NASA(Langley Research Center),1968:1-4.

［5］Lucy M H，Jones I W，Stephens M V. Acceleration Effects on the Performance of Solid-Propellant Rocket Motors[J]. 1976:76-84.

［6］Reichenbach R E，Sturm E J. An Investigation of the Acceleration Induced Burning Rate Increase of Nonmetallized Composite Propellants[J]. AIAA Journal，1970,8(6):1062-1067.

［7］Niioka T，Mitani T. Independent Region of Acceleration in Solid Propellant Combustion[J]. AIAA Journal，1974,12(12):1759-1761.

［8］张如洲,李葆江,郑晓平,等.含铝复合推进剂在加速度场中燃烧的试验研究[J].推进技术,1989(4):46-49.

［9］Crowe C T. A Unified Model for the Acceleration-Produced Burning Rate Augmentation of Metalized Solid Propellants[J]. Combustion Science and Technology,1972,5(1):55-60.

［10］Greatrix D R，Gottlieb J. Model for Prediction of Normal-Acceleration Augmentation of Composite-Propellant Combustion[J]. Mental Retardation,1987,7(2):3-6.

［11］Greatrix D R. Acceleration-Based Combustion Augmentation Modelling for Noncylindrical Grain Solid Rocket Motors[C]// Joint Propulsion Conference and Exhibit,1995.

［12］Greatrix D R. Powered Flight：The Engineering of Aerospace Propulsion[J]. 2012.

［13］Fuchs M D，Peretz A，Timnat Y M. Parametric Study of Acceleration Effects on Burning Rates of Metallized Solid Propellants[J]. Journal of Spacecraft and Rockets，1982,19(6):539-544.

［14］郭彤,侯晓.加速度对丁羟推进剂燃速影响的研究[J].火炸药学报,2001(1):30-32.

［15］杨佩娟,赵挨柱,程玉升.横向高过载条件下固体推进剂药柱燃烧的实验研究[C]//中国宇航学会固体火箭推进专业委员会年会,2004.

［16］Bulman M J，Netzer D W. Burning Rate Acceleration Sensitivity of Double-Base Propellant [J]. AIAA Journal，1970,8(6):1155-1156.

［17］Ishii S，Niioka T，Mitani T. An Analytical and Experimental Study for Solid Propellant Combustion in an Acceleration Field[J]. Combustion Science and Technology，1973,8(4):177-184.

［18］万东,何国强,王占利,等. 低燃速 HTPB 复合推进剂过载情况下燃烧性能试验研究[J]. 固体火箭技术,2010,33(6):656-659.

［19］霹雳15导弹有顶尖的"不可逃逸区",射程末端还有格斗能力[OL].(2019-01-23)[2020-10-04]. https://www.sohu.com/a/290961622_100298393.

［20］包轶颖,赵瑜,丁逸夫,等.横向加速度下固体火箭燃面推移规律[J]. 固体火箭技术,2016,39(1):23-27.

［21］唐金兰,刘佩进.固体火箭发动机原理[M]. 北京:国防工业出版社,2013.

［22］Greatrix D R. Powered Flight：The Engineering of Aerospace Propulsion[M]. London：Springer-Verlag,2012.

［23］李桢.横向过载下固体火箭发动机工作过程研究[D].长沙:国防科学技术大学,2005.

［24］张翔宇,高波,甘晓松,等.飞行过载对固体火箭发动机燃烧不稳定的影响[J].宇航学报,2019,40(8):972-976.

［25］檀叶,何景轩,孙展鹏.过载条件下固体火箭发动机燃烧稳定性分析[J].弹箭与制导学报,2015,35(3):113-116.

# 第8章 典型固体火箭发动机
## 燃烧不稳定案例研究

航天推进、火箭导弹技术的发展对固体火箭发动机提出了高装填系数、大推力比、初始大推力、低特征信号等要求,这对抑制燃烧不稳定提出了新的课题。国内在研的一些大长径比、高装填系数、翼柱型装药、采用高能复合推进剂的固体火箭发动机在飞行试验过程中屡屡出现了比较严重的压力振荡现象,尤其是在工作末期,出现了不同程度的燃烧不稳定现象。工程人员采取了多种抑振措施来解决该问题,然而抑振效果收效甚微。本章将针对大长径比固体火箭发动机压力振荡问题进行研究,通过改变头部装药结构,揭示某大长径比战术发动机内出现压力振荡的原因;同时针对发动机工作末期的燃烧不稳定现象进行相关案例研究,揭示典型固体火箭发动机燃烧不稳定机理,提供相应的抑振方法,为工程设计提供理论指导。

## 8.1 大长径比固体火箭发动机燃烧不稳定研究

国外大型运载火箭的助推器已开始相继使用大型分段式固体火箭发动机,这些发动机的共同特点是轴向长度长且长径比大(长径比≥10)。由于声振频率很小,根据经典微粒阻尼理论,微粒抑制剂粒径须达到几百微米,这是不易实现的。其次,大长径比发动机最显著的特点是极易在内流场中产生旋涡脱落,涡声耦合、涡喷管耦合、分布燃烧等诸多增益因素在此工况下作用显著。此流场条件下,加入微粒有时甚至会使得压力振幅加强,因此传统的微粒抑振理论无法对工程起到充分的指导作用。

Prévost 等[1]在对大型固体火箭助推器 P230 的大量点火试验中发现,改变装药结构对改善大长径比发动机中的压力振荡效果显著。Blomshield[2]建议,设计人员最好不要将燃烧室尾端作为主燃面区域,尾端的复杂燃面容易引发强烈的压力振荡。近几年,我国在研的一些固体火箭发动机在发现燃烧不稳定后,有的虽然通过将翼柱结构首尾对换,解决了压力振荡问题,但仍缺乏足够的理论支持。由此可见,通过改变药型来改善压力振荡是目前国内外共同关心的课题。国外的相关研究大多数集中在尾部空腔,头部装药结构变化对压力振荡的影响规律极少公开报道。

本节以此为出发点,首先对大长径比 Traineau 冷流试验器的不稳定流场进行计算,验证了二维大涡模拟在捕获表面旋涡脱落特性上的可靠性;之后在 VKI 试验发动机的基础上结合瑞利准则开展了系统的数值研究,证实了头部空腔对压力振荡抑制作用的可行性,并总结了头部装药结构的抑振规律;最后通过对某大长径比战术发动机进行实例分析,表明抑制方法具有工程实用价值。

### 8.1.1 大长径比冷流试验器数值模拟

大长径比发动机头部的层流流动会逐渐过渡到中尾部的湍流流动。即使没有突变截面装药以及隔板,垂直进入主流的燃气在无滑移壁面及表面黏性应力的共同作用下依然会形成脱落的旋涡,这种现象称为表面旋涡脱落或者流体力学不稳定性。表面旋涡脱落具有本征频率,与声振频率关系不大。本节对 Traineau 冷流试验器进行数值模拟,了解大长径比发动机内流场结构,验证二维大涡模拟方法在计算表面旋涡脱落方面的准确性。

#### 8.1.1.1 计算区域与计算模型

Traineau 冷流试验器[3]结构如图 8-1 所示。截面为二维矩形结构,喷管无收缩段,周向宽度为 $0.02m$,长径比为 24。试验器前 $0.48m$ 为多孔壁面,用于径向注入气流。

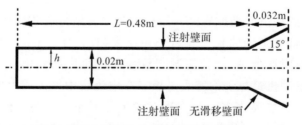

图 8-1　Traineau 冷流试验器结构

由于结构具有对称性,故采用结构化网格对图 8-1 所示的上半部分进行离散,建立二维计算区域,高度 $h=0.01m$,网格数量为 $640\times100$。为了更好地识别边界层区域,网格需沿径向加密,以保证 $y^+ \leqslant 2$。为了对比二维大涡模拟的准确性,本节同时建立了三维计算模型,如图 8-2 所示。为了节约计算成本,周向宽度仅取 $x=0.8h$,在两侧设置周期边界。采用六面体结构化网格对计算区域进行离散,网格数量为 $640 \times 100 \times 14$。将气体工质作为理想气体处理,Traineau 冷流工况计算所用物性参数如表 8-1 所示,为简化计算,假设物性参数为常数。依照 Traineau 试验工况设定边界条件,入口温度 $T=260\mathrm{K}$(试验中,将空气冷却至此温度),入口质量通量 $\dot{m}=13\mathrm{kg/(m^2 \cdot s)}$。由于气体在喷管内加速达到超声速,出口截面参数需外推求得。物面边界采用无滑移壁面边界条件。以入口静压 $p=0.32\mathrm{MPa}$、入口流速 $U=3\mathrm{m/s}$ 对流场进行初始化。采用物理模型与计算方法对流场进行模拟,计算步长为 $5 \times 10^{-7}\mathrm{s}$,库朗特数为 0.5。

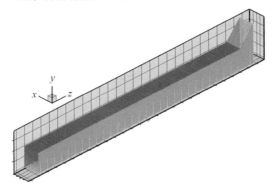

图 8-2　三维计算网格

表 8-1　Traineau 冷流工况计算所用物性参数

| 物性参数 | 数值 |
| --- | --- |
| $\mu$ | $1.66 \times 10^{-5}\mathrm{kg/(m \cdot s)}$ |
| $C_p$ | $1006.43\mathrm{J/(kg \cdot K)}$ |
| $\gamma$ | 1.4 |
| $Pr$ | 0.71 |
| $M$ | $28.966\mathrm{g/mol}$ |

#### 8.1.1.2　计算结果与分析

(1)流场特性分析

图 8-3 给出了瞬态涡量 $\Omega=35000\mathrm{s}^{-1}$ 与 $\Omega=75000\mathrm{s}^{-1}$ 的等值面,从图中可以看到流向涡与展向涡的空间分布。头部区域的涡量分布较为均匀,周向方向无旋涡拉伸现象,是典型的层流结构;从中部区域开始,表面生成的旋涡一方面向下游脱

落、反转配对,另一方面向周向拉伸,此时流场从层流区逐渐向湍流区转捩;靠近喷管的尾部是湍流区域,大尺度旋涡经由拉伸后,在周向方向充分发展,之后破碎为不规则的小尺度旋涡。这说明流场能量的输运载体是旋涡结构,通过旋涡拉伸,大尺度旋涡携带的能量被小尺度旋涡耗散,整个流场完成了从层流向湍流的转变。

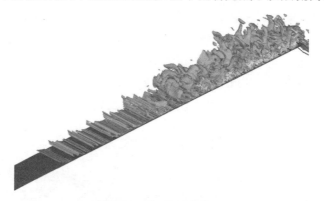

图 8-3　表面旋涡等值面

表面旋涡脱落随时间的变化规律可由 $x=0.4h$ 截面的涡量云图表征,如图 8-4所示,每幅子图之间相隔 0.4ms。可根据旋涡结构,将整个流场划分为层流、过渡段与湍流区域。壁面附近的不稳定剪切层向后拉伸、脱落,并向下游发展为大型涡团,涡团在湍流区域内被耗散为极不规则的小尺度旋涡。

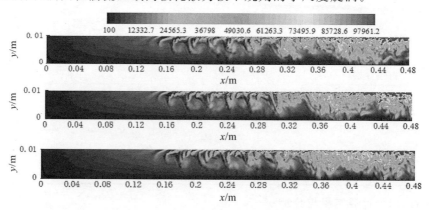

图 8-4　三维大涡模拟 $x=0.4h$ 截面涡量

在同一时间区间内,二维大涡模拟计算得出的涡量云图如图 8-5 所示。同样地,从图中也可以看到表面旋涡脱落以及层流、过渡段及湍流的分界,但是与三维结果相比,三区的空间分布有一定的差异。三维结果表明,当 $z/h=16$ 时,层流区就已经开始向湍流区过渡,而此现象在二维结果中出现在 $z/h = 20$ 的截面上。三维计算结果中,过渡区内仍以大尺度旋涡为主,湍流区内充满了破碎的小尺度旋涡;然而二维计算结果中,过渡段与湍流区的分界不明显。这意味着,由于缺乏对展向涡拉伸现象的模拟,二维大涡模拟对湍流耗散的预估不足,可能会过高预报流场内的湍流强度。

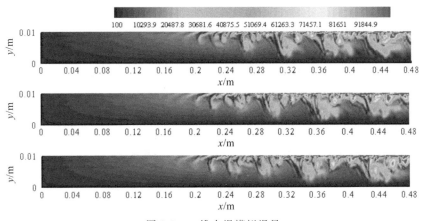

图 8-5　二维大涡模拟涡量

对振荡流场进行统计平均,得到时均流场,图 8-6 与图 8-7 分别给出了沿轴向方向的时均压力分布以及速度分布。图 8-7 中,$y$ 是计算单元与壁面的距离,因此 $y/h = 1$ 即是对称轴线。与试验数据[3]对比可知,二维与三维大涡模拟结果均能很好地反映出流场的总体趋势。

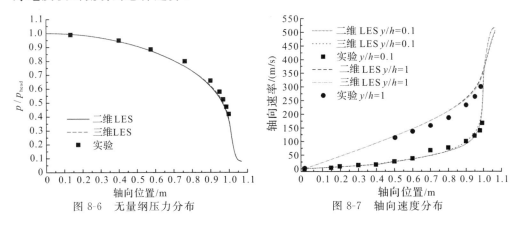

图 8-6　无量纲压力分布　　　　　图 8-7　轴向速度分布

图 8-8 与图 8-9 给出了不同轴向位置湍流强度及雷诺应力与试验数据的对比。总体而言,数值计算结果对流场转捩特性的预报是合理的。随着轴向位置增大,湍流强度迅速增大,峰值贴近加质壁面,这表明壁面附近的速度梯度很大,层流边界层转化为湍流边界层。三维大涡模拟结果更靠近试验数据,尤其是在湍流充分发展区域。二维大涡模拟在湍流充分发展区域过高地预报了湍流强度及雷诺应力,这是由于没有对展向涡进行模拟,无法考虑湍流区域内旋涡拉伸的耗散作用。还可以看出,数值计算结果对过渡段的预报不太理想,一方面是由于三维计算区域中周向方向尺寸太小,缺乏对流场三维特性的进一步捕捉能力;另一方面可能是 WALE 亚格子模型没有经过动态二次滤波,导致对展向涡的模拟有所不足。

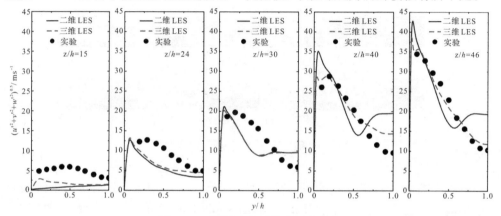

图 8-8　不同轴向位置湍流强度分布

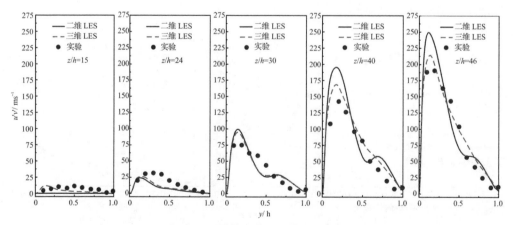

图 8-9　不同轴向位置雷诺应力分布

（2）振荡特性分析

对 $z/h=30$ 壁面附近 $y/h=0.1$ 处的振荡特性进行分析，三维计算中，周向位置 $x/h=0.4$。二维大涡模拟计算所得的无量纲压力振荡与速度振荡曲线如图 8-10 所示，三维大涡模拟计算所得的无量纲压力振荡与速度幅值振荡曲线如图 8-11 所示，分别对四幅子图进行 FFT 滤波，频谱如图 8-12 与图 8-13 所示。

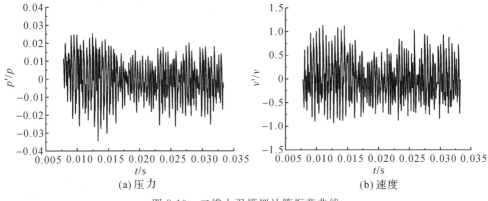

(a) 压力　　　　　　　　　　　　　(b) 速度

图 8-10　二维大涡模拟计算振荡曲线

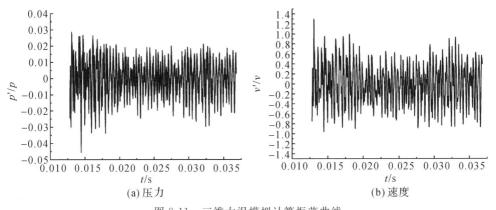

(a) 压力　　　　　　　　　　　　　(b) 速度

图 8-11　三维大涡模拟计算振荡曲线

因为该冷流试验器的喷管没有收敛段，声波无法在燃烧室中形成自激振荡，所以从频谱可以看出，两种大涡模拟得出的最敏感峰值分别为 2039Hz 与 2195Hz。这是表面旋涡脱落的某一阶本征频率，与声振型没有任何关系，仅仅是流场结构的特征参数。因此，当发动机内部无法直接或间接建立声振型时，表面旋涡脱落诱发的不稳定流场往往是激发燃烧不稳定的直接因素。两种计算方法得到的无量纲压力振幅相差 2%，说明二维大涡模拟抓住了表面旋涡脱落的主要特性;速度振幅相差 12%,这归结于二维大涡模拟缺乏对周向速度振荡的计算能力。由于固体火箭发动机中压力振幅更为重要,因此总的来说,采用二维大涡模拟研究大长径比固体火箭发动机的振荡特性是可靠的。

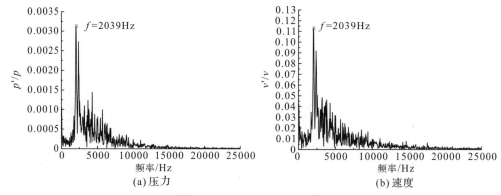

图 8-12　二维大涡模拟频谱

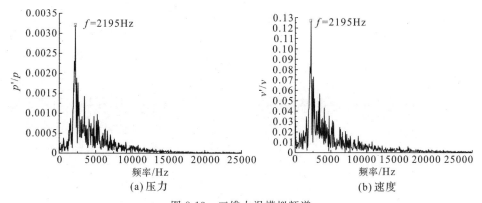

图 8-13　三维大涡模拟频谱

### 8.1.2　头部空腔对固体火箭发动机压力振荡抑制作用的数值研究

研究装药结构对压力振荡的抑制作用必须依托一个肯定会发生压力振荡的发动机作为载体。实际的固体火箭发动机多采用侧燃装药,尤其是对于大长径比发动机,若继续对 VKI 轴向进气冷流发动机进行研究,是不合理的。VKI 径向加质试验发动机满足上述要求,故本节在其基础上开展数值研究,分析头部空腔对发动机压力振荡的抑制作用。

### 8.1.2.1　计算区域与计算模型

VKI 径向加质发动机结构[4]如图 8-14 所示,长径比约为 10。为了确保产生大幅度稳定的压力振荡,在距头部 0.5m 处安装隔板用以诱发障碍物旋涡脱落。本节直接采用二维轴对称大涡模拟进行计算。为了更好地识别边界层区域,网格沿径向加密,保证 $y^+ \leqslant 2$。对于各种工况,计算网格数量约为 12 万。

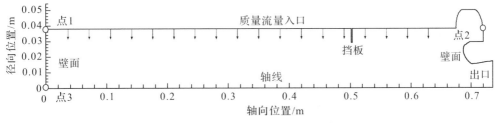

图 8-14　VKI 径向加质发动机结构

将气体工质作为理想气体处理,物性参数如表 6-2 所示,为简化计算,假设物性参数为常数。依照试验条件设定基本工况,入口温度 $T=285K$,入口质量通量 $\dot{m}=2\text{kg}/(\text{m}^2 \cdot \text{s})$,喷喉半径 $r=0.015\text{m}$。由于气体在喷管内加速会达到超声速,故出口截面参数可外推求得。物面边界采用无滑移壁面边界条件。以入口静压 $p=0.18\text{MPa}$、入口流速 $U=1\text{m/s}$ 对流场进行初始化。随后对流场进行模拟,计算步长 $1\times10^{-6}\text{s}$,库朗特数为 0.5。

表 8-2　VKI 径向加质发动机计算所用物性参数

| 物性参数 | 数值 |
| --- | --- |
| $\mu$ | $1.7894\times10^{-5}\,\text{kg}/(\text{m} \cdot \text{s})$ |
| $C_\text{p}$ | $1006.43\text{J}/(\text{kg} \cdot \text{K})$ |
| $\gamma$ | 1.4 |
| $Pr$ | 0.71 |
| $M$ | 28.966g/mol |

### 8.1.2.2　试验对比

(1)流场特性

对基本工况进行计算,瞬态涡量云图如图 8-15 所示。由于发动机长径比不够大,因此在挡板之前没有发生表面旋涡脱落,所有的旋涡均在挡板之后生成。挡板后侧典型的涡量等值线如图 8-16 所示,每幅子图之间间隔 2ms。挡板后侧是湍流充分发展区域,表面旋涡脱落(PVS)在此区域与障碍物旋涡脱落(OVS)耦合。

总体而言,随主流向下游发展的涡团一部分直接随主流进入喷管被耗散,另一部分撞击喷管头部后进入潜入式喷管空腔内。虽然流场中的旋涡是两种脱落方式的耦合形式,但 PVS 的旋涡尺度远小于 OVS,这些不规则的小尺度旋涡相互配对融合,之后被上游脱落的大尺度旋涡吞噬。Anthoine[4] 在相应的试验中亦得出结论:对于燃烧室内马赫数较高(大于 0.1)的工况,OVS 比 PVS 更能主宰流场的振荡特性。因此若不考虑 PVS 产生的小尺度旋涡,可认为挡板与潜入式喷管头部之间始终存在三个大型涡团,故流场具有稳定的周期特性。

图 8-15　VKI 径向加质发动机瞬态涡量

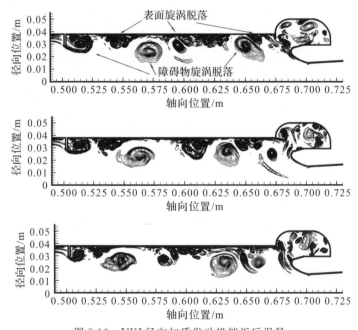

图 8-16　VKI 径向加质发动机挡板后涡量

（2）振荡特性

对于径向加质的发动机,壁面附近的振荡压力与振荡速度的相位关系十分重要。将图 8-14 所示的点 1 计算所得的无量纲压力、径向速度振荡曲线进行对比,如图 8-17 所示,两者的相位几乎完全一致。然而对于冷气试验发动机,侧壁加质壁面是多孔结构,不易安装传感器,因此 VKI 试验仅测量了发动机头部轴线点的振荡压力,即图 8-14 所示的点 3 处。

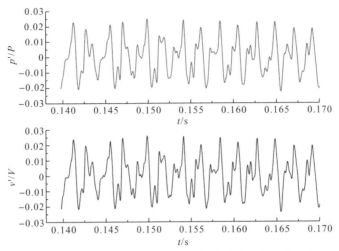

图 8-17　VKI 径向加质发动机点 1 无量纲压力、径向速度振荡数值模拟曲线

　　点 3 计算所得的无量纲压力振荡曲线如图 8-18 所示,对振荡数据进行开窗 FFT 滤波,无量纲压力计算频谱如图 8-19(a)所示,试验频谱如图 8-19(b)所示。通过将 FFT 与有限元声振型计算结果进行对比,从 VKI 径向加质发动机振荡频率(表 8-3)可以看出,这四阶峰值正好对应了燃烧室声腔的前四阶纵向声振频率。计算与试验数据均反映出声振二阶振幅最大,可以判断此工况下旋涡脱落频率与声振二阶频率几乎相等,引发了二阶振频为主的强涡声耦合现象。还可以看出,二维大涡模拟计算结果与试验吻合得较好,可继续采用该方法对振荡特性进行研究。

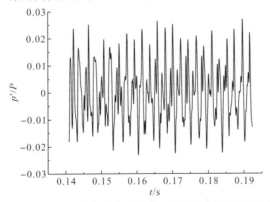

图 8-18　VKI 径向加质发动机点 3 无量纲压力振荡曲线

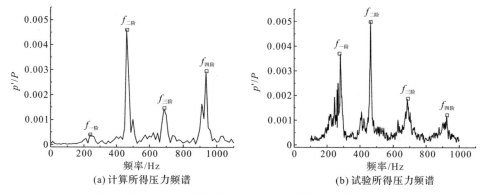

(a) 计算所得压力频谱　　　　　　　(b) 试验所得压力频谱

图 8-19　VKI 径向加质发动机点 3 计算与试验所得无量纲压力频谱

**表 8-3　VKI 径向加质发动机振荡频率**

| 模态 | 数值计算/Hz | 试验/Hz | 有限元法/Hz |
|------|------------|---------|------------|
| 一阶 | 237 | 280 | 230 |
| 二阶 | 462 | 464 | 459 |
| 三阶 | 686 | 685 | 696 |
| 四阶 | 936 | 925 | 926 |

### 8.1.2.3　抑振方法

工程经验表明,将头部装药改成复杂结构有益于抑制压力振荡。将图 8-14 所示结构在头部增加一个类翼槽的容腔,如图 8-20 所示。其中 BCDE 段设为新增质量入口,质量通量与 VKI 试验发动机相同。BE 连线跨度 0.1m,F 点是 BE 连线中一点,BF 跨度为 0.03m,CD 段半径 $R$ 为 0.065m,该工况为工况 1。

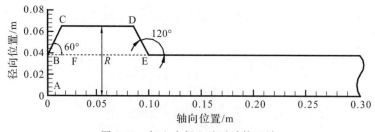

图 8-20　加入头部空腔后计算区域

对该结构下点 1(与图 8-14 相同的头端壁面点)计算压力、径向速度,结果如图 8-21 所示,压力与径向速度变化趋势不同,相位相差很大。对壁面附近的振荡压力进行 FFT,并与基本工况进行对比。二阶压力振幅沿轴向的变化规律如图 8-22 所示。两种工况下,二阶振型均存在三个声压波腹。当不存在头部空腔时,头部与中部声压波腹的振幅基本相等;加入空腔后,头部波腹振幅降为中部振幅的一半。由于尾部在潜入式喷管空腔内,是涡声耦合的敏感区域,因此在两种工况下,其振幅均大于其余两处波腹。显然,加入空腔后的抑振效果是可观的,三处波腹的无量纲振幅分别下降了 67%、38% 与 41%。

Hu 等[5]认为这种改变药型的抑振方法是由于增加了装药头部燃面,局部质量流率增大所致。我们认为,必须从改变头部药型带来两个主要变化(增加当地质量流率与增大空腔容积)入手来分析抑振效果。为了探讨这两个因素对抑振的贡献,必须解耦分析。相对于中部波腹,首尾两处波腹更为重要[6],此后的研究重点可关注图 8-14 中点 1 与点 2 处的振幅规律。

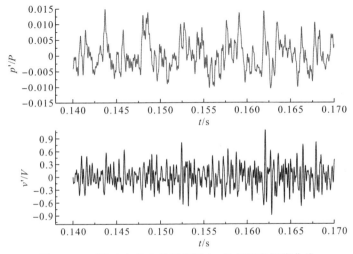

图 8-21　工况 1 中点 1 无量纲压力、径向速度振荡曲线

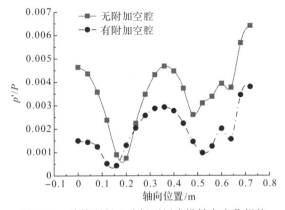

图 8-22　计算所得二阶振型压力沿轴向变化规律

（1）质量流率的影响

为了研究质量流率的增加对压力振幅的影响规律，需对图 8-20 所示结构进行研究，并与图 8-14 所示原发动机结构的结果进行比较。图 8-20 的三种计算变化工况如下。工况 2：增大 BE 段的质量通量；工况 3：重点增大 BF 段的质量通量，保持 FE 段的质量通量与原发动机一致；工况 4：保持 BE 段的质量通量与原发动机一致，将 AB 段设为新增质量入口（表 8-4）。三种工况中，加质段的总质量流率均与工况 1 所示 BCDE 段总质量流率相等。

表 8-4  工况 2、3、4 质量通量

| 工况 | 质量通量 |
|------|----------|
| 工况 2 | $\dot{m}_{BE}=4\text{kg}/(\text{m}^2\cdot\text{s})$ |
| 工况 3 | $\dot{m}_{BF}=8.8\text{kg}/(\text{m}^2\cdot\text{s})$，$\dot{m}_{FE}=2\text{kg}/(\text{m}^2\cdot\text{s})$ |
| 工况 4 | $\dot{m}_{AB}=10.8\text{kg}/(\text{m}^2\cdot\text{s})$，$\dot{m}_{BE}=2\text{kg}/(\text{m}^2\cdot\text{s})$ |

图 8-23 展示了工况 2 中点 1 计算所得的压力、径向速度振荡曲线。与基本工况相同，压力与径向速度相位基本一致。将工况 1～4 与原发动机振幅进行比较，不同质量流率工况下无量纲压力振幅对比如表 8-5 所示。显然，以上三种方式对压力振荡没有衰减作用，反而会增强其趋势，工况 4 中的点 1 振幅变化量高达 30%。这说明在药型结构不变的前提下，仅通过改变局部流场结构无法对压力振荡进行抑制。对比工况 2～4 还可以看出，在越靠近声压波腹的区域加入的质量通量越大，压力振幅增加得越显著。

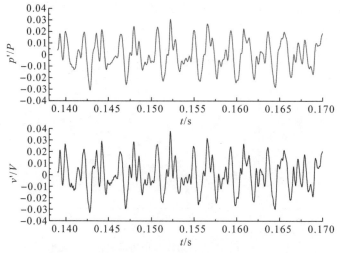

图 8-23  工况 2 中点 1 无量纲压力、径向速度振荡曲线

表 8-5　不同质量流率工况下无量纲压力振幅对比

| 点位 | 原发动机 | 工况 1 | 工况 2 | 工况 3 | 工况 4 |
|------|----------|--------|--------|--------|--------|
| 点 1 | 0.0046 | 0.0015 | 0.0051 | 0.0058 | 0.0060 |
| 点 2 | 0.0064 | 0.0038 | 0.0068 | 0.0071 | 0.0079 |

（2）空腔容积的影响

为了研究头部空腔容积对压力振幅的影响规律，以图 8-20 所示结构的发动机为基础进行计算，并做以下三项对比。工况 5：将 BCDE 段全部设置为壁面，该工况下增加的容积比例 $\dfrac{V_{increase}}{V_{VKI}} = 21.87\%$；工况 6：BE 段跨度不变，减小 CD 段半径，使得 $\dfrac{V_{increase}}{V_{VKI}} = 10.94\%$；工况 7：保持图 8-14 所示原发动机结构不变，将 BE 段设置为壁面，此时 $\dfrac{V_{increase}}{V_{VKI}} = 0$。

经计算，将工况 5～7 与原发动机振幅进行比较，不同空腔容积工况下压力振幅对比如表 8-6 所示。可以看出，与原 VKI 发动机相比，工况 5、6 的压力振幅有所下降，尤其是工况 5，振幅较工况 1 还小。这三种工况下，由于发动机头部的空腔没有径向加质，因此在空腔中容易形成回流区，图 8-24 所示即为工况 7 发动机的头部流场。对比该工况与原发动机振幅可知，虽然头部流场结构趋于复杂，振幅却与原发动机完全一致，并未得到衰减，故压力振幅的衰减并非由头部紊乱的流场破坏发动机声振型所致。同时，可以预测出头部空腔容积对抑振的贡献很大，压力振幅随着其增大而减小。

表 8-6　不同空腔容积工况下压力振幅对比

| 点位 | 原发动机 | 工况 1 | 工况 5 | 工况 6 | 工况 7 |
|------|----------|--------|--------|--------|--------|
| 点 1 | 0.0046 | 0.0015 | 0.0009 | 0.0032 | 0.0046 |
| 点 2 | 0.0064 | 0.0038 | 0.0026 | 0.0054 | 0.0064 |

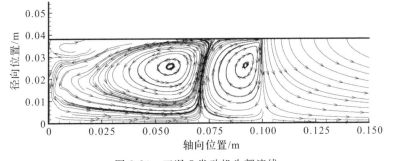

图 8-24　工况 7 发动机头部流线

(3)抑振原理

上述初步分析表明,头部的空腔与质量的加入是控制振幅变化的两个相反因素。实际上,这正是著名的瑞利准则[7]的一种表达形式。由于这里不考虑燃烧放热,仅考虑质量注入,因此在头部引入空腔及加入燃面,本质上就是在声压波腹处抽取质量与注入质量的综合过程。

考虑到声压波腹在不同时刻可能是波峰也可能是波谷,因此还必须考察相位问题。在装药头部波腹边界上,一个振荡周期 $T$ 内,压力和速度振荡对系统做的功 $W = \int_0^T p'v'\mathrm{d}t$。其中,$p' = p_0\cos(\omega t + \varphi_p)$,$v' = v_0\cos(\omega t + \varphi_v)$,$p_0$ 与 $v_0$ 分别为压力和加质速度的零峰幅值,$\varphi_p$ 与 $\varphi_v$ 分别为压力和速度的相位。经计算,单位时间内,单位声腔边界面积上,振荡对声腔系统做的功为 $\dot{W} = 0.5 p_0 v_0\cos(\varphi_v - \varphi_p)$。因此,当 $|\varphi_v - \varphi_p| < \dfrac{\pi}{2}$ 时,振荡有被放大的趋势;当 $|\varphi_v - \varphi_p| > \dfrac{\pi}{2}$ 时,振荡有被阻尼的趋势。为了简化处理,将点 1 的振荡数据代入声压波腹处单位面积上的 $\dot{W}$ 中,并对图 8-17、图 8-21、图 8-23 中各条振荡曲线进行 FFT 相位提取。计算结果表明,在基本工况与工况 2 中,振荡速度与压力的相位差仅为 6°,$\dot{W} \to |0.5 p_0 v_0|$;而在工况 1 中,相位差高达 84°,$\dot{W} \to 0$。虽然相位差都在 $|\varphi_v - \varphi_p| < \pi/2$ 的范围之内,但是在此发动机结构下,当装药头部存在空腔时,振荡对声腔系统贡献很小,这正好与工况 1 中压力振幅减弱吻合。

从图 8-22 可知,距发动机头部 0.185m 附近是一声压波节。为了进一步分析质量加入及抽取的位置对振幅的影响,以图 8-20 所示结构为基础,对在声压波节处加入与抽取质量两种工况进行计算。工况 8:在声压力波节处设置一跨度为 0.03m 的重点加质区域,$\dot{m} = 8.8\,\mathrm{kg}/(\mathrm{m}^2 \cdot \mathrm{s})$;工况 9:将工况 5 的 BCDE 段空腔按其中心位置沿轴向移动到声压波节处。

对工况 8、9 与原发动机振幅进行比较,得到表 8-7 的声压波腹与声压波节工况下压力振幅对比。可以看出,这两种工况下压力振幅与原 VKI 发动机几乎完全一致,振幅没有明显放大或缩小。与头部相应结构的工况 3、5 相比,压力振幅变化极小。由此我们可以推断,在声压波节处进行装药结构改变的意义不大。

表 8-7　声压波腹与声压波节工况下压力振幅对比

| 点位 | 原发动机 | 工况 3 | 工况 5 | 工况 8 | 工况 9 |
| --- | --- | --- | --- | --- | --- |
| 点 1 | 0.0046 | 0.0058 | 0.00095 | 0.0048 | 0.0046 |
| 点 2 | 0.0064 | 0.0071 | 0.0026 | 0.0065 | 0.0064 |

#### 8.1.2.4　规律分析

为了对发动机头部装药的抑振设计做进一步理论研究,在以上分析的基础上,还需要分别对空腔容积、空腔位置及空腔形状进行分析。每一组讨论都包含纯空腔及实际燃面(即空腔壁面注入质量)两种构型。

以图 8-20 所示结构空腔为基础,分析空腔容积对振幅的影响规律。容积的变化规律与前小节相同。经计算,无量纲压力振幅随空腔容积的变化规律如图 8-25(a)所示,无量纲二阶声振频率如图 8-25(b)所示(将原发动机二阶振频视为 1)。可以看出,压力振荡程度是抽出质量与加入质量两种过程耦合的共同产物。有质量注入的工况下,振幅更大。并且,随着空腔容积的增大,声振频率有所减小,当增加的空腔容积达到初始容积的 21％时,声振频率约减小 9％,这将导致二阶纵向声振频率与旋涡脱落频率之间的差异增加,涡声耦合程度降低。总体而言,压力振幅随空腔容积的增大而减小,且变化率随着空腔容积的增大而增大。这说明与质量注入相比,空腔的引入对声能的影响更大。

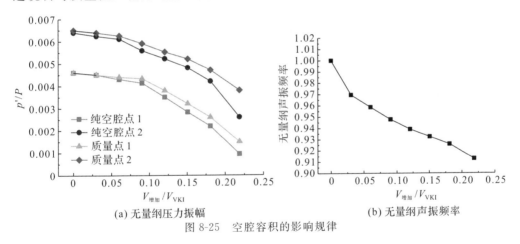

(a) 无量纲压力振幅　　　　　　(b) 无量纲声振频率

图 8-25　空腔容积的影响规律

法国科学家在 P230 试验发动机 LP9 系列的点火试验中发现,在发动机头部增加空腔,压力振幅会有增大的趋势,但并未对此做出解释。笔者分析认为:LP9 系列发动机增加的头部空腔使得发动机空腔总长度增大,且增大的空腔呈半径增大的突变截面型,故发动机声振频率理应大幅度下降[8]。然而点火试验中提取的振荡频率变化较小,与是否增加空腔关系不大。其次,LP9 系列发动机的长径比大,压力振荡是由表面旋涡脱落诱发,所以试验所测振频极有可能不是声振频率,而是表面旋涡脱落频率。表面旋涡脱落的振荡强度随发动机长径比的增大而增大,这正与 LP9 系列发动机增加空腔,导致长径比增大的趋势一致。因此,这与从声学角度出发研究头部空腔的抑振原理不尽相同。

在保持空腔容积与构型恒定的工况下,可以对空腔位置对压力振幅的影响进行研究,这对星孔、翼柱装药的开槽位置有着指导意义。由于这里只对头部附近空腔的位置进行研究,故仅将空腔按照其中心从头部平移到第一个声压波节处(距头端 0.185m)。经计算,无量纲压力振幅随空腔中心的变化规律如图 8-26(a)所示,无量纲二阶声振频率如图 8-26(b)所示。随着空腔的平移,二阶振频逐渐增大,甚至超过原发动机振频。结合上节分析可知,在波节处对药型做改动是无意义的,此处压力振幅与原 VKI 发动机一致。由图 8-20 可知,无论有无质量注入,压力振幅均随空腔的前移而下降,这进一步证明了此构型中空腔对质量的抽取作用大于新增燃面质量的加入作用,且空腔越靠近声压波腹,质量抽取效果越明显,空腔对声能的阻尼效应越强。

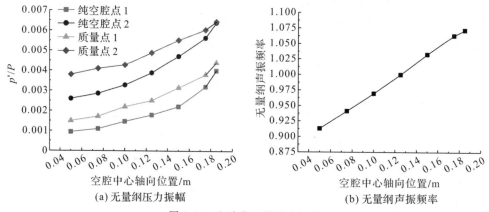

(a) 无量纲压力振幅　　　　　　(b) 无量纲声振频率

图 8-26　空腔位置的影响规律

最后,亦需要对空腔形状对振幅的影响规律进行研究,这对装药设计人员在头部药型开槽长度与深度的选择上有意义。为了简化计算,在保持图 8-20 空腔容积不变的前提下,将此后所有工况的空腔均简化为圆柱形结构(即 $\angle CBF = \angle DEF = 90°$)。经计算,无量纲压力振幅随圆柱体宽度(即图 8-20 所示 BE 段,表征装药开槽宽度)的变化规律如图 8-27(a)所示,无量纲二阶声振频率如图 8-27(b)所示。显然,有无质量加入成为变化趋势的关键点。

当空腔内不存在质量加注时,深而窄的空腔比浅而宽的空腔对压力振幅的抑制更为有效,这说明越是在靠近声压波腹处集中抽取质量,空腔的抑振效果越佳。其次,随着空腔宽度的减小,头部空腔所形成的突变截面与原装药截面相比,半径差别越大,张崤等[8]的研究结论表明,这将导致声振频率急剧下降。经图 8-27(b)佐证,当空腔宽度为 0.02m 时,声振频率约减小 14%。由于下游旋涡脱落频率仅与当地流场特性相关,故旋涡脱落频率变化不大[9]。随着声振频率的不断减小,涡声耦合程度下降,导致整个系统中的压力振幅减小,这与图 8-25 反映出的规律是一致的。

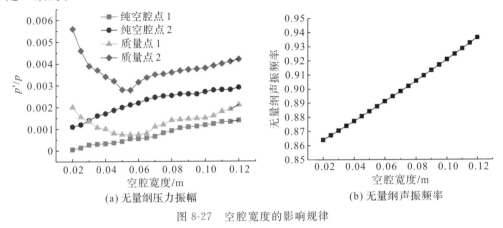

(a) 无量纲压力振幅　　　　　　　(b) 无量纲声振频率

图 8-27　空腔宽度的影响规律

当空腔内存在燃面加质时,压力振幅随空腔宽度的减小呈先减小后反弹增大的规律,这正是抽取质量与加入质量相互抗争的表现。当空腔宽度较大时,其深度较浅,对质量的集中抽取效应并不明显,因此振幅较大。随着空腔宽度缩小,空腔越靠近声压波腹,空腔的质量抽取效应越强。当宽度为 0.055m 时,点 1、点 2 处的振幅同时达到极小值。这表明在此结构中,当空腔宽度大于 0.055m 时,空腔的质量抽取效应大于燃面的质量加注效应。随着空腔宽度进一步减小,空腔深度的变化率增大。空腔内部燃面的显著增加致使极大的质量通量作用于声压波腹处,此时燃面的质量加注效应远远超过空腔的质量抽取效应,因此空腔的抑振作用大幅度减弱。此变化趋势说明,在装药设计中,并非越深的开槽对振幅的抑制作用就越好,需根据推进剂和发动机的工作特性,设计合适的深度、宽度尺寸,使得空腔对质量的抽取效应达到最佳。

### 8.1.3　工程实例

本节针对某发生燃烧不稳定的大长径比战术发动机进行分析,验证了本章提出的抑振原理的工程可行性。

#### 8.1.3.1　计算区域与计算模型

对燃面退移 1s 后的燃烧室空腔进行计算时,为了采用二维轴对称大涡模拟方法,需将星孔装药结构简化为圆柱形,截面半径按照相同横截面积的圆进行换算,计算区域如图 8-28 所示。采用结构化网格离散计算区域,网格沿径向加密,保证 $y^+ \leqslant 2$,计算网格数量约为 15 万。

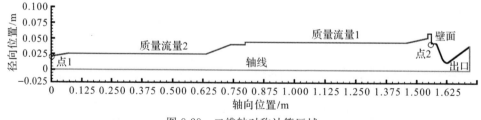

图 8-28　二维轴对称计算区域

将燃气工质作为理想气体处理,双燃速固体火箭发动机计算所用物性参数如表 8-8 所示。设定边界条件的入口温度 $T = 3500\mathrm{K}$,入口质量通量 $\dot{m}_1 = 19.25\mathrm{kg/(m^2 \cdot s)}$,$\dot{m}_2 = 13.36\mathrm{kg/(m^2 \cdot s)}$。由于气体在喷管内加速会达到超声速,故出口截面参数可由外推求得。物面边界采用无滑移壁面边界条件。以入口静压 $p = 16\mathrm{MPa}$、入口流速 $U = 2\mathrm{m/s}$ 对流场进行初始化。采用建立的物理模型与计算方法对流场进行模拟,计算步长为 $1 \times 10^{-6}\mathrm{s}$,库朗特数为 0.5。

表 8-8　双燃速固体火箭发动机计算所用物性参数

| 物性参数 | 数值 |
| --- | --- |
| $\mu$ | 萨瑟兰定律 |
| $C_p$ | 1765J/(kg · K) |
| $\gamma$ | 1.22 |
| $Pr$ | 0.75 |
| $M$ | 26g/mol |

### 8.1.3.2　流场特性

图 8-29 给出了发动机燃烧室内的涡量分布云图,从中可以清晰地观测发动机中下游的旋涡发展规律。由于发动机长径比大于 15,因此发动机表面旋涡脱落现象十分突出。距离头部 0.4m 处的流场已充分发展为湍流结构,这是由于第二级装药在距头部 0.65m 处存在变截面。虽然变截面角度小,但此处的剪切波降低了上游壁面的黏性应力,促使上游流场过早的湍流化,使得表面脱落的小尺度旋涡卷吸为大尺度涡团,形成转角旋涡脱落,顺次向下游传播。中下游流场中,转角处脱落的大尺度涡团占据主要部分,装药壁面脱落的小尺度旋涡受到抑制。在发动机尾部,上游大尺度旋涡将进入主流的表面旋涡吞噬之后撞击喷管收敛段壁面。

若不考虑壁面脱落的小尺度旋涡,装药台阶与喷管收敛段之间始终存在5~6个大型涡团,这说明流场具有稳定的周期特性,可大致估算出转角旋涡脱落频率为344~413Hz。

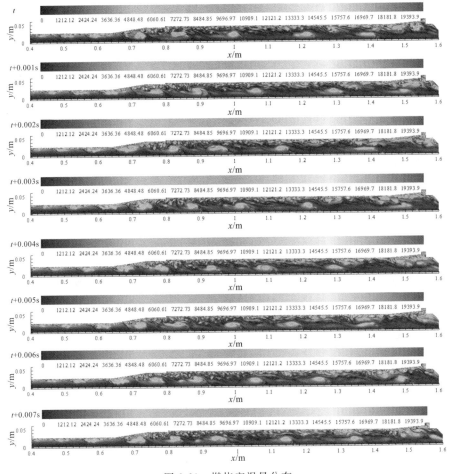

图 8-29　燃烧室涡量分布

　　图 8-29 各子图对应时刻的静压分布如图 8-30 所示,可以看出,中部的局部低压对应于图 8-29 中的涡团结构。观测 8 幅子图轴线 0.4~0.6m 区间或 1.3~1.5m区间上的压力分布,可进一步推断发动机内部存在周期振荡,振荡周期约为2ms~3ms。

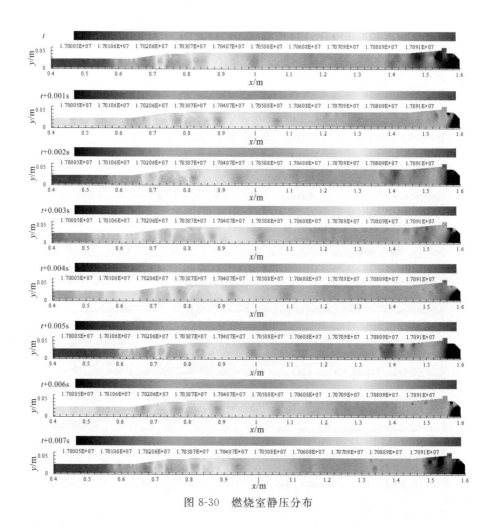

图 8-30　燃烧室静压分布

### 8.1.3.3　振荡特性及抑振分析

图 8-28 所示的点 1、点 2 处的无量纲压力振荡曲线如图 8-31 所示,对其进行 FFT 滤波,频谱如图 8-32 所示。频谱中出现的最敏感峰值为 408Hz,而已知发动机的声振纵向基频为 417Hz,因此通过大涡模拟得到的振频正是声振基频,从而证明了发动机工作过程中出现了涡声耦合现象,促使燃烧室声腔维持自激振荡。

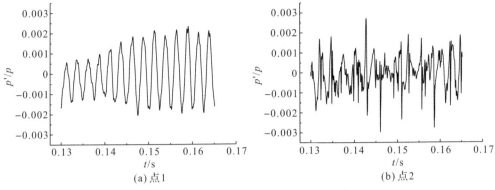

图 8-31　点 1、点 2 无量纲压力振荡曲线

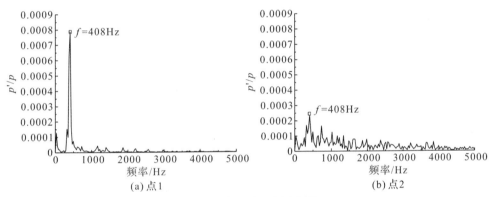

图 8-32　点 1、点 2 压力频谱

点 1 位于发动机头部波腹处，不存在表面旋涡脱落，因此图 8-31(a)所示振荡曲线比较光滑，其对应频谱中出现的其他峰值对应于高阶声振型。点 2 位于喷管附近，是表面旋涡脱落的集中区域，因此图 8-31(b)所示振荡曲线中叠加了许多高频信号，其对应频谱中除了各阶声振频率之外，还有高频段的其他峰值对应于表面旋涡脱落的本征频率。因此，虽然 1、2 两点振荡曲线的总振幅差别不大，但是尾部压力振幅的声分量比头部小很多。

为了抑制发动机内的压力振荡，这里仿造图 8-20 并在其发动机头部增加了类翼结构，如图 8-33 所示。其中，BCDE 段为第二级装药的新增燃面，BE 连线跨度 0.12m，CD 段半径 $R$ 为 0.055m，将此空腔标记为 Ⅰ 号，对应工况 1。为了证明空腔容积的抑振作用，在 Ⅰ 号空腔的基础上加入如图所示的 Ⅱ 号空腔，对应工况 2，此工况下 BCFG 段为第二级装药的新增燃面，BG 连线跨度 0.24m。

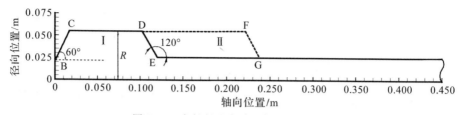

图 8-33　大长径比发动机加入头部空腔

　　采用同样地数值方法对改进后的发动机流场进行求解,两种工况下 1、2 两点的振荡曲线分别如图 8-34、图 8-35 所示。与图 8-31 对比可以清晰地看到,增加空腔之后压力振幅会大幅度下降。经 FFT 滤波后的频谱如图 8-36、图 8-37 所示,与原发动机相比,两种工况的声振基频分别降低了 25.7% 与 32.8%,这将导致涡声耦合程度减弱。

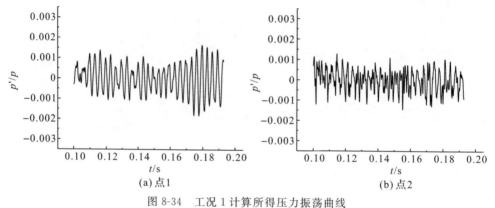

图 8-34　工况 1 计算所得压力振荡曲线

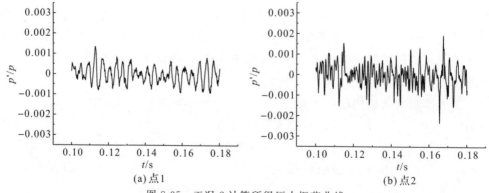

图 8-35　工况 2 计算所得压力振荡曲线

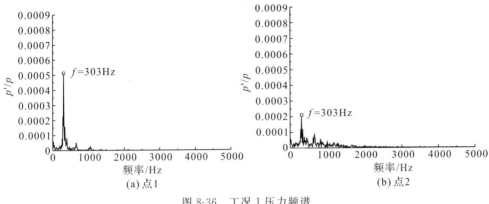

图 8-36 工况 1 压力频谱

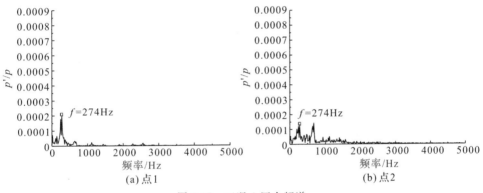

图 8-37 工况 2 压力频谱

对两种工况与原发动机声振基频振幅进行对比,改进药型后基频无量纲压力振幅与原发动机对比如表 8-9 所示。对于工况 1,新增空腔容积为原发动机总容积的 10%,首、尾无量纲压力振幅分别下降了 35.6% 与 14.4%;对于工况 2,新增空腔容积为原发动机总容积的 22.5%,首、尾无量纲压力振幅分别下降了 74.3% 与 43.9%,这与前文总结出的抑振规律基本一致。

表 8-9 改进药型后基频无量纲压力振幅与原发动机对比

| 点位 | 原发动机 | 工况 1 | 工况 2 |
|------|----------|--------|--------|
| 点 1 | 0.000786 | 0.000506 | 0.000202 |
| 点 2 | 0.000237 | 0.000203 | 0.000133 |

工程单位对实际装药结构的改进方法与本节一致,即在装药头部增加了翼柱结构。进行点火试验后,内弹道曲线如图 8-38 所示。与原发动机压力振荡曲线相

比,燃烧不稳定现象得到成功抑制,这说明本节提出的通过在发动机头部压力波腹处增加空腔结构来抑制燃烧不稳定现象的方法是可行的。

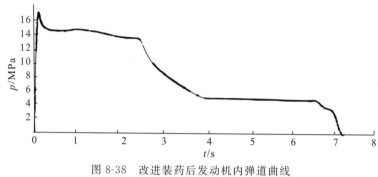

图 8-38　改进装药后发动机内弹道曲线

## 8.2　固体火箭发动机工作末期燃烧不稳定研究

本节针对某典型大长径比、翼柱型装药发动机工作末期的燃烧不稳定现象进行数值研究与稳定性预示,揭示工作末期出现燃烧不稳定的机理。首先对发动机不同工作时刻下的空腔进行声学特性分析,探讨发动机固有声振频率随燃面退移的变化规律;其次利用大涡模拟数值方法分析燃烧室内的流场特性及压力振荡特性;最后通过燃烧不稳定线性理论,揭示该发动机工作末期出现压力振荡的机理,为工程设计提供相应的理论指导。

### 8.2.1　固体火箭发动机工作末期燃烧不稳定现象

某典型大长径比、翼柱型装药固体火箭发动机(后文以 M6 代替)在工作末期出现了较为严重的燃烧不稳定现象。M6 发动机飞行试验的 $p$-$t$ 曲线如图 8-39 所示。M6 发动机工作前 20s,$p$-$t$ 曲线比较平稳;30s 左右开始出现微小的压力振荡;之后压力振荡程度逐渐增大,直至发动机工作结束。

M6 发动机工作初期的燃烧室空腔结构如图 8-40 所示。该发动机在头部和末端均采用了翼面结构,前后翼槽数均为 9,长径比 $L/D$ 约为 6(初始时刻管型装药段可达 20)。

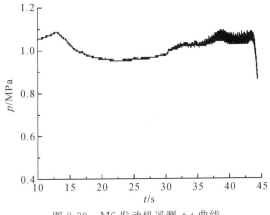

图 8-39　M6 发动机遥测 $p\text{-}t$ 曲线　　　　图 8-40　M6 发动机燃烧室空腔结构

　　这里选取三个典型工作时刻,即发动机稳定工作阶段($t=20\mathrm{s}$)、燃烧不稳定初始时刻($t=30\mathrm{s}$)及燃烧不稳定严重阶段($t=40\mathrm{s}$),对压力振荡数据进行 FFT,结果如图 8-41 所示。

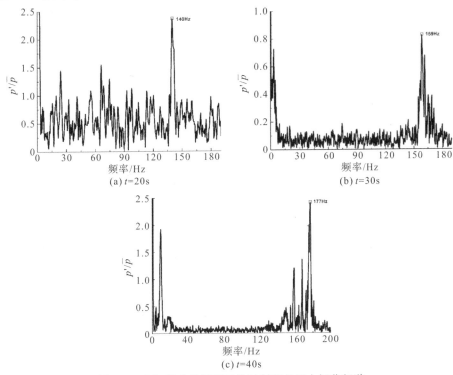

图 8-41　M6 发动机不同工作时刻下的压力振荡频谱

从压力振荡频谱图可以看出,在发动机工作至 20s 时,燃烧室压力振荡比较微弱,其中振荡主频为 140Hz,压力振幅占平均压力的 0.024%,对发动机工作特性基本上没有影响,可忽略不计;当发动机工作至 30s 时,燃烧室内逐步出现了压力振荡,振荡频率为 159Hz,振荡幅值明显增大,占平均压力的 0.084% 左右;当发动机工作至 40s 时,压力振荡比较严重,此时燃烧室内压力振荡的主频为 177Hz,压力振幅占平均压力的 0.24%。压力振荡会进一步引起推进剂燃速振荡,从而造成平均压力偏离预估压力。

初步判断该发动机出现了轴向基频声燃烧不稳定,下面通过有限元方法对燃烧室进行声模态与振频分析;继而进行流场计算,探讨流动特性对发动机工作稳定性的影响;最后综合分析 M6 发动机内的燃烧不稳定增益特性与阻尼特性,并通过燃烧不稳定线性理论对 M6 发动机进行线性预估,分析工作末期诱发燃烧不稳定的机理。

### 8.2.2 发动机工作过程声场特性

#### 8.2.2.1 有限元模型

固体火箭发动机通过拉瓦尔喷管与外界连接,喷管下游扰动不影响燃烧室内压力波的传播。因此可以将喷管喉部截面视为一个声振隔离面,这样燃烧室就变成了一个封闭声腔。燃烧不稳定的声学过程主要发生在燃烧室内部,因此在进行声振型分析时,忽略喷管扩张段,仅对燃烧室空腔进行有限元声振型分析。对图 8-40 所示的 M6 发动机建立三维空腔有限元模型,如图 8-42 所示。

图 8-42　M6 发动机初始空腔有限元模型

有限元单元由四面体与六面体混合构成,模型表面定义零位移约束。根据发动机高温高压工作环境,取声介质密度为 4.0kg/m³,平均声速为 1186m/s。下面利用第 2 章所述的有限元法,对 M6 发动机工作过程的声场变化规律开展数值计算工作。

### 8.2.2.2　燃烧室声学特性

燃烧室空腔振型及固有振频随燃面退移的变化规律是工程人员非常关注的问题,也是燃烧不稳定理论分析的基础。在 M6 发动机工作过程中,随着燃面退移,翼面逐渐消失,在头部形成空腔,在末端形成突扩倾角。结构的变化将会引起燃烧室内声场及流场发生变化,对燃烧室内的增益与阻尼特性产生较大的影响,进而会影响固体火箭发动机内声场与流场的耦合特性。本节将通过有限元法,获得 M6 发动机的固有声振频率、声压分布特性以及固有频率随燃面退移的变化规律。

由于 M6 发动机中主要出现了低频燃烧不稳定现象,故对空腔进行声模态分析时,重点提取前四阶轴向声振频率及其声压分布。图 8-43 所示为 M6 发动机初始时刻空腔的前四阶轴向振型及一阶切向振型声压分布云图。该空腔三维结构复杂,与圆柱空腔相比较,声压分布不均匀。即使同为声压波腹,燃烧室头部和尾部差异也较大,燃烧室中间圆柱段的声压分布比较均匀,可以明显看出声压波节与波腹的分布。根据物质守恒原理,空腔内部任意截面均应满足压力连续、容积流量相等的控制条件,因此空腔首尾波腹声压不一致是由头部和尾部空腔平均半径与中间管型空腔半径相差较大所致。图 8-43(e)为一阶切向振型的声压分布云图,切向振型一般出现在高频段,而且容易在翼面的位置出现。该发动机切向振频约为 1713Hz,与实际测量的压力振荡频率相差很大,因此可认为切向振型对大长径比发动机燃烧不稳定的影响较小。

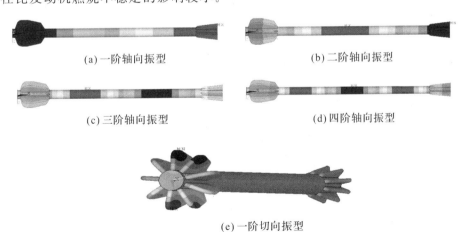

(a)一阶轴向振型　　　　　　　　　(b)二阶轴向振型

(c)三阶轴向振型　　　　　　　　　(d)四阶轴向振型

(e)一阶切向振型

图 8-43　M6 发动机初始时刻空腔内声压分布云图

　　M6 发动机工作至 40s 左右时出现了较为严重的低频燃烧不稳定现象,此时,头部和末端翼面消失,发动机空腔基本呈现圆柱形。因此重点对该时刻下的空腔结构进行有限元计算。

　　图 8-44 所示为 M6 发动机工作至 40s 时空腔的前四阶轴向振型及一阶切向振型的声压分布云图。可以看出,空腔内声压分布连续,且与纯圆柱空腔振型分布基本一致;一阶切向振型仍出现在头部,而且比初始时刻下切向振型分布要均匀。前四阶轴向声振频率分别为 174Hz、360Hz、547Hz、739Hz,其中,基频与试验结果(177Hz)非常一致,这说明 M6 发动机出现了轴向基频声燃烧不稳定。

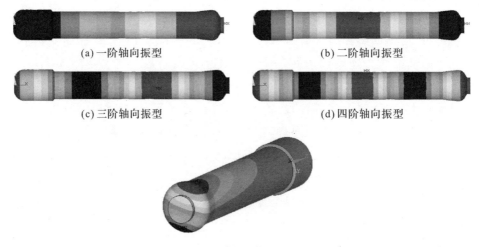

(a) 一阶轴向振型　　　　　　　　　　　(b) 二阶轴向振型

(c) 三阶轴向振型　　　　　　　　　　　(d) 四阶轴向振型

(e) 一阶切向振型

图 8-44　M6 发动机工作至 40s 时空腔声压分布云图

　　燃烧室内的阻尼系数是关于空腔基频的函数,因此通过振频随燃面退移的变化规律可以判断燃烧室内阻尼系数的变化规律,进而利用燃烧不稳定线性理论判断发动机在不同工作时刻下的稳定性。本节将重点针对前二阶轴向声振频率进行分析。对 M6 发动机不同工作时刻下的空腔结构进行有限元声模态分析,图 8-45所示为 M6 发动机前两阶轴向声振频率随燃烧时间的变化规律。

　　可以看出,随着燃面退移,前两阶轴向振频基本呈现先减小后增大的趋势。在发动机工作初始时刻,发动机基频为 147Hz,二阶轴向振频为 323Hz,由于发动机空腔三维结构复杂,故与圆柱空腔相比较,二阶振频并非基频的整数倍。发动机工作至 9s 左右时,M6 发动机头部翼面基本消失,形成头部空腔,此时,燃烧室空腔基频及二阶振频达到最小值,分别为 135Hz 与 315Hz。之后,随着装药进一步燃烧,空腔声振频率逐渐增大,直到发动机工作结束,燃烧室声腔基频与二阶振

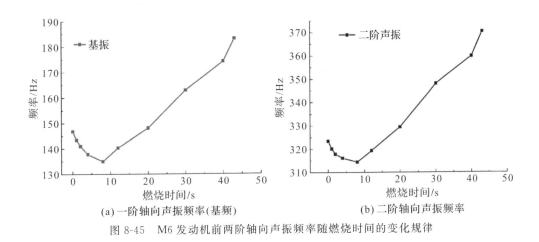

(a) 一阶轴向声振频率(基频)　　　　(b) 二阶轴向声振频率

图 8-45　M6 发动机前两阶轴向声振频率随燃烧时间的变化规律

频分别达到 183Hz 与 370Hz。此时,空腔声频与纯圆柱声频基本接近(理论值分别为 179Hz 和 358Hz),而且基频与二阶振频基本满足倍频关系。获得发动机工作过程中固有频率的变化规律,可为后文阻尼特性分析提供相应的数据支持。

### 8.2.3　流场数值计算方法及模型

#### 8.2.3.1　计算模型

在声场计算的基础上,本节对 M6 发动机内的流场特性开展大涡模拟数值计算工作。三维大涡能够比较准确地模拟展向旋涡的运动规律,计算结果也更加符合实际情况。然而,实际发动机尺寸较大,目前计算条件难以承受极大的网格数量及计算时间。众多研究均将三维模型简化为二维模型来处理,二维大涡模拟同样能够获取旋涡的运动规律,并能较好地提取燃烧室内的压力振荡特性。

将 M6 发动机简化为二维模型,选取三个典型工况进行计算分析,即发动机工作至 20s(发动机工作稳定阶段)、30s(发动机开始出现压力振荡现象)及 40s(压力振荡较严重时)。M6 发动机工作至 20s 时的计算区域如图 8-46 所示。为便于分析,将这三个典型工况分别命名为 M6-20、M6-30、M6-40。

图 8-46　M6 发动机工作至 20s 时计算区域

#### 8.2.3.2　边界条件

对于 M6 发动机，推进剂平均燃速为 4.78mm/s，质量入口 $\dot{m}_{\text{flux}} = 8.4$kg/$(\text{m}^2 \cdot \text{s})$，入口温度为 3500K，工作压力为 6.86MPa。由于气体在拉瓦尔喷管处加速至超声速，故出口截面参数可通过外推求得，壁面边界选用无滑移边界条件，边界条件同样如图 8-46 所示。数值计算中质量入口与推进剂表面保持一致，采用径向加质的方式。将气体工质视为理想气体处理，气体物性参数如表 8-10 所示，计算中不考虑推进剂燃烧化学反应过程。

表 8-10　物性参数

| 物性参数 | 数值 |
|---|---|
| $\mu$ | 萨瑟兰定律 |
| $C_p$ | 1765J/$(\text{kg} \cdot \text{K})$ |
| $\gamma$ | 1.22 |
| $Pr$ | 0.75 |
| $M$ | 26g/mol |

#### 8.2.3.3　数值计算方法

流场计算采用大涡模拟数值方法。对于连续方程与动量方程，为了避免中心差分格式产生的数值振荡，采用 BCD 格式进行离散，能量方程则采用 Power Law 格式以加速收敛。时间采用二阶隐式格式，计算步长为 $5 \times 10^{-6}$s，库朗特数设置为 1。

### 8.2.4　计算结果及分析

#### 8.2.4.1　发动机流场结构

为了探讨 M6 发动机内燃烧不稳定的诱因，首先从流场的角度出发，分析流动对发动机工作稳定性的影响。首先进行稳态流场计算，图 8-47 为 M6-20 经稳态计算所得的速度流线图。在稳态条件下，发动机内速度分布均匀，在整个空腔内呈现层流状态。气体经推进剂表面射入燃烧室空腔，继而随主流加速，在喷管处达到壅塞状态。

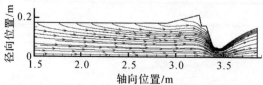

图 8-47　M6-20 稳态速度流线

在稳态流场的基础上,对不同工作时刻下的模型开展大涡模拟数值计算。图 8-48 为 M6-20 非稳态条件下的速度流线图。由于发动机长径比较大,在非稳态条件下,气流在发动机末端容易从层流状态过渡至湍流状态。在轴向位置 $x=2.2\text{m}$ 附近,质量入口表面处流线开始出现波浪状的摆动,且随着流速的增加,流线的摆动幅度不断增加,气流完全发展为湍流状态。

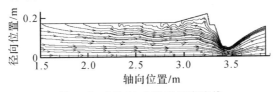

图 8-48　M6-20 非稳态速度流线

在非稳态条件下,选取典型的压力和速度分布云图对流场结构进行分析。非稳态条件下 M6-20 燃烧室内的静压分布如图 8-49 所示,燃烧室内的压力分布不再均匀,呈现疏密交替的状态。非稳态条件下 M6-20 燃烧室内的速度分布如图 8-50 所示,同样可以看出,燃烧室速度分布也不再均匀,在发动机末端,气流逐渐从层流状态过渡至湍流状态,且随着速度的增大,气流的波动状态也愈加强烈。表面形成了许多不稳定剪切层,随着不稳定剪切层不断发展,进一步形成旋涡脱落现象。

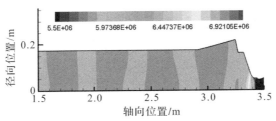

图 8-49　M6-20 非稳态静压分布

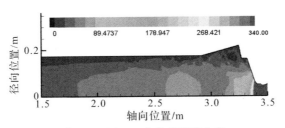

图 8-50　M6-20 非稳态速度分布

由于 M6 发动机在工作末期出现了燃烧不稳定现象,故为了探索流动特性对发动机工作稳定性的影响,对三个不同时刻燃烧室内的涡量分布云图进行分析。M6 发动机工作至 20s 时,燃烧室内的涡量分布如图 8-51 所示,与速度分布云图类似,整个流场可分为三个区域。发动机上游部分气流速度低,呈层流状态;在轴向位置 2.0m 附近,气流速度逐渐增大,在黏性力的作用下,气流逐渐发展为介于层流与湍流之间的过渡状态;在轴向位置 2.2m 附近,气流完全发展为湍流状态。质量入口表面形成不稳定剪切层,在黏性力的作用下不断向后拉伸、卷积,继而形成表面旋涡,表面旋涡沿着质量入口表面不断向下运动,并卷入其他小旋涡,逐渐形成大的涡团,最终形成表面旋涡脱落。由于该发动机长径比条件不足以形成强烈的表面旋涡脱落现象,故在湍流区域内,气流涡团被耗散为不规则的小尺度旋涡。由于发动机末端采用翼柱结构,故在轴向位置 3m 附近形成突扩截面。在突扩截面处时,中心主流速度较大,倾斜面处的速度较小,这将会产生较大的速度梯度,容易形成不稳定剪切层。当气流流经突扩截面处时,将会产生流动分离,进而发展为转角旋涡脱落。尽管在发动机初期出现了旋涡脱落现象,但实际上发动机仍处于稳定工作状态。

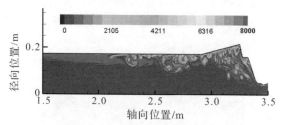

图 8-51　M6-20 涡量分布

当 M6 发动机工作至 30s 时,燃面进一步退移,发动机长径比继续减小,质量入口表面黏性应力不足以继续维持表面旋涡的形成,表面旋涡脱落现象消失。在后翼柱形成的倾斜面处仍然存在转角旋涡脱落现象,如图 8-52 所示。与图 8-51 中旋涡核心处的涡量进行比较,M6 发动机工作至 30s 时涡量明显降低,这表明转角旋涡脱落强度显著变弱。旋涡脱落强度在 30s 左右时显著减弱,而此时 M6 发动机却逐渐出现了燃烧不稳定现象,故旋涡脱落不是诱发 M6 发动机燃烧不稳定的主要原因。

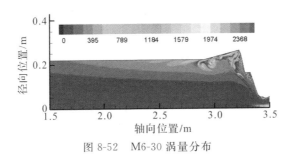

图 8-52　M6-30 涡量分布

当 M6 发动机工作至 40s 时,整个发动机空腔基本呈圆柱状态,长径比进一步变小,突扩截面基本消失,燃烧室内不存在任何形式的旋涡脱落现象,该时刻发动机内的涡量分布如图 8-53 所示。此时发动机内没有复杂的流动特性,而燃烧不稳定却非常严重,这进一步说明 M6 发动机中的燃烧不稳定现象不是由流动引起的。

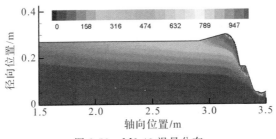

图 8-53　M6-40 涡量分布

燃烧室内轴向来流速度对旋涡脱落以及旋涡脱落强度有一定的影响,随着燃气流速增大,旋涡脱落激发的压力振幅也将随之增大[10-11]。为进一步探讨流动特性对 M6 发动机工作稳定性的影响,下面对 M6 发动机在三个典型时刻下 $x=3\mathrm{m}$ 处的速度幅值进行分析,结果如图 8-54 所示。

由图 8-54 可以看出,随着燃面退移,燃烧室空腔直径逐渐增大,气流速度逐渐减小。当发动机工作至 20s 时,中心主流速度可达 54m/s;当发动机工作至 30s 时,中心主流速度降低到 36m/s;当发动机工作至末期(40s),主流速度仅为 25m/s 左右。主流速度以及燃烧室空腔长径比对流场的流动不稳定性有较大的影响。反观图 8-49 至图 8-53 可以看出,发动机工作前期(20s),燃烧室空腔长径比较大,中心主流速也较大,该工况下,发动机末端流场完全发展为湍流状态,在下游质量入口表面处产生了明显的表面旋涡脱落现象,此外,在突扩截面处还产生了转角旋涡脱落现象。随着燃烧的进行(30s),燃烧室空腔长径比不断减小,主流速度也随之减小,发动机末端流场仍为湍流状态,但表面旋涡脱落现象基本消失;在突扩截面处,速度梯度仍然较大,转角旋涡脱落现象依然存在,然而涡量明显减小,旋涡强度不断变弱。发动机工作至末期(40s),由于流速较低,表面旋涡脱落与转角旋涡脱落现象完全消失。由三个不同时刻的涡量图还可以看出,随着燃面的退移,涡量也随之不断减小,发动机工作至 20s 时,旋涡中心的涡量可达 $2000s^{-1}$;工作至 30s 时,旋涡中心的涡量仅为 $700s^{-1}$ 左右;工作至末期,表面旋涡脱落与转角旋涡脱落现象均消失。由此可知,旋涡强度随燃面退移而不断减弱,M6 发动机工作末期的燃烧不稳定现象不是由流动特性引起的。

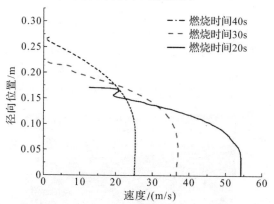

图 8-54　M6 发动机不同工作时刻下 $x=3m$ 处速度分布

### 8.2.4.2　发动机压力振荡特性

为了获得 M6 发动机内的压力随时间的变化规律,分别在发动机头部和末端设置了两个虚拟压力监测点,记录压力随时间的振荡过程,监测点坐标见表 8-11。

表 8-11　监测点坐标

| 代号 | 头部 | 末端 |
|---|---|---|
| M6-20 | (0.01m, 0.01m) | (3.2m, 0.17m) |
| M6-30 | (0.01m, 0.01m) | (3.2m, 0.22m) |
| M6-40 | (0.01m, 0.01m) | (3.2m, 0.26m) |

对头部和末端的压力振荡数据进行 FFT,得到 M6 发动机内的压力振荡特性(压力振幅及振频)。M6 发动机工作至 20s 时燃烧室内头部和末端的压力振荡特性如图 8-55 与图 8-56 所示。

由图 8-55 (a)可以看出,燃烧室中出现了较为明显的压力振荡,而且具有一定的周期性。对振荡数据进行 FFT 分析,得到压力振荡谱图,如图 8-55 (b)所示,图中四个波腹对应的频率分别为 150Hz、320Hz、520Hz、725Hz,与 M6 发动机轴向固有声振频率基本一致。对比图 8-55(a)和图 8-56(a)可以看出,头部和末端的压力振荡特性略有差异,末端压力振荡频率较低,而头部压力振荡频率较高。末端压力振荡数据 FFT 结果如图 8-56(b),可以看出,75 Hz 左右的低频信号主导了燃烧室内的压力振荡特性,另外四阶振荡频率分别为 149 Hz、331 Hz、526 Hz、716 Hz,与头部监测点数据基本一致。由于燃烧室内除旋涡脱落外没有其他周期性扰动,因此可判断 75 Hz 的低频信号是由旋涡脱落引起的。M6 发动机内旋涡脱落频率与燃烧室固有声振频率相差较大,由涡声耦合基本条件(旋涡脱落频率与燃烧室固有声振频率接近或相等)可知,M6 发动机内的旋涡脱落现象不会引起强烈的压力振荡现象,由图 8-56(b)可以看出,流动引起的压力振荡幅值很小,对燃烧不稳定的影响可忽略不计。

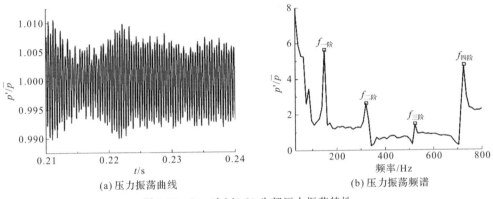

图 8-55　20s 时 M6-20 头部压力振荡特性

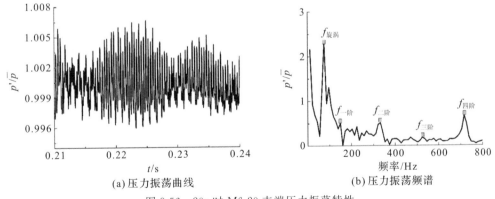

图 8-56　20s 时 M6-20 末端压力振荡特性

M6 发动机在飞行试验中出现的压力振荡主要集中在低频范围内,因此,为了便于和有限元计算结果进行对比,本节仅对前四阶振荡频率进行分析。

当发动机工作至 20s 时,燃烧室内逐渐出现了微小的压力振荡现象,由试验所得的压力振荡频谱图可知,该时刻轴向基频压力振荡频率为 140Hz 左右。有限元计算所得的前四阶轴向声振频率及实验结果和大涡模拟数值计算结果对比如图 8-57 所示,流场计算结果与有限元结果非常吻合。实验结果与 M6 发动机一阶轴向固有声振频率基本接近,M6 发动机确实出现了轴向基频声燃烧不稳定现象。

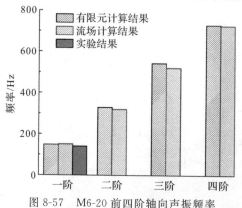

图 8-57  M6-20 前四阶轴向声振频率

对 M6 发动机三个典型工作时刻的压力振荡特性进行综合分析,结果如图 8-58 与图 8-59 所示。图 8-58 为基频随燃烧时间的变化规律,试验结果、有限元计算结果以及流场计算结果均有相同的变化规律,随着燃面退移,燃烧室空腔基频呈增大趋势。图 8-59 所示为不同时刻下轴向基频对应的压力振幅随时间的实测变化规律,可以看出,随着燃烧进行,压力振幅逐渐增大,在发动机工作末期,压力振荡最为严重。

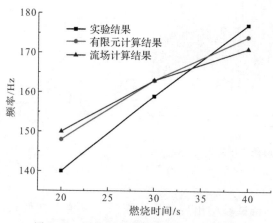

图 8-58  振荡频率随燃烧时间的变化规律

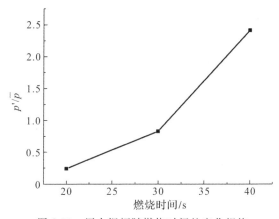

图 8-59　压力振幅随燃烧时间的变化规律

在 M6 工作过程中,流动不稳定性对压力振荡的影响随燃面退移而削弱,然而,发动机的燃烧不稳定程度却越来越严重,这表明旋涡脱落对 M6 发动机工作稳定性影响不大。排除流动特性对燃烧不稳定的影响后,可推测燃烧不稳定增益因素主要在于推进剂压力耦合响应;另外,从阻尼的角度出发,可初步推测 M6 发动机在工作末期阻尼特性减弱,发动机整体稳定性变差,从而导致燃烧不稳定现象。下节将利用成熟的燃烧不稳定线性预估理论对 M6 发动机的工作稳定性进行预估,从增益和阻尼的角度全面分析工作末期出现燃烧不稳定的机理。

### 8.2.5　发动机燃烧不稳定线性预估

燃烧不稳定线性理论通过燃烧室内声能增益与阻尼之间的综合作用来表征发动机的工作稳定性。将发动机内所有的增益系数和阻尼系数叠加之后就可以确定发动机的线性稳定性系数。稳定性系数 $\alpha$ 是发动机线性稳定性的判据,若 $\alpha > 0$,则小扰动有增长趋势,发动机表现为不稳定;若 $\alpha < 0$,则发动机是稳定的。

在实际发动机中,众多增益因素与阻尼因素难以通过实验或者理论计算进行测定。为了不使问题过于复杂,本节中只针对燃烧室内随发动机工作时间变化较大的核心增益特性与阻尼特性进行分析。

#### 8.2.5.1　增益因素

(1)涡声耦合

涡声耦合是旋涡脱落与燃烧室内的声振相互耦合形成的一种压力振荡现象,是固体火箭发动机燃烧不稳定的增益因素。固体火箭发动机内一般存在障碍物旋涡脱落、表面旋涡脱落以及转角旋涡脱落三种形式。燃烧室内形成涡声耦合压力振荡需满足以下几个条件：①燃烧室内存在挡板或倾角结构，或者发动机长径比较大，能使流动分离，产生旋涡脱落；②旋涡脱落需位于速度波幅的位置，能使微弱的速度扰动进一步放大，加强旋涡脱落强度；③旋涡脱落频率与燃烧室固有声振频率相等或接近，声反馈与涡脱落相互促进，形成涡声耦合反馈回路，从而引起较为严重的压力振荡。

流动不稳定性对 M6 发动机工作稳定性影响不大。从旋涡脱落强度来讲，M6发动机内仅在发动机工作前期出现了微弱的旋涡脱落现象，且随着燃面退移，发动机内流动速度降低，旋涡脱落逐渐消失，流动不稳定性的影响越来越弱；从频率特性来讲，M6 发动机内旋涡脱落频率较低，仅为 75 Hz 左右，与发动机固有声振频率相差很大，从而不会引起严重的压力振荡。因此，可忽略流动不稳定性对 M6 发动机的影响。

（2）分布燃烧

M6 发动机采用的复合推进剂含有铝粉，铝粉从推进剂表面脱离后在远离燃面的燃气中会进行分布燃烧，铝粉分布燃烧将会对发动机工作稳定性带来一定的影响[13]。到目前为止，研究人员仅从数值模拟的角度证实了铝粉分布燃烧将会对发动机燃烧不稳定带来一定的增益，增益大小由铝颗粒燃烧区域厚度以及燃烧时释放的热量共同决定，但尚无铝粉分布燃烧增益常数表达式。M6 发动机在整个工作过程中平均压力变化不大，推进剂燃烧特性变化也不大，铝粉分布燃烧增益不随发动机工作时间发生变化。为了简化分析，这里主要考虑随发动机工作时间变化的增益因素，忽略铝粉分布燃烧带来的影响。

（3）压力耦合响应

压力耦合响应函数是表征推进剂工作稳定性的重要参数，是声燃烧不稳定中最为重要的增益因素，也是评估推进剂燃烧稳定性好坏以及选用固体推进剂的重要依据之一。

对发动机进行线性稳定性预估时，需要将推进剂压力耦合响应函数转换为相应的增益系数，进而评判发动机的综合稳定性。通过经典的声腔波动方程可解得适用于内孔燃烧等截面通道的纵向振型压力耦合响应增益系数：

$$a_{pc} = \frac{\bar{a}}{2L} \frac{S_b}{S_c} \gamma \overline{M}_b R_{pc}^{(r)} \qquad (8-1)$$

式中，$\bar{a}$ 为实际发动机内的平均声速，$L$ 为发动机声腔长度，$S_b$ 为装药燃烧面积，$S_c$ 为声腔横截面积，亦即通气面积，$\gamma$ 为燃气比热比，$\overline{M}_b$ 为燃面处气流平均马赫数，$R_{pc}^{(r)}$ 为该发动机采用的推进剂压力耦合响应函数。

对于端面燃烧的装药，推进剂压力耦合响应增益常数为

$$a_{\mathrm{pc}}=\frac{\bar{a}}{L}\frac{S_{\mathrm{b}}}{S_{\mathrm{c}}}\gamma\bar{M}_{\mathrm{b}}R_{\mathrm{pc}}^{(\mathrm{r})} \tag{8-2}$$

M6 发动机采用含铝 AP/HTPB 复合推进剂,受试验条件限制,本书中没有针对 M6 发动机采用的推进剂开展压力耦合响应函数试验。M6 发动机采用的推进剂与第 4 章中测试的复合推进剂属于同一配方体系,因此,可采用第 4 章测试的推进剂压力耦合响应函数代替 M6 发动机中的推进剂压力耦合响应函数,粗略地对其工作稳定性进行线性预估。需要说明的是,由于忽略了其他增益因素的影响,并且压力耦合响应函数也并不绝对准确,因此本书仅抓住主要矛盾,分析核心增益在 M6 发动机在工作过程中的变化规律。

在 M6 发动机机工作过程中,燃烧室平均压力变化不大,因此,在整个燃烧过程中,推进剂压力耦合响应函数值变化不大。计算 M6 发动机工作过程中压力耦合增益常数时,可用第 4 章测试的推进剂压力耦合响应函数值代替,$R_b^{(\mathrm{r})}$ 约为 15。M6 发动机在工作过程中,燃面和燃烧室空腔体积会不断变化,根据式(8-1)可知,发动机工作过程中的压力耦合响应增益系数将随燃烧时间而变化。因此,需重点考虑压力耦合响应增益系数随时间的变化规律。

#### 8.2.5.2　阻尼因素

除了增益因素之外,M6 发动机内还存在诸多阻尼因素,如喷管阻尼、壁面阻尼及微粒阻尼等。在阻尼因素分析中,同样仅抓核心阻尼因素,重点考虑随燃烧时间变化较大的阻尼。

(1)喷管阻尼

喷管阻尼占发动机总阻尼的绝大部分,喷管阻尼可与推进剂压力耦合响应增益相互抗衡。在轴向振型以及切向/轴向混合振型中,声能在喷喉处会被吸收或者辐射掉一部分。对于轴向振型,喷管阻尼尤为明显,根据工程经验公式,喷管对轴向振型的阻尼系数可表示为

$$\alpha_{\mathrm{N}}=-\frac{a}{L}J \tag{8-3}$$

式中,$a$ 为声速,$L$ 为发动机轴向长度,$J$ 为发动机喉通比。随着燃面退移,燃烧室中通气面积不断增大,喉通比下降,喷管阻尼系数也因此而减小。喷管阻尼随发动机工作时间变化较大,因此,在进行发动机稳定性分析时,需重点考虑喷管阻尼的影响。

(2)微粒阻尼

M6 发动机采用含铝复合推进剂,铝粉燃烧后会形成 $Al_2O_3$ 颗粒,悬浮在燃气中的惰性难熔氧化物颗粒对声能起阻尼作用,惰性微粒对声能的衰减作用称为微

粒阻尼。微粒阻尼大小主要取决于微粒的大小及含量,其表达式为

$$\alpha_P = -\frac{\omega}{2} \cdot \frac{C_m}{1+C_m} \cdot \frac{\omega\tau}{1+(\omega\tau)^2} \tag{8-4}$$

式中,$\omega$ 为圆频率,$C_m$ 为微粒质量分数,$\tau$ 为动力弛豫时间,该参数主要取决于微粒的大小。发动机结构及推进剂配方确定以后,上述参数将不随发动机工作时间发生变化,因此,M6 发动机工作过程中,微粒阻尼不会发生变化。同样,在稳定性预估分析中也不考虑微粒阻尼。

(3)壁面阻尼

声波在空腔内传播时,管壁的摩擦和气体的黏性将形成一个声振速度附面层,该区域中速度梯度和黏力很大,必然会导致黏性损失,该损失称为壁面阻尼。另外,由于管壁导热率远远大于气体的导热率,壁面附近区域的温度振荡还会产生一个振荡的附面层。综合两种形式的声能损失,工程上对壁面损失的预估可表示为[1]

$$\alpha_W = -\frac{1}{R \cdot a}\sqrt{\frac{\eta_e\omega}{2\rho}} \tag{8-5}$$

式中,$\eta_e$ 为有效黏度系数,$R$ 为燃烧室半径,$a$ 为声速,$\rho$ 为燃气密度,$\omega$ 为圆频率。在发动机阻尼特性中,壁面阻尼只占很小的一部分,故壁面阻尼可忽略不计。

### 8.2.5.3　线性稳定性预估

发动机线性稳定性预估的核心是对燃烧室内所有增益特性与阻尼特性进行综合分析。在上述分析中,涡声耦合增益影响较小,壁面阻尼也是一个小量,对发动机工作稳定性影响不大,故在稳定性预估时,两者可忽略不计;M6 发动机装药中的铝粉一方面能够带来分布燃烧增益,另一方面能够带来微粒阻尼,两者均不随发动机工作过程变化,近似认为两个因素对发动机工作稳定性的影响可相互抗衡;压力耦合响应增益与喷管阻尼随发动机工作均会发生较大的变化,可重点考虑推进剂压力耦合响应增益与喷管阻尼对 M6 发动机的影响。M6 发动机内稳定性系数 α 随时间的变化规律如图 8-60 所示。

随着燃面退移,推进剂压力耦合响应增益常数逐渐减小。M6 发动机工作过程中平均压力变化不大,推进剂压力耦合响应函数值也基本不变。但是,发动机空腔体积会不断增大,压力耦合响应增益常数会随发动机空腔体积的增大而减小。另外,喷管阻尼绝对值也随着燃烧进行而不断减小,随着燃面退移,燃烧室中的通气面积不断增大,喉通比下降,喷管阻尼系数也因此而减小。对比压力耦合响应增益系数与喷管阻尼系数的变化趋势,可以看出,前者减小速率慢,后者减小速率快,这导致发动机在工作末期稳定性变差。

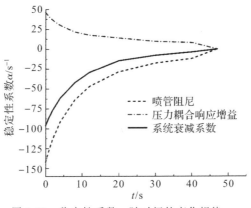

图 8-60　稳定性系数 $\alpha$ 随时间的变化规律

在 M6 发动机工作初期,喷管阻尼明显大于压力耦合响应增益,因此发动机有较好的稳定性。由于喷管阻尼减小速率快,而压力耦合响应增益减小速率慢,当发动机工作至 30s 左右时,压力耦合响应增益及喷管阻尼绝对值几乎接近,发动机整体稳定性系数趋于 0,此时,M6 发动机由线性稳定状态变为线性不稳定状态,燃烧室内开始出现明显的压力振荡。随着燃面进一步退移,喷管阻尼继续减小,压力振荡愈加严重,该振荡一直持续至发动机工作结束。

#### 8.2.5.4　燃烧不稳定抑制方案初步探讨

抑制燃烧不稳定可以从增大发动机阻尼系数以及减小增益系数两个角度出发。推进剂压力耦合响应是引起燃烧不稳定的内在因素,通过调整推进剂配方及微粒级别,尽可能减小压力耦合响应增益,增强发动机工作稳定性。然而,推进剂配方对压力耦合响应的影响只能通过试验进行测量。利用 T 型燃烧器分别测定不同推进剂配方的压力耦合响应函数,通过比较响应函数值和其他方面的性能(如能量、力学性能等),从中选取最佳推进剂配方,以降低压力耦合响应增益系数。

从阻尼角度而言,可通过修改药柱来改变发动机空腔固有频率,或者通过修改喷管型面来增大喷管阻尼的方式抑制燃烧不稳定现象。

众多情况下,推进剂配方、发动机结构和设计参数的变动往往受到多方面因素的限制,特别是在发动机研制后期,还会受到原有方案或者"既成事实"的限制。在此种情况下,可以考虑采用被动抑制装置的方式来抑制燃烧不稳定现象。目前,固体火箭发动机中常见的三类抑振装置为共振棒、吸声器和隔板。然而,被动抑振装置会增加发动机的惰性质量,且需要特殊的热防护措施等,这增加了发动机系统的复杂程度。

为了尽可能抑制或者消除燃烧不稳定现象,需要在发动机设计初期综合考虑潜在的燃烧不稳定诱发因素。通过选用压力耦合响应低的推进剂,设计合理的喷管收敛半角及收敛段型面,以及最大程度的增大发动机系统的阻尼特性,都可以提高发动机的整体稳定性。

## 参考文献

［1］ Prévost M, Godon J C, Innegraeve O. Thrust Oscillations in Reduced Scale Solid Rocket Motors, Part I: Experimental Investigations[R]. AIAA, 2005:4003.

［2］ Blomshield F S. Lessons Learned in Solid Rocket Combustion Instability [R]. AIAA, 2007:5803.

［3］ Traineau J C, Hervat P, Kuentzmann P. Cold-Flow Simulation of A Two Dimensional Nozzleless Solid Rocket Motor[R]. AIAA, 1986:1447.

［4］ Anthoine J. Experimental and Numerical Study of Aeroacoustic Phenomena in Large Solid Propellant Boosters[D]. New York: von Karman Institute for Fluid Dynamics, 2000.

［5］ Hu D, He G, Liu P, et al. Study on Instable Combustion of Solid Rocket Motor with Finocyl Grain [J]. Journal of China Ordnance, 2011, 7(1):24-28.

［6］ 张峤,苏万兴,李军伟,等. 固体火箭发动机推力振荡特性数值研究[J]. 宇航学报, 2011, 32(4):835-841.

［7］ Rayleigh L. The Theory of Sound (Second edition) [M]. London: Macmillan, 1896.

［8］ 张峤,李军伟,王宁飞.突变截面燃烧室声腔纵向振荡频率规律分析[J]. 航空动力学报, 2010, 25(7):1653-1658.

［9］ 张峤,李军伟,王伟臣,等. 固体火箭发动机涡声耦合特性数值研究[J]. 推进技术, 2011, 32(3):348-354.

［10］ Zhang Q, Li J W, Wang W C, et al. Numerical Analysis on Oscillation Characteristics in a Tail-Pipe Nozzle Solid Rocket Motor[J]. Journal of Spacecraft and Rockets, 2011, 48(1):103-109.

［11］ 张峤. 固体火箭发动机涡声耦合振荡特性研究[D]. 北京:北京理工大学, 2011.

# 索 引

**图书在版编目（CIP）数据**

固体火箭发动机燃烧不稳定产生机理及评估方法 /
李军伟，王宁飞著. —杭州：浙江大学出版社，2021.3
ISBN 978-7-308-21286-1

Ⅰ.①固… Ⅱ.①李…②王… Ⅲ.①固体推进剂火
箭发动机—不稳定燃烧—燃烧分析 Ⅳ.①V435

中国版本图书馆 CIP 数据核字（2021）第 075546 号

**固体火箭发动机燃烧不稳定产生机理及评估方法**

李军伟　王宁飞　著

| | |
|---|---|
| 责任编辑 | 陈　宇　金佩雯 |
| 责任校对 | 潘晶晶 |
| 封面设计 | 续设计 |
| 出版发行 | 浙江大学出版社 |
| | （杭州市天目山路 148 号　邮政编码 310007） |
| | （网址：http://www.zjupress.com） |
| 排　　版 | 杭州星云光电图文制作有限公司 |
| 印　　刷 | 浙江海虹彩色印务有限公司 |
| 开　　本 | 710mm×1000mm　1/16 |
| 印　　张 | 20.5 |
| 字　　数 | 390 千 |
| 版 印 次 | 2021 年 3 月第 1 版　2021 年 3 月第 1 次印刷 |
| 书　　号 | ISBN 978-7-308-21286-1 |
| 定　　价 | 98.00 元 |